编 著 人 员

潘巧明　韩庆英　赵静华　王志临　张太志　卓么措　林　燕

浙江省普通本科高校"十四五"重点立项建设教材
国家级一流本科课程配套教材

纸质教材 + 数字教材

人工智能与未来教育实践教程

潘巧明 等 ◎ 编著

内 容 简 介

本书作为《人工智能与未来教育》一书的配套实践教程,较为系统地介绍了人工智能时代的典型智慧教育工具和相关知识点,并配有丰富的习题。本书对标人工智能时代的学校形态、教师角色、课堂环境及评价工具等,详细介绍了虚拟仿真课堂、元宇宙学习环境、教育数字人、虚拟教研室、生成式人工智能、教育机器人、智能教育系统、学习行为分析等典型的智慧工具;并结合人工智能与未来教育的课程主要知识点,设计了相关的知识问答,便于学习者更好地掌握和理解人工智能与未来教育的核心要素。掌握这些基本内容,教师可以更直观地体验人工智能时代的教育变化,并将人工智能时代的智慧工具应用于教学实践。

本书不仅可以作为高等师范院校教育学和教师教育专业的教材,也可以作为教师培训教材。此外,本书还可以作为教育管理者和研究者的参考用书。

图书在版编目(CIP)数据

人工智能与未来教育实践教程 / 潘巧明等编著 . -- 北京:北京大学出版社,2025.9. -- ISBN 978-7-301-36301-0

Ⅰ . TP18;G52

中国国家版本馆 CIP 数据核字第 2025526NZ6 号

书　　　名	人工智能与未来教育实践教程 RENGONG ZHINENG YU WEILAI JIAOYU SHIJIAN JIAOCHENG
著作责任者	潘巧明 等 编著
责任编辑	胡 媚 刘嘉宁
标准书号	ISBN 978-7-301-36301-0
出版发行	北京大学出版社
地　　　址	北京市海淀区成府路 205 号 100871
网　　　址	http://www.pup.cn　　新浪微博:@ 北京大学出版社
电子邮箱	编辑部 zyjy@pup.cn　　总编室 zpup@pup.cn
电　　　话	邮购部 010-62752015　　发行部 010-62750672　　编辑部 010-62704142
印　刷　者	北京市科星印刷有限责任公司
经　销　者	新华书店
	787 毫米 ×1092 毫米　16 开本　15.5 印张　341 千字 2025 年 9 月第 1 版　2025 年 9 月第 1 次印刷
定　　　价	59.00 元

未经许可,不得以任何方式复制或抄袭本书之部分或全部内容。
版权所有,侵权必究
举报电话:010-62752024　电子邮箱:fd@pup.cn
图书如有印装质量问题,请与出版部联系,电话:010-62756370

序言

在数字化技术席卷全球的今天,人工智能技术正迅速而深刻地改变着世界。作为一种革命性的科技力量,人工智能不仅在工业、医疗、交通等多个领域展现了其强大的潜力,同时也在教育领域催生了新的变革。为了培育能够适应这一时代巨变的人才,引导高校学子深刻理解人工智能与教育的紧密融合,丽水学院潘巧明教授团队开发的《人工智能与未来教育实践教程》应运而生。

本书主要分为两大内容,具体如下:

第一部分为"实验实践",该部分将通过八个精心设计的实验,引领读者亲身感受人工智能在教育领域的实际应用与巨大潜力。从打造虚拟仿真课堂以实现更为沉浸式的学习体验,到人机协同教学以提升课堂教学效率,再到利用先进的教育大模型来推动个性化学习的发展,每一个实验都是对未来教育模式的一次创新性探索与实践。希望这些实验能够激发读者的科技创新精神,提升其实践操作能力。

第二部分为"知识点解析",该部分系统地梳理了人工智能与教育的相关知识体系。从人工智能的基本概念及其发展历程,到人工智能时代教育的独特特点与面临的挑战,再到新时代学校、教师、学生角色的转变与适应,书中都进行了全面而深入的阐述,并提供知识点解析及训练。

本书能够帮助读者构建起对人工智能与教育的全面而深刻的认识,培育读者在未来教育领域所需的创新思维与实践能力。同时,我也衷心希望,本书能成为教育工作者和研究人员在探索未来教育道路上的宝贵参考资料。展望未来,我们坚信人工智能将持续引领教育的创新与变革,愿《人工智能与未来教育实践教程》成为照亮这条探索之路的明灯,引领我们共同迈向教育的美好未来。

"数智点心灯,踏歌邀同行",特以本人新作诗句表达对此书作者探索精神和大胆实践的欣赏,也以此与读者共勉。

(祝智庭,华东师范大学终身教授)

2025 年 5 月

前 言

在汹涌澎湃的科技浪潮中,人工智能正以前所未有的速度和广度渗透至社会的各个领域,教育领域亦不例外。人工智能在教育中的应用不仅带来了教育模式的深刻变革,也推动了教育质量的全面提升。本书是《人工智能与未来教育》(潘巧明等编著)一书理论探索的延续与实践的深化,旨在引领读者深入探索人工智能时代教育的实践前沿,系统性地揭示智慧教育的奥秘与魅力。

近年来,从国家层面到地方教育实践,各级政府纷纷出台相关政策,积极推动"人工智能+教育"的融合发展。例如,2024年,《政府工作报告》中明确提出要"深化大数据、人工智能等研发应用,开展'人工智能+'行动";2025年,《国务院关于深入实施"人工智能+"行动的意见》要求把人工智能融入教育教学全要素、全过程;此外,教育部也强调将"大力推进智慧校园建设,探索大规模个性化教学,打造中国版人工智能教育大模型"。这些政策导向为本书的编写提供了坚实的背景和支持,也为我们探索人工智能教育的未来提供了明确的方向。

本书紧密围绕人工智能在教育领域的实际应用,精心构建了以虚拟仿真课堂、元宇宙学习环境、教育数字人、虚拟教研室、生成式人工智能、教育机器人、智能教育系统、学习行为分析等为核心的智慧实验体系。为了深化读者对人工智能与未来教育核心要素的理解,本书还特别设计了知识点解析及训练,涵盖了人工智能在教育领域的应用场景、技术原理、教学方法等关键知识。这些前沿知识和创新实践不仅颠覆了传统教育模式,而且为未来教育形态的发展提供了前瞻性探索。元宇宙学习环境的沉浸式体验,让读者在虚拟与现实的交融中拓宽认知边界;教育数字人的智能陪伴,实现了人机协同的个性化教学,重塑了师生关系;学习行为分析的智能反馈,为教学过程的优化提供了科学依据;教育大模型的广泛应用,则让个性化学习路径和资源推荐成为可能,真正实现了因材施教的教育理想。

本书由丽水学院教师教育学院院长潘巧明教授负责整体规划、设计和全面的审核与修订,参与编写的人员主要有潘巧明、韩庆英、赵静华、王志临、张太志、卓么措、林燕等老师。本书的编写得到了丽水学院领导、同人的大力支持和帮助,在此表示感谢！本教材的出版荣幸地获得了教育部高等学校科学研究发展中心主导设立的中国高校产学研创新基金——科大讯飞高校创新研究专项的鼎力资助。在此，我们怀着诚挚之心，向该专项基金表达最深切的感谢。书中引用了大量专家、学者的著作、论文及网络资源，在此也向相关作者和知识分享者表示衷心的感谢！

本书虽然经过多次审核、修改，但是难免仍会有疏漏之处，恳请读者批评指正，以便及时修正和更新。

潘巧明
2025年8月

本书配套资源

　　本书采用"一书一码"形式配套数字教材，仅供一人使用，二次扫码将无法获取资源。数字教材正在建设中，该码将不早于2026年6月启用。

人工智能与未来教育实践教程
刮开涂层，微信扫码使用
BD00026464
有效期2026年6月1日至2031年12月31日

目　录

第一部分　实验实践

实验一　虚拟仿真课堂：人工智能时代的教育 3

实验二　元宇宙学习环境：人工智能时代的学校 17

实验三　教育数字人：人工智能时代的教师 30

实验四　虚拟教研室：人工智能时代的教研 38

实验五　生成式人工智能：人工智能时代的学习 46

实验六　教育机器人：人工智能时代的学习工具 61

实验七　智能教育系统：人工智能时代的教育平台 72

实验八　学习行为分析：人工智能时代的课堂评价 85

第二部分　知识点解析

第一章　人工智能概述 97

第二章　人工智能时代的教育 116

第三章　人工智能时代的学校 133

第四章　人工智能时代的教师 145

第五章　人工智能时代的学生 157

第六章　人工智能时代的教育工具 182

第七章　人工智能时代的教育评估 206

第八章　人工智能时代的教育展望 220

第一部分

实验实践

实验一
虚拟仿真课堂：人工智能时代的教育

一、实验简介

鉴于人工智能（Artificial Intelligence，AI）技术的迅猛发展及其对教育领域的深远影响，构建虚拟仿真课堂这一创新教学实验平台旨在模拟人工智能时代的教育环境。本实验的设置不仅顺应了智能时代的发展趋势，更致力于达成人工智能时代的教学与育人目标，实现知识、技能、情感态度价值观的全面发展。通过融合虚拟现实技术、计算机图形学和计算机网络技术等多种技术手段，旨在帮助师范生深入理解和应用人工智能时代的教学模式，为未来的学习和教学工作奠定坚实的理论与实践基础。

本实验精心设计了涵盖人工智能时代教育的多个环节的模拟体验，包括学科实验、学科教学、自主探索、智能课堂管理、人工智能学习评价、人工智能文献分析与研读、仿真学习与技能实战演练以及课堂总结反思等核心场景。通过这些丰富多样的模拟体验，师范生能够深刻领悟虚拟现实技术和人工智能技术在不同学科、不同知识内容学习中的独特功能与价值。通过这个实验，师范生能够系统地掌握人工智能时代的教学理念、教学方法、管理策略、评价体系以及研究技能，提升创新意识和实践能力，进而增强高阶认知能力和面向未来的核心竞争力。

二、实验目的

通过操作虚拟仿真课堂平台，我们预期达到如下实验目标与成果：

（一）实验目标

知识目标：深入了解虚拟现实技术和人工智能技术的核心知识，学习这些技术在教育领域的应用方法和实践案例。

能力目标：学会利用虚拟现实技术和人工智能技术进行教学设计与实践，掌握在人工智能时代进行教、学、管、评、研的各项技能，从而为未来的职业生涯打下坚实的基础。

素养目标：学会运用现代信息技术手段进行教学和学习，提高自身信息获取、处理和利用能力。同时，通过模拟真实的教学场景，加强沟通协调能力和团队合作精神，进一步提升综合素养。

价值目标：深刻认识技术创新对教育发展的重要性，激发创新精神和实践热情，塑造积极向上的价值观念。

（二）实验成果

（1）能够自主完成至少一个融合虚拟仿真和人工智能技术的教、学、管、评、研活动设计案例。

（2）借助人工智能技术工具进行教学评价和文献研读与总结。

（3）撰写一篇1000字左右的实验报告，全面总结实验的过程、成果和收获，并提出对未来教学的独到见解与建议等。

三、实验原理

虚拟仿真实验通过高分辨率图像与音频技术,实现了逼真的实验场景再现,不仅提升了学生的学习体验,还促进了理论与实践的有机结合。人工智能在教育中的应用,使得个性化教学、智能化教学、管理、评价和研究成为可能,极大地丰富了教学手段,提高了教学效率。

情境学习理论是创建虚拟仿真课堂的理论基础。情境学习理论认为,学习不仅仅是个体性的意义建构过程,更是一个社会性的、实践性的、以差异资源为中介的参与过程。知识的意义、学生自身的意识和角色都是在其和学习情境的互动、与他人的互动过程中生成的。因此,情境学习理论认为,学生应在真实的学习环境中,通过与物理环境、社会环境及文化环境的互动,构建和重构自己的知识体系。借助虚拟仿真技术创建高度仿真的教学活动环境,模拟真实的社会情境,让学生在参与中实践、构建并内化知识。人工智能技术的应用则进一步提升了情境模拟的智能化与个性化水平,优化了学生的学习过程。因此,该实验在情境学习理论的指导下,通过融合虚拟现实技术与人工智能技术,创造一个支持师范生开展教、学、管、评、研的智能化教学环境,以期实现更高效、精准的教学效果。

四、实验环境

该实验能够在计算机端或移动终端设备上运行。为了更好地操作运行该实验,计算机设备和移动终端设备的配置要求如下:

(一)计算机设备

系统:Windows10 64位及以上版本

CPU:英特尔 Core i5 及以上,建议英特尔 Core i7

内存:$\geqslant$16 GB RAM

显卡:NVIDIA GeForce GTX 1050 或以上

显存容量:$\geqslant$4 GB

显存位宽:$\geqslant$128 bit

网络环境:联网,建议网络带宽$\geqslant$20 Mbps

(二)移动终端设备

存储容量:$\geqslant$64 GB

屏幕:支持触控,建议屏幕尺寸$\geqslant$10 in[①];屏幕分辨率$\geqslant$1920×1080

系统环境:要求支持 WebGL 2.0

网络环境:联网,建议网络带宽$\geqslant$20 Mbps

(三)推荐预装浏览器

双核浏览器或谷歌浏览器。

双核浏览器下载地址:https://browser.cqttech.com/

谷歌浏览器下载地址:https://www.chrome64.com/

---

① 1 in ≈ 2.54 cm。

五、预备知识

为达到该实验的目的，作为未来教师，我们应具备如下几点预备知识：

（一）虚拟仿真技术基础知识

我们需要了解虚拟仿真技术的基本概念，即虚拟仿真技术是一种利用计算机技术模拟真实环境的方法。同时，我们还需要熟悉常见的虚拟仿真工具，如3D studio Max、ZBrush等，这些工具能够帮助教师创建和体验接近真实的课堂环境，从而能够更好地开展教学。

（二）人工智能技术基础知识

学生需要掌握人工智能技术的基本概念，知道它是一种旨在使计算机能够模仿或执行人类智能任务的技术。在此基础上，我们还需要了解人工智能的关键技术，如机器学习和深度学习，它们使得计算机能够从数据中学习和改进。同时，了解人工智能技术在教育领域的应用也是必不可少的，例如，我们可以利用人工智能系统为学生推荐学习资源。

（三）信息化教学设计基本知识

我们需要了解信息化教学设计的基本原则，知道它强调以学生为中心，利用现代信息技术来优化教学过程；在此基础上，还需要掌握如何设计信息化教学方案，例如结合网络资源、多媒体工具等来设计更有趣、更有效的教学过程；还应知道信息化教学设计能够有效提高学生的学习兴趣和效果，使得教学更加灵活和多样。

六、实验内容

（一）"教"的活动场景体验

借助虚拟仿真技术构建的虚拟教学场景，让学生体验更具互动性和体验性的教学方式。例如，通过模拟不同星球的重力环境，进行物理学科中的平抛运动实验。这能够让学生在实际操作中感知不同重力环境下的小球运动速度的变化，从而更深入地理解物理学科知识；通过实景模拟太阳系三维运动场景，让学生能够直观地观察到太阳系中八大行星的轨道运行轨迹。这种沉浸式的教学方式不仅增强了学生的学习体验，而且激发了他们的学习兴趣。

（二）"学"的活动场景体验

在人工智能时代，学生可以通过更直观、可视化的方式来获取知识。在该场景中，学生的学习活动体验包括：一是三维模拟植物的生长环境，例如，学生可以通过查看百山祖冷杉树的三维仿真模型，了解其生长环境、花期等信息，从而更全面地了解植物的生长过程；二是通过三维立体方式呈现动物的完整骨骼结构，例如，学生通过观察红鹿的三维模型，了解其骨骼结构和生活习性，从而对动物骨骼有更深入的理解。

（三）"管"的活动场景体验

在人工智能技术的辅助下，课堂管理会变得更加高效和精准。利用人工智能技术，学习行为分析功能可以实时记录与分析学生的课堂行为，如"听课""举手""睡觉""交流"等，帮助教师更好地管理课堂。

（四）"评"的活动场景体验

在人工智能技术的帮助下，学习评价将变得自动化与智能化。评价活动体验包括：一是通过智能分析技术，对学生的物理实验、星球探索、植物生长探索和动物骨骼研究等实验环节的学习效果进行自动化评价与反馈，帮助学生实时了解自己的学习状况；二是实验平台会对学生的操作步骤进行智能化总结与评分，并要求他们撰写总结报告，以促进他们的反思能力和表达能力的提升。

（五）"研"的活动场景体验

在人工智能的推动下，科研活动也变得更加便捷和高效。研究的体验场景包括：一是借助人工智能技术对学术论文进行矩阵分析，帮助学生快速了解论文的研究问题、目的、背景和方法等；二是通过引入大语言模型，实现人机对话交流，为学生文献研读提供智能助手，提高学生的文献阅读效率。

七、实验步骤

虚拟仿真课堂实验通过模拟人工智能时代的教、学、管、评、研的开展过程，让师范生体验到虚拟现实技术和人工智能技术在未来教学中的应用场景和潜力。

在进行实验操作活动前，需要在电脑端浏览器地址栏中输入虚拟仿真实验室地址（https://meta.dtcity.cn/virtual-sim-lab），进入到虚拟仿真实验的登录界面，如图1-1所示。使用个人姓名和学号登录虚拟仿真实验平台，或使用实验平台试用账号teacher_admin（密码为teacher_admin）登录。

在登录后，会进入虚拟仿真实验室首页（如图1-2所示）。首页中包含该实验室的基本介绍，从步骤一至步骤十一的目录；当鼠标移动到各步骤时，会实时呈现该步骤的简单介绍。

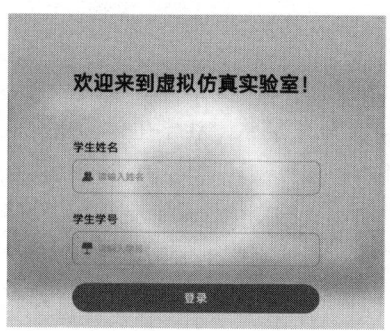

图1-1 虚拟仿真实验室登录界面

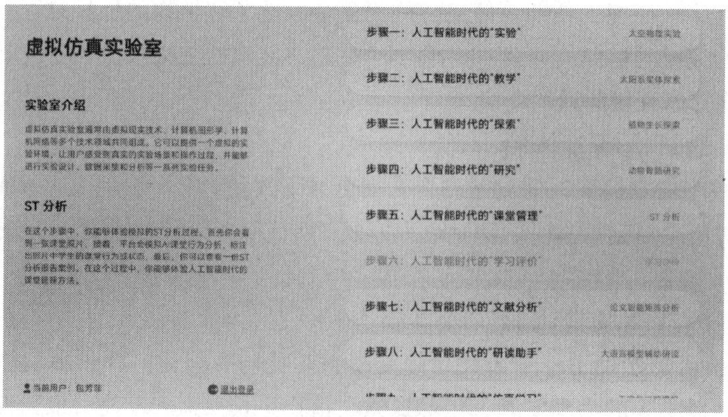

图1-2 虚拟仿真实验室首页

步骤一

人工智能时代的"实验":太空物理实验

在实验室首页点击"步骤一:人工智能时代的'实验'",即可进入太空物理实验。在实验开始前,会呈现该实验的文字简介和视频介绍(如图1-3所示),操作者可以先认真阅读并观看这部分信息。

点击"开始实验"即可进入物理平抛运动的实验环节中。首先,根据需要选择不同星球的重力环境(如图1-4所示),如确认选择"金星"重力环境,即可进入金星的平抛运动场景中。

图1-3　实验操作前的实验介绍界面　　图1-4　平抛运动重力环境选择

接下来是认识进行平抛运动的实验器材,如平抛导轨、调平螺栓、钢球、电磁铁等。认识了相关实验器材后,点击"下一步,实验操作"即可进入调平仪器阶段。按照操作步骤说明,点击如图1-5所示界面顶端的平衡尺左右的箭头,实现红线与蓝线重合来调平实验导轨,确保小球以水平速度离开导轨。

然后点击"下一步"进入到放置小球的出发点界面(如图1-6所示),用鼠标拖动小球到电磁吸附装置上,点击"下一步"后,会打开释放小球的红色开关,小球开始做平抛运动,屏幕上会呈现小球的平抛运动轨迹(如图1-7所示)。

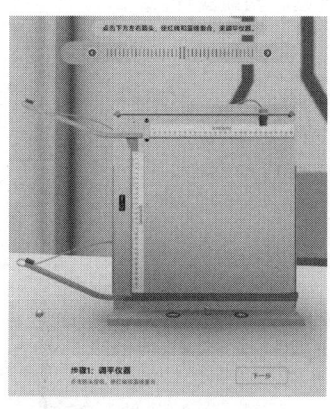 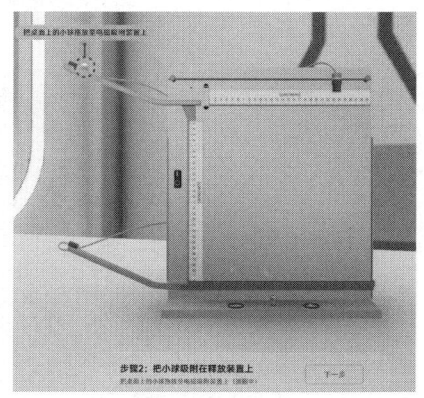

图1-5　调节平抛导轨水平　　图1-6　放置小球的出发点界面

此时点击"下一步",进入记录实验数据界面(如图1-8所示)。根据操作提示,点击小球的运动轨迹点,平台会自动记录各轨迹点的横、纵坐标值。

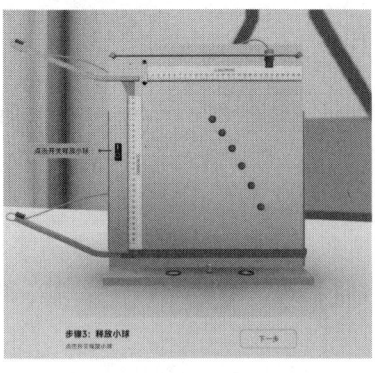
图1-7　小球运动轨迹呈现

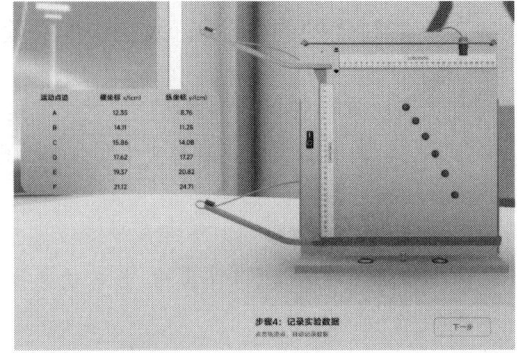
图1-8　记录实验数据界面

继续点击"下一步",即会出现小球纵坐标值计算公式和横坐标值计算公式,根据计算公式推导出小球初速度的计算公式(如图1-9所示),根据各轨迹点的横、纵坐标值计算出小球在各轨迹点的初速度。

继续点击"下一步",即完成了"步骤一:人工智能时代的'实验'"场景的所有操作。操作者可以看到本部分的实验总得分、实验总用时、实验报告等内容(如图1-10所示)。点击"回到实验室",即可回到实验室主界面。

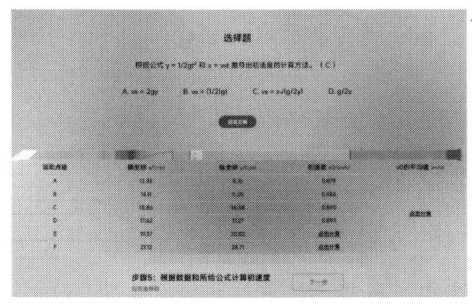
图1-9　小球平抛运动初速度计算

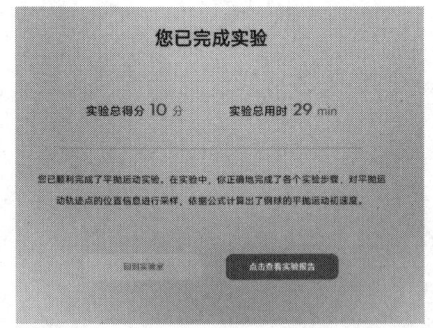
图1-10　实验操作得分与用时

步骤二　人工智能时代的"教学":太阳系星体探索

在实验室首页点击"步骤二:人工智能时代的'教学'"进入太阳系星球探索实验。同上,在进入探索场景前有这部分的文字和视频介绍。点击"开始实验",即可进入到太阳系八大行星绕太阳运行的仿真场景(如图1-11所示)。

点击包括太阳在内的各个星球,即可进入相应星球的基本信息简介界面。在这个界面中,操作者可以了解感兴趣的星球的相关信息,如半径、赤道周长、质量、转动速度等信息。图1-12展示了地球的基本信息。

图1-11　太阳系仿真场景

图1-12　地球基本信息简介

在学习了各星球的基本信息后,操作者可以回答平台随机给出的题目。在回答完题目后,即可返回实验室首页。

步骤三　人工智能时代的"探索":植物生长探索

在实验室首页中点击"步骤三:人工智能时代的'探索'",进入植物生长探索实验。阅读完实验介绍后,点击"开始实验"即可进入百山祖冷杉的基本信息界面(如图1-13所示)。

图1-13　百山祖冷杉基本信息

在此界面中,操作者可以了解百山祖冷杉的科名、属名、别名以及生长环境等相关信息。点击"细节"模块可进一步了解百山祖冷杉的"树叶""树干"等部分的生长细节信息。图1-14展示了百山祖冷杉的树叶细节信息。

图1-14　百山祖冷杉的树叶细节信息

点击"模拟"模块,还可以仿真模拟百山祖冷杉在"晴天""雨天""雪天"以及不同风力状态下的生长状态(如图1-15所示)。

图1-15　百山祖冷杉生长环境模拟

在学习完百山祖冷杉的基本信息和生长状态后,操作者可以回答由实验平台随机给出的问题。在题目回答完毕后,即可返回实验室首页。

步骤四　人工智能时代的"研究":动物骨骼研究

在实验室首页点击"步骤四:人工智能时代的'研究'",进入仿真研究模块中的动物骨骼研究部分。阅读完实验介绍后,点击"开始实验"即可进入红鹿三维仿真模型探究界面(如图1-16所示)。

图1-16 红鹿三维仿真模型探究界面

在此界面中，操作者可以了解红鹿的科名、属名、别名、生长环境、食物来源等相关信息。点击"细节"—"三维透视"，可以从各个角度对红鹿内部骨骼结构进行观察研究（如图1-17所示）。点击"模拟"，可以让红鹿呈现"行走""奔跑""进食"等运动动态（如图1-18所示）。

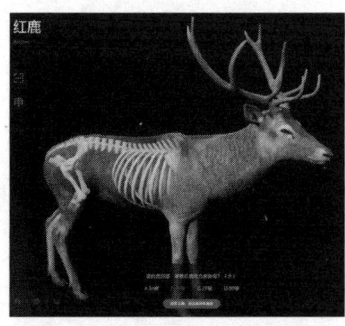

图1-17 红鹿内部骨骼透视　　　　图1-18 红鹿运动状态呈现

在学习完红鹿的相关知识后，操作者可以回答平台随机给出的问题。在题目回答完毕后，即可返回实验室首页。

步骤五　人工智能时代的"课堂管理"：ST分析

在实验室首页点击"步骤五：人工智能时代的'课堂管理'"，进入师生课堂行为分析场景。阅读完实验介绍后，点击"开始实验"进入人工智能课堂行为分析界面；点击"开始分析"，可智能分析出图片中每名学生课堂行为的状态，如听讲、读写、互动、分神、瞌睡等（如图1-19所示）。点击"点击查看"，可查看一份完整的课堂行为分析报告。

图1-19　学生课堂行为分析

步骤六　人工智能时代的"学习评价"：学习评价

在实验室首页点击"步骤六：人工智能时代的'学习评价'"，进入学习过程评价阶段。在该场景中，系统会自动提示"你已经完成了一半的实验进度"，点击"开始智能学习评价"（如图1-20所示）后，系统会对已经完成的实验步骤进行总结和评价。在该界面，实验平台会自动对操作者在各步骤操作中学习到的知识进行总结和反馈，帮助其梳理通过以上几个步骤的操作与探索后，学习了哪些知识。

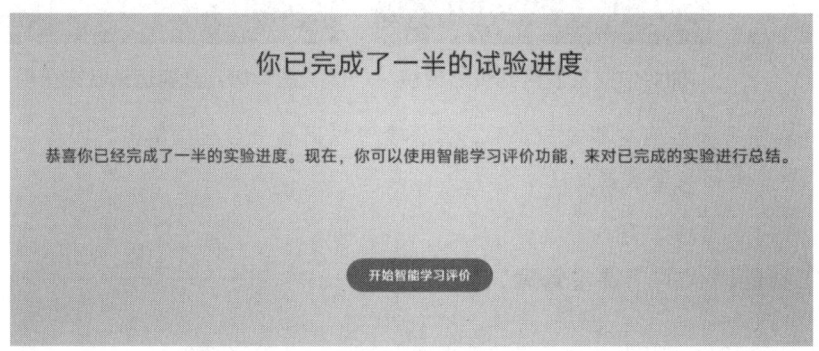

图1-20　实验进度情况提示

步骤七　人工智能时代的"文献分析"：论文智能矩阵分析

在实验室首页点击"步骤七：人工智能时代的'文献分析'"，进入学术论文智能矩阵分析模块。在该步骤中，系统会随机呈现一篇已经发表的学术论文（如图1-21所示）。操作者可以对该论文进行在线研读与分析，同时也可以借助"AI论文矩阵分析"功能让人工智能助手对该学术论文进行自动研读与分析。

图1-21　论文智能分析界面

人工智能助手会对该学术论文从"研究问题""研究目的""研究背景""研究方法""研究思路""主要内容""研究结果""创新点""研究局限"等方面进行系统的分析与解读（如图1-22所示），帮助操作者快速了解该论文的整体框架结构与学术观点。

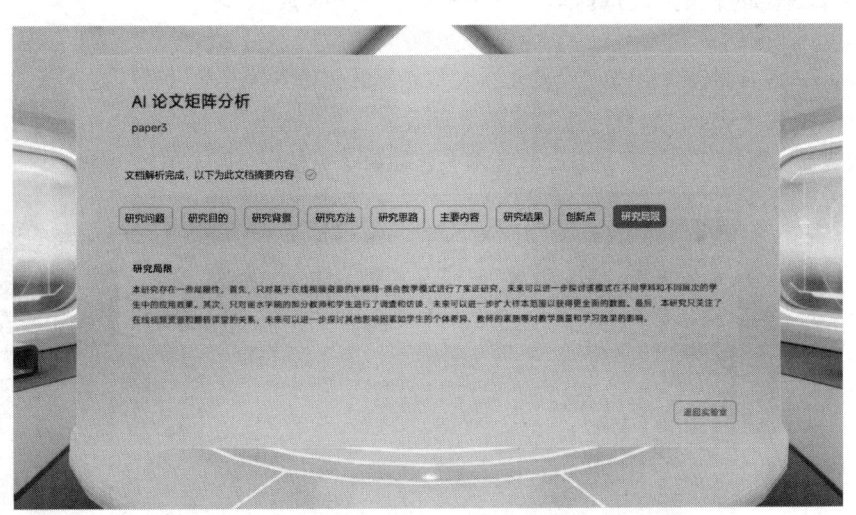

图1-22　论文智能分析结果

研读完相关论文后，点击"返回实验室"即可返回实验室首页。

步骤八　人工智能时代的"研读助手"：大语言模型辅助研读

在实验室首页点击"步骤八：人工智能时代的'研读助手'"，进入借助大语言模型辅助研读场景。在该步骤中，系统会随机推送一篇已经发表的学术论文。操作者可以自行研读该学术论文，在研读文章的过程中如果存在疑问或不理解的知识点，可以向内置的"AI智能问答"大语言模型提问，"AI智能问答"大语言模型会实时回答操作者的问题（如图

1-23所示）。

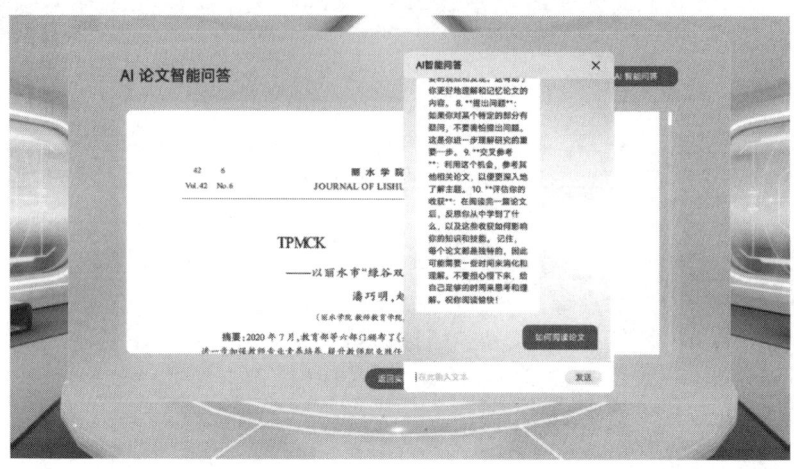

图1-23　论文研读智能问答

操作者还可以采用边研读边提问的方式与"AI智能问答"进行交流与互动。在研读学习完该论文后，点击"返回实验室"即可返回实验室首页。

步骤九　人工智能时代的"仿真学习"——天空与光照模拟

在实验室首页点击"步骤九：人工智能时代的'仿真学习'"，进入天空与光照模拟场景。在该场景中，操作者可以观察在早晨、正午、傍晚时刻，太阳所处的方位、太阳光线的强度、光线照射天空后所呈现的颜色等知识（如图1-24所示）。

图1-24　天空与光照模拟场景

在该场景中，操作者可以实时切换到一天中的不同时刻，然后观察太阳所处的位置及天空所呈现的颜色，并分析形成该颜色的原因，通过直观的方式学习天文学、地理学、物理学方面的知识。回答完平台随机推送的问题后，可以返回实验室首页。

步骤十　人工智能时代的"技能实战"：建筑设计实战

在实验室首页点击"步骤十：人工智能时代的'技能实战'"，进入建筑设计实战场景。在该场景中，操作者首先需要学习国家有关房屋建筑设计与建设的相关规定："按照国家规定，房子最低层窗户冬至日照时间不低于1小时，要达到这个标准，两楼间距应不小于全楼高度的1.2倍。"（如图1-25所示）。

在该场景中，操作者可以根据需要选择"春分""夏至""秋分""冬至"四个节气中的任意一天。观察在这一天中，太阳的光照强度和光线照射的方向等信息，然后按照国家建筑设计的基本要求，动态地调整楼宇之间的距离，并确认楼宇的间距是否符合国家的标准，进而学习楼宇设计建造相关知识。

图1-25　光照效果与楼宇间距调整

步骤十一　人工智能时代的"课堂总结"——实验总结与报告

当操作者体验完前十个步骤后，可以从实验室首页点击"步骤十一：人工智能时代的'课堂总结'"进入实验总结与报告的撰写阶段。点击"开始实验"进入"实验总结"界面，操作者可以采用文字输入的方式对以上十个步骤的学习过程进行总结，写下对实验平台的操作感受、获得的相关学科知识和技能等内容；也可以通过智能分析评价功能，借助人工智能助手对实验操作过程进行整体评价。人工智能助手会对"步骤一"到"步骤十"的各个步骤中涉及的学科知识内容进行分析与呈现，让操作者直观地体验到虚拟仿真课堂对知识评价与总结带来的帮助。

八、实验思考与分析

思考题1：请结合实验过程，探讨虚拟仿真技术在提升教学效果、增强学习体验方面的具体价值，并分析其在实际应用中可能遇到的挑战。你认为应如何克服这些挑战，以便更好地发挥虚拟仿真技术在教学中的作用？

思考题2：该实验中涉及了人工智能技术辅助教、学、管、评、研的运用，请思考并阐述人工智能技术如何助力实现个性化教学；同时思考并阐述在个性化教学过程中使用人工智能技术可能引发的伦理问题，并提出你的见解和建议。

思考题3：请思考在应用人工智能技术辅助文献阅读的过程中，如何合理界定学习者与人工智能助手的角色分工，以构建更加高效的协同模式。

实验二
元宇宙学习环境：人工智能时代的学校

一、实验简介

虚拟仿真技术与元宇宙概念的结合，为人们描绘了一个充满无限可能的未来学习空间——人工智能时代的学校。本实验旨在通过构建一个高度智能化的虚拟校园，来探索元宇宙在教育领域的创新应用，以及这种应用如何推动教育模式的转型和升级。实验的核心在于将智慧教育的理念融入元宇宙校园的构建中。在这个虚拟校园中，学生、教师和管理者可以在这个虚拟空间中自由穿梭，体验沉浸式的互动式教学和管理，每个学生都能获得量身定制的个性化学习方案，每个教师都能得到精准的教学辅助和决策支持，每个管理者都能实现高效的资源调配和事件响应。

通过参与这一实验，师范生可以深入了解元宇宙技术在教育领域的应用潜力和价值，并提升个人的数字素养和信息化技能。在实验过程中，师范生将学会使用虚拟现实技术进行导航和交互，并提升利用人工智能工具辅助学习的能力。同时，师范生还能体验智慧校园管理的核心理念，模拟处理校园安全、环境监测等任务，提升个人的应急处理能力。该实验着重培养师范生的自主学习和团队协作能力，通过在线讨论和合作完成任务等，帮助他们形成积极的学习态度和团队精神。

二、实验目的

（一）实验目标

知识目标：能够深入理解元宇宙及虚拟仿真技术在教育领域中的巨大潜力和广泛应用；掌握智慧教育的核心理念，如个性化学习和精准教学；实现跨学科知识的有机融合，把信息技术、教育学和心理学等多个领域的知识融会贯通。

能力目标：提升数字素养，能熟练使用虚拟现实设备和人工智能工具；提升自主学习能力以及与同伴在线协作的能力；通过模拟教学场景的实践活动，提高教学设计与评估能力。

素养目标：提高信息素养，能够高效获取、准确评估并充分利用信息；提升独立解决问题和应对复杂环境的能力；提高跨文化沟通能力。

价值目标：树立终身学习的理念，更好地适应快速发展的技术环境；增强社会责任感，更加关注社会和环境问题。

（二）实验成果

在生成式人工智能的辅助下拟定一篇科研小论文选题，并完成该选题的文献综述，不少于2000字。

三、实验原理

本实验基于个性化学习理论、沉浸式学习理论和协作交流理论三大教育基础理论开展实验设计与实践。

个性化学习理论主张因材施教，为每个学生提供量身定制的学习方案。在本实验设计过程中，虚拟仿真技术可以根据学生的学习进度、能力和兴趣，创建个性化的学习环境和学习资源；人工智能则进一步辅助决策，分析学习数据，为教师提供精准的教学建议。这样，教学将更加贴合学生的实际需求，有效提高学习效果和学生满意度。

沉浸式学习理论强调通过虚拟现实技术模拟真实或构想的教学场景，让学生在逼真的环境中学习。在本实验中，这一理论的应用使得学习变得生动且直观，多感官的沉浸式体验增强了学生的专注度和学习兴趣。情境模拟与体验让学生在安全的环境中进行实践操作，如科学实验或历史场景重现，从而让学生更深刻地理解和掌握知识。

协作交流理论倡导在元宇宙中构建全球化的学习社区，促进学生间的跨国界交流与协作。本实验通过实时聊天、小组讨论等功能，实现了多样化的协作学习方式，培养了学生的团队协作能力。同时，与不同文化背景的同学交流，拓宽了学生的视野，激发了创新思维。这一理论在实验设计中起到了促进学生全面发展、培养国际视野的重要作用。

四、实验环境

GKK元宇宙平台是由北京萌科科技有限公司推出的创新平台，专注于将人工智能大语言模型、多数字人互动及3D元宇宙空间融为一体。该平台支持零基础用户快速制作人工智能数字人，创建元宇宙空间，并实现多数字分身及人工智能数字人在3D空间的在线社交互动。

五、预备知识

为达到该实验目的，作为未来教师，我们应具备如下几点预备知识：

（一）计算机与信息技术基础

我们需要扎实掌握计算机硬件与软件知识，包括操作系统、网络通信等。此外，对虚拟现实（Virtual Reality，VR）、增强现实（Augmented Reality，AR）和人工智能等前沿技术的了解也必不可少。这些基础知识将帮助我们熟练操作虚拟仿真平台，确保自身在元宇宙教学和学习环境中能够顺畅导航和高效互动。

（二）教育学与心理学基础知识

我们应具备一定的教育学与心理学基础知识，这有助于我们更好地理解教育元宇宙的设计理念、教学目标及学生心理机制，从而更有效地参与虚拟教学场景，提升教学效果。同时，跨学科知识储备也不可或缺，涉及科学、工程、数学、艺术等多个领域，具备综合素养和创新能力是未来教师的发展趋势。

（三）教育元宇宙实验与操作知识

针对元宇宙学习环境的实验，我们还需掌握一定的专用知识。这包括熟悉虚拟仿真平台的操作流程、了解元宇宙中不同角色的功能与任务（如学校管理者、教师和学生）以及掌握实验报告撰写技巧等。

六、实验内容

本实验模拟了元宇宙环境下人工智能时代的学校，我们将分别以学校管理者、教师和学生的身份参与学校日常活动。具体的实验内容如下：

（一）"管理者"角色下的场景体验

在这个实验模块中，我们将扮演校园"管理者"的角色，负责整个虚拟校园的日常运营与管理。通过这个实验模块的学习与实践，我们将深入理解智慧校园管理的核心理念和实施方法，掌握利用信息技术手段提升校园管理效率和服务质量的基本技能。其主要包括：

（1）虚拟校园游览：元宇宙校园是一种将真实校园在虚拟空间中进行高度复刻和扩展的教育平台。它不仅在视觉上实现了校园环境的1:1复刻，还通过技术手段模拟了校园生活的各种场景和活动，为学生、教师和管理者提供了一个全新的互动和学习空间。

（2）校园安全处理："管理者"角色需要模拟处理包括校园安全、环境监测、事件响应等多个方面的管理任务。例如，在校园安全方面，"管理者"角色需要利用虚拟仿真技术模拟各种突发情况，如火灾、地震等，并学习如何迅速有效地启动应急预案，保障师生安全。

（二）"教师"角色下的场景体验

（1）虚拟教学场景：在教育元宇宙中，"教师"角色可以创建虚拟的教学环境，如虚拟博物馆、虚拟教室、实验室等。这些虚拟场景可以根据教学内容进行定制，满足不同学科和课程的需求。

（2）虚拟仿真实训：对于一些高风险、高成本或难以在现实环境中进行的实验和实训，教育元宇宙可以提供虚拟仿真的解决方案。"教师"角色可以模拟真实的实验场景，让"学生"在虚拟环境中进行实践操作，从而掌握相关技能和知识。

（三）"学生"角色下的场景体验

（1）虚拟实验与科学研究：对于物理、化学等实验性强的学科，元宇宙提供了虚拟实验室，"学生"角色可以在这里进行各种实验，观察化学反应、物理现象等，而无须担心真实实验可能带来的风险。

（2）虚拟旅游与文化体验：元宇宙为"学生"角色提供了虚拟旅游的机会。他们可以游览世界各地的名胜古迹、博物馆等文化场所，了解不同国家和地区的文化和历史。

七、实验步骤

在进行实验操作活动前，在电脑端浏览器地址栏中输入GKK元宇宙软件的下载链接：https://d.gkk.cn/，进入软件下载界面（如图2-1所示）。下载该APP之后，在"个人中心"注册账号（如图2-2所示）。登录后，可对个人基本信息、个人形象等进行修改。

在APP主界面"单人内容"栏目的"内容商店"界面可以浏览APP拥有的所有元宇宙资源（如图2-3所示），打开体验专区，可以下载该专区内所有的资源。

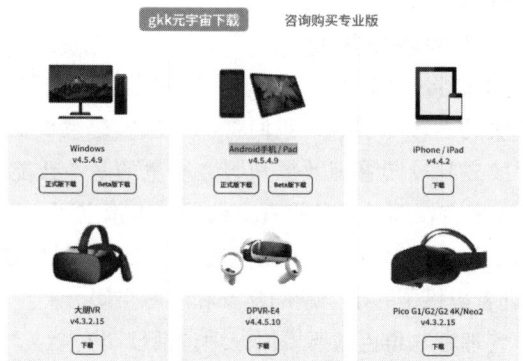

图2-1　GKK元宇宙下载界面

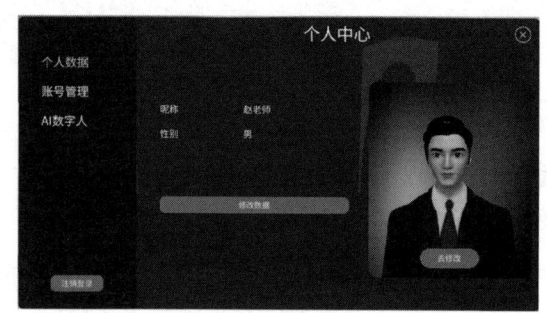

图2-2　个人中心　　　　　　　　　　　图2-3　内容商店

"体验专区"的元宇宙资源全部下载完毕后，会出现在"我的内容"列表，接下来就可以正常体验或使用了。

步骤一　元宇宙环境中的虚拟校园游览

在"我的内容"界面中，点击"云上江财"，即可进入如图2-4所示界面。"云上江财"作为江西财经大学[①]的元宇宙校园，精心收录了该校麦庐校区、枫林校区、蛟桥南区和蛟桥北区四大校区的虚拟风貌。点击任意一个校区的入口，便能即刻投身云端，畅游江西财经大学的美丽校园。

以枫林校区为例，点击"云上江财_枫林校区"，便会出现虚拟校园引导手册（如图2-5所示），学习完该手册后，可以了解游览元宇宙校园的基本操作。

进入"云上江财_枫林校区"虚拟校园（如图2-6所示），我们就可以自由地浏览这个虚拟环境了；可以使用APP提供的各种交互功能（如行走、奔跑、跳跃等）来探索校园的不同区域，如教学楼、图书馆、操场等；还可以与其他虚拟角色（校园虚拟解说员）进行互动，了解校园每栋建筑的基本情况。

---

① 在APP主界面的"单人内容"栏目的"内容商店"中点击"三维场景"，即可找到"虚拟学校"，通过"虚拟学校"可定制自己的学校。不过该服务是收费的，因此本书不做详细介绍。

实验二　元宇宙学习环境：人工智能时代的学校

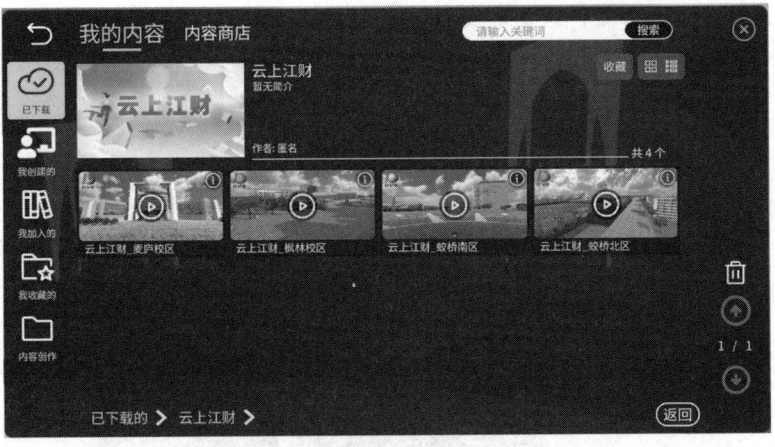

图2-4　"云上江财"入口

图2-5　虚拟校园引导手册

图2-6　"云上江财_枫林校区"虚拟校园

步骤二　元宇宙环境中的校园安全处理

在"我的内容"界面中，点击"安全（示例）"，进入如图2-7所示的界面，该界面中有"防触电安全常识""地震安全急救""洪水安全急救"等资源。以下，以"地震安全急救"和"洪水安全急救"为例。

（1）点击"地震安全急救"，便可进入元宇宙场景。

在地震场景的沉浸式体验中（如图2-8所示），遵循系统的指引，学习并掌握正确的地震避险姿势以及有效的逃生路线。同时，了解地震发生后的自救与互救知识，涵盖如何处理伤口、如何迅速寻找安全避难所等关键技能。通过一系列互动操作，如精准选择避难地点、熟练运用虚拟工具进行模拟救援等，进一步加深对地震安全急救技能的理解，提升实际操作能力。

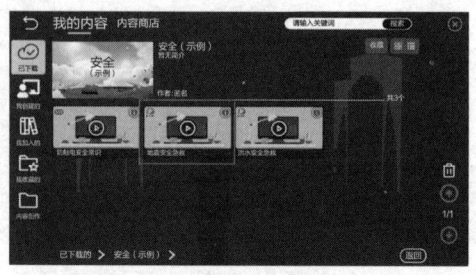

图2-7 "地震安全急救"入口

图2-8 地震场景

（2）点击"洪水安全急救"，便可进入元宇宙场景。

在洪水场景的沉浸式体验中（如图2-9所示），跟随系统的指引，学习并掌握正确的洪水应对措施以及关键的自救技巧。这包括深入了解如何在洪水来临之前进行有效的物资储备，涵盖食品、饮用水、应急药品、照明工具和通信设备等必需品。

学生学习如何准确判断洪水的风险等级，并据此选择最合适的疏散路线和安全避难点。在掌握这些基础知识后，进一步学习洪水来临时的自救方法（如图2-10所示），例如寻找高处躲避洪水、利用可用材料制作简易救生工具等实用技能。此外，通过一系列互动操作，如模拟使用通信设备发出求救信号、动手制作简易木筏进行逃生演练等，进一步加深对洪水安全急救技能的理解，提升实际操作能力。

图2-9 洪水场景

实验二　元宇宙学习环境：人工智能时代的学校

图2-10　自救方法学习

步骤三　元宇宙环境中的虚拟教学场景

元宇宙环境中的虚拟教学场景包括英语、数学、语文等，此处以英语教学和语文教学为例展示虚拟课堂的应用。

（1）虚拟课堂：英语教学。

在"我的内容"界面中，点击"英语互动教学资源（示例）"，进入如图2-11所示的界面，该界面中有"非洲大象""阿拉斯加北极光"等资源。例如，点击"非洲大象"，即可进入相应的教学场景。

"非洲大象"教学内容共分为四个小节：

第一小节为课文介绍（如图2-12所示），我们可以体验在虚拟课堂中听虚拟教师讲解课文。

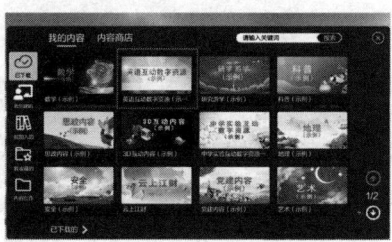

图2-11　"英语互动教学资源"入口

第二小节为单词学习（如图2-13所示），我们可以在虚拟教师的讲解下，通过与系统进行互动来学习单词。

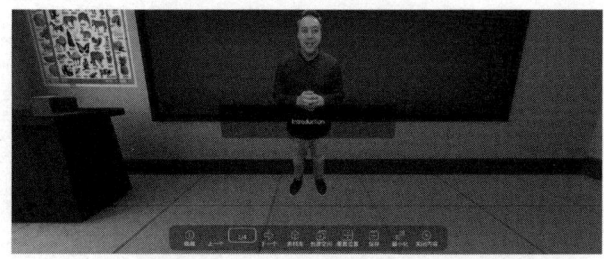

图2-12　"非洲大象"课文介绍

图2-13 "非洲大象"单词学习

第三小节为单词练习(如图2-14所示),我们可以在虚拟教师发音演示和系统引导下跟读练习单词发音。

图2-14 "非洲大象"单词练习

第四小节为选择题练习(如图2-15所示),我们可以根据教学内容回答问题,选择正确答案。

图2-15 "非洲大象"选择题练习

(2)虚拟课堂:语文教学。

在"我的内容"界面中,点击"语文(示例)",进入如图2-16所示界面,该界面中有"天净沙·秋思"的资源。点击即可进入相应的教学场景。

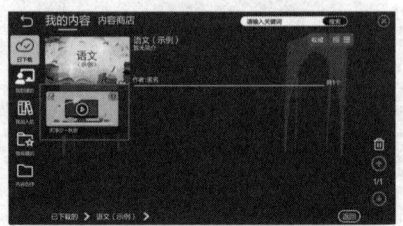

图2-16 "天净沙·秋思"入口

"天净沙·秋思"的教学主要通过在元宇宙场景中构建与诗词内容相匹配的虚拟场景，让学生在学习过程中身临其境，感同身受。点击"我是诗人"进入学习（如图2-17所示）。根据系统引导，依次点击"老树""小桥""瘦马""断肠人"等交互按钮（如图2-18所示），变换场景，开展诗词学习。

图2-17 "我是诗人"入口

图2-18 交互按钮

步骤四 元宇宙环境中的虚拟仿真实训

在"我的内容"界面中，点击"中学实验互动教学资源（示例）"的入口，即可进入如图2-19所示的界面，该界面中有"电解水实验（3D版）""铁丝燃烧"等资源。点击"电解水实验"入口，进入相应的教学场景。

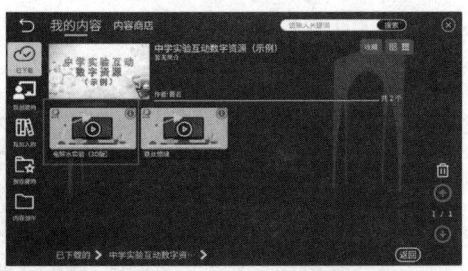

图2-19 "中学实验互动教学资源（示例）"

点击"实验介绍"，了解实验目的、实验原理、实验用品等基础实验知识。首先，明确实验目的，即通过"电解水实验"希望解决的具体问题、验证的假设或探索的现象；其次，学习"电解水实验"中涉及的实验原理并了解实验中需要用到的实验用品;最后,明确"电解水实验"的具体操作步骤。学习完成后进入模拟实验。

根据元宇宙教学场景中呈现的"电解水实验"步骤引导,开展具体实验。例如,图2-20所呈现的实验步骤"向U形管中倒入饱和食盐水",实验者可根据提示进行相关操作。元宇宙教学场景不仅提供了沉浸式的实验体验,还确保了实验过程的可操作性。

图2-20 元宇宙教学实验步骤介绍

在实验完成后,元宇宙教学场景都会提供实验解释与结论(如图2-21所示),帮助实验者明确每一步实验的研究原理与研究目的,在实践中学习并巩固相关知识点,提高学习效率。

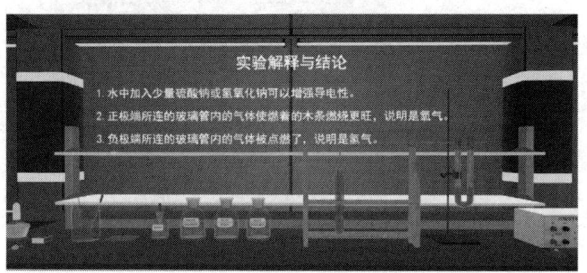

图2-21 元宇宙教学实验解释与结论

步骤五 元宇宙环境中的虚拟旅游

在"我的内容"界面中,点击"研学游学(示例)",进入如图2-22所示界面。该界面中有"故宫""长城"等资源。例如,点击"长城"入口,即可进入相应的元宇宙教学场景。

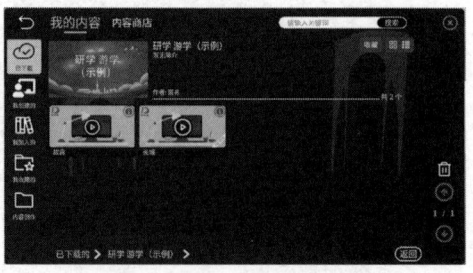

图2-22 "研学游学"的入口

点击"内容简介"交互按钮（如图2-23所示），可以听系统讲解长城。

根据系统引导和路线指引，分别游览长城入口、古炮、城台、城墙等场景。

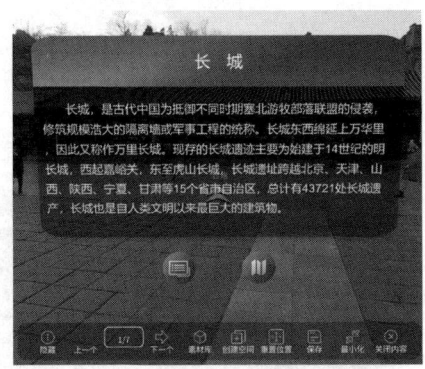

图2-23　长城内容介绍

步骤六　元宇宙环境中的虚拟场馆

在元宇宙环境中，还可以查看虚拟场馆等内容，例如点击"第十四届珠海航展"，即可进入相应的元宇宙场景。

根据系统引导和路线指引，可以参观"中国航空工业""中国航发""中国电子""月球展览""中国军工"等虚拟场馆（如图2-24所示）。点击界面中的交互按钮（如图2-25所示），可放大图片，查看细节。

图2-24　虚拟场馆

图2-25　交互按钮

步骤七　元宇宙环境中的文化体验

在"我的内容"界面中,点击"3D互动内容(示例)",进入如图2-26所示界面。该界面中有"太阳系与黑洞""飞夺泸定桥(体验版)"等资源。点击"飞夺泸定桥(体验版)",即可进入相应元宇宙场景。

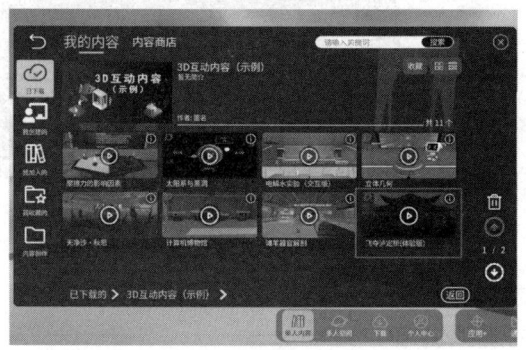

图2-26　"飞夺泸定桥(体验版)"入口

根据系统讲解,学习红军飞夺泸定桥的历史知识。在如图2-27所示界面点击"开始"按钮,开展学习。

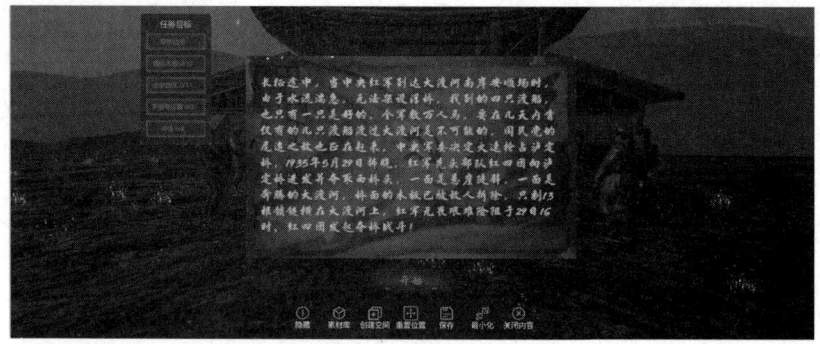

图2-27　"开始"按钮

根据系统指引,完成五大任务目标(如图2-28所示),体验红军飞夺泸定桥的艰难,学习红军战士不怕困难、不畏牺牲的精神。

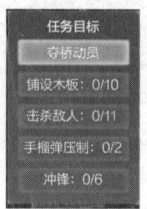

图2-28　五大任务目标

八、实验思考与分析

思考题1：探讨个性化学习理论在元宇宙教育中的应用实例，并思考如何在未来教学实践中进一步优化这一模式。

思考题2：分析在元宇宙教育环境下，教师的角色定位发生了哪些变化，以及教师需要具备哪些新的技能和素质；分析元宇宙教育可能带来的教学创新，同时也面临哪些挑战（如技术门槛、教学质量评估等），并提出相应的应对策略。

思考题3：分析元宇宙教育环境对未来教育模式的影响，包括学习方式的变革、教学评价体系的重构等。探讨元宇宙教育如何打破地域限制，实现全球范围内的教育资源共享，从而促进教育均衡发展。讨论在推进元宇宙教育的过程中，如何确保技术的可访问性和包容性，让每个学生都能平等地享受元宇宙带来的学习机会。

实验三

教育数字人：人工智能时代的教师

一、实验简介

数字人技术作为人工智能与虚拟现实融合的产物，正逐渐成为教育创新的重要推动力。在教育领域，数字人可以担任虚拟教师或学习伙伴的角色，为学生提供个性化的学习体验，使教学内容更加丰富多样。对教师而言，数字人技术为创新教学方法开辟了新途径，有望提升整体教学质量。随着技术的不断进步，数字人在教育中的应用前景广阔，甚至可能彻底改变我们对教与学的传统认知。然而，目前许多教师对数字人技术的了解仅停留在理论层面，缺乏实际操作经验。本实验项目的开展旨在让师范生通过实际操作深入了解教育数字人的制作与应用，为其未来的教学实践打下坚实基础。

本实验主要聚焦于教育数字人的制作流程及实际应用场景，包括数字人的设计、形象制作、动作捕捉、视频合成等一系列环节，旨在让师范生掌握数字人制作技术，并能将自己制作的数字人应用于微课的设计与制作中，达到学以致用的目的。

二、实验目的

通过本实验，我们预期将达到如下实验目标与成果：

（一）实验目标

知识目标：掌握数字人技术的基本原理和应用方法；理解数字人技术的核心概念，包括数字人的类型、语音合成、自然语言处理等相关知识；了解数字人在教育中的应用场景。

能力目标：掌握数字人制作与应用技能，熟练掌握至少一种数字人制作工具的使用方法。

素养目标：提升数字内容创作、人机交互设计、教学情境构建的能力，增强教育创新意识。

价值目标：增强运用数字人技术服务教育的创新精神和责任意识；在掌握技术的同时，能深入思考数字人在教育中的伦理应用，激发自身利用新技术促进教育均衡、传播优秀文化的使命感；能在数字人设计与应用过程中融入人文关怀，增强教育的温度，成为既懂技术又有情怀的新时代教育工作者。

（二）实验成果

（1）制作一个具有个性化特征的数字人。

（2）运用数字人，完成一个时长为5～8分钟，并且主题内容与自己专业相关的微课视频。

（3）撰写一篇1000字左右的实验报告，要求全面总结在实验过程中遇到的问题及解决办法、心得与收获，并提出自己对数字人在教育中应用的看法。

三、实验原理

本实验主要依据情境认知理论、人机交互理论实施实验设计与实践。

情境认知理论认为，知识的学习和认知过程与具体情境密不可分。数字人技术能够打造身临其境的学习环境，营造符合学生个性化特征的教学氛围，并将抽象的理论与具体的实践相结合，从而促进知识的深度理解和迁移应用。

人机交互理论强调，人与机器的交互是提高学习效果的关键。数字人技术通过其拟人化的界面和自然的交互方式，可以极大地提升学生的学习动力和参与度。师范生可以通过设计数字人的交互方式，深入理解教学互动的本质，有助于他们更好地掌握技术应用的核心理念。

四、实验环境

我们将通过专业的数字人制作平台和相关工具，学习掌握数字人的制作流程。下面对本实验使用的平台进行介绍：

（一）蝉镜数字人视频创作平台

蝉镜数字人视频创作平台（以下简称蝉镜平台，网址：https://www.chanjing.cc/）是一个融合人工智能技术的视频创作平台，旨在简化视频制作流程并提供多元服务。平台的数字人播报功能允许用户上传内容，快速生成定制视频，适用于广告、电商和教育等领域，大幅提高了创作效率。平台提供丰富的数字人形象选择，支持短视频制作，特别适合营销和在线教学使用。此外，用户可通过形象和声音克隆技术打造专属数字人，满足个性化需求。对于教育领域而言，蝉镜平台能够为教师提供2D数字人制作服务，助力教育内容的生动呈现。

（二）有言AIGC一站式视频生成平台

有言AIGC一站式视频生成平台（以下简称有言平台，网址：https://youyan.xyz/）是一款利用人工智能技术，提供高效视频创作解决方案的工具。它拥有丰富的3D虚拟角色库，用户可以根据视频主题选择合适角色，实现无须真人出镜的视频制作。平台的一键生成3D内容功能，允许用户通过输入文字快速构建动画、形象和场景，结合全栈AIGC技术，包括三维形象、动画、运镜、灯光和声音生成，确保了视频内容的高质量。此外，智能镜头剪辑和后期包装功能为用户提供了一站式的视频创作服务。对于教育领域而言，有言平台能够为教师提供3D数字人制作及体验服务，协助其进行教育视频制作，提高工作效率。

五、预备知识

为达到实验目的，作为未来教师，我们应具备如下几点预备知识：

（一）计算机基础知识

在开展实验前，我们需具备一定的计算机基础知识和技能。其主要包括三个方面：图像处理、计算机图形学和操作系统等方面的知识。在图像处理方面，我们应理解像素、分辨率和颜色模式等基本概念，并掌握图像变换、调色和剪切等操作，这些知识对提升数字人的图像质量至关重要。计算机图形学知识也不可或缺，我们需了解二维和三维图形的表示、变换及渲染原理，这有助于理解数字人的建模和动画实现过程，从而创建逼真的虚拟角色。此外，了解操作系统知识同样重要，熟悉文件管理、目录结构和存储设备操作，能帮助我们高效组织和管理相关文件，确保制作过程的顺利。

（二）数字人相关知识

在开展本实验前，我们需要对数字人技术有一定的了解，包括：了解虚拟数字人的概念，掌握其定义和特征，理解其具备的数字化外形、人类行为模拟以及交互能力等特点。在数字人分类上，需了解2D和3D两大类别的不同，如2D数字人包含语音驱动照片和视频训练还原两种形式，3D数字人则具备完整三维结构的特性。同时，我们也需要了解数字人在教育中应用的场景。

（三）微课制作相关知识

在开展本实验前，我们需要对微课制作相关知识有一定的了解。在教学设计上，我们应掌握一定的教学原则和教学方法，能依教学目标和学生特点设计有关内容，如为数字人微课制订流程和策略。我们还需要有一定的脚本编写能力，能将教学内容生动转化，契合数字人特点。另外，我们还需要熟悉视频编辑相关软件，掌握特效、字幕和音频处理等技巧。我们还需要了解教学评价的方法指标、评估效果并依结果改进优化，例如，收集反馈和成绩总结分析，调整改进后续微课制作，不断提高教学质量与教学效果等。

六、实验内容

本实验通过教育数字人设计、教育数字人制作以及数字人微课制作等内容，充分展示了人工智能时代的教育发展动态与趋势。本实验内容以任务为驱动，具体的实验内容如下：

（一）教育数字人设计

教育数字人设计主要包括：①在教育需求分析阶段，要深入了解目标学生的特征、学习需求和知识基础，明确教学目标和核心内容，确保数字人设计与教育目的相契合；②形象设计不仅包括数字人的外观造型，还需要构建符合教育场景的性格特征，同时确定选择制作2D数字人还是3D数字人，需要精心规划数字人互动模式，包括语言表达、肢体动作等，并设计合理的交互流程，确保学习体验的流畅性和教学效果的最大化。

（二）教育数字人制作

教育数字人制作涵盖了数字人形象制作、对话脚本编写和视频合成体验三个主要环节。①数字人形象包括2D数字人和3D数字人。2D数字人制作包括照片数字人和视频数字人两种形式。制作照片数字人：在蝉镜平台上选择预设资源或上传个人照片，通过人工智能技术调整面部表情、身体比例和服装，即可快速生成个性化的2D照片数字人形象。制作2D视频数字人：需要上传符合要求的人物视频录像。3D数字人的制作更为复杂，需要进行详细的概念设计，包括确定角色的外观、性别、肤色、发型等特征。有言平台可以根据需求设置这些参数，创建出具有立体感的3D数字人形象。②在对话脚本编写环节，生成式人工智能可以协助生成教学对话脚本，这大大简化了脚本创作的过程，还能提升脚本内容的教育性和趣味性。③在视频合成体验环节，我们将制作好的数字人形象与生成的教学对话脚本相结合，制作出完整的教学视频。

（三）数字人微课制作

数字人微课制作是教育内容创新的前沿领域，它融合了数字人技术与教学设计，旨在高效生产优质的教学视频。其涉及三个核心环节：微课设计、素材准备和微课合成制作。①微课设计始于确定具体的教学主题。设计者需构建合理的内容结构，通常包含引入、主题讲解和总结等部分。同时，还要考虑如何充分利用数字人的特点，设计恰当的教学策略和互动方式。②素材准备是后续制作的基础。这一阶段需收集或制作各类媒体资源，如图片、动画和音频等，以丰富微课内容，增强学习效果。应重点考虑如何将这些素材与数字人形象自然地结合。③在微课合成制作环节，利用前期设计的数字人形象、教学素材和脚本，通过专业工具录制合成完整微课。这个过程中需注意数字人的形象与内容的协调性，确保音画同步，并适当加入交互元素，提升学习参与度。

七、实验步骤

步骤一　教育数字人设计：需求分析

本步骤以人民教育出版社出版的《数学：五年级上册》中的"小数乘法"一节为例，进行教育数字人设计的需求分析，具体流程如下：

①深入研读教材，把握"小数乘法"的教学重难点。②了解目标学生特征，包括年龄、认知水平和学习特点等。③列举学生可能面临的学习困难和需求。④评估学生的知识基础，明确他们之前的学习情况。⑤在此基础上，制定涵盖知识、技能和情感方面的具体教学目标。⑥梳理核心教学内容，并探讨如何借助数字人技术实现教学目标，提升学习效果。

我们可以将这些分析结果整理成表格（如表3-1所示），以便为后续设计工作提供明确指引。这一系列步骤可以确保数字人教学设计更贴合实际需求，从而提高教学质量。

表 3-1　教育数字人设计需求分析案例

分析项	具体内容
目标学生特征	• 年龄：10～11岁 • 认知水平：具备基本的数学思维能力，已掌握整数乘法和小数基础知识 • 学习特点：喜欢形象化、生动的教学方式，注意力持续时间较短
学习需求	• 理解小数乘法的概念和运算规则 • 掌握小数乘法的计算方法 • 能够运用小数乘法解决实际问题
知识基础	• 已掌握整数乘法 • 了解小数的概念和基本性质 • 能进行简单的小数加减运算
教学目标	• 知识目标：理解小数乘法的意义，掌握小数乘法的计算方法 • 技能目标：能够正确进行小数乘法运算，并解决相关的实际问题 • 情感目标：增强对数学的兴趣，建立数学与生活的联系
核心内容	小数乘法的概念引入、小数乘小数的计算方法、小数乘法的估算、小数乘法在实际生活中的应用
数字人与教育目的契合点	• 设计生动、有趣的数字人形象，吸引学生的注意力 • 通过数字人展示形象化的小数乘法过程，帮助学生理解抽象概念 • 设计互动环节，增强学生参与感，巩固学习效果

步骤二　教育数字人设计：形象设计

在此步骤中，我们首先需要根据教育需求选择适合的数字人类型，不同类型的数字人的制作方法不同。

制作2D照片数字人时，我们可以选择或拍摄一张本人的照片，为确保数字人制作的效果，需遵循以下要求：上传标准正面照，面部清晰可见，背景应为纯色且不透明；保持自然表情，嘴巴闭合，避免侧面角度、夸张表情或手势遮挡；照片应清晰，不可模糊或过度处理，严禁上传违规图片。

制作2D视频数字人时，我们需要录制一段人物视频，为了使数字人效果更接近真人，录制视频需要遵循以下要求：提供约2分钟的高分辨率真人出镜视频，确保出镜人为本人或已经出镜人授权；录制时选择光线充足的环境，避免面部过亮或过暗；全程保持脸部无遮挡，并以声情并茂的方式演讲，这对数字人生成效果至关重要；最好使用手机或相机拍摄。

3D数字人的设计较为复杂，可以使用3D建模软件或现成的角色生成工具创建人物模型。外观设计是3D数字人创作过程中的关键环节，它涉及角色的整体视觉形象塑造。这一阶段包括精心设计面部特征，如眼睛、鼻子和嘴巴的形状与比例；构思整体体型和身材比例，以体现角色的特性；设计独特的发型，反映人物个性；开发与角色身份相符的服装和配饰。我们需要综合考虑角色的背景故事、性格特征和教育用途，以创造出既美观又富有个性的外观，确保数字人在视觉上能够吸引目标受众，同时能够准确传达设计意图。

无论选择哪种类型，我们都要确保数字人的形象符合教学需求，能够吸引目标学生的注意力。

步骤三　教育数字人制作：形象制作

（1）在2D照片数字人的制作过程中，首先需要选择或拍摄一张符合教学需求的人物照片，最好是本人的正装照片。其次，可以利用熟悉的修图软件对照片进行基础处理，包括调整光线和对比度等。最后，将处理好的照片上传到蝉镜平台，利用相应的功能调整数字人的面部特征和表情，自动生成照片数字人（如图3-1所示）。

图3-1　2D照片数字人

（2）在2D视频数字人的制作过程中，首先需要录制一段约2分钟的人物视频，最好本人出镜。具体的录制要求已在设计环节介绍，可按照上述要求进行操作。完成录制后，将视频上传到蝉镜平台，利用平台的智能处理功能对视频进行优化。上传完成后，需要进行形象授权认证，即拍摄本人的清晰正面照，确保与上传的驱动素材为同一个人。形象授权认证可以确保用户的权益不受侵犯，同时也能为平台提供合法、安全的素材来源。认证完成后，平台会自动生成具有自己形象、形态、音色特点的2D视频数字人。

（3）在3D数字人的制作过程中，首先需要访问有言平台官方网站并完成账号注册。登录后需要完善个人信息，之后点击"开始创作"，即可进入3D数字人创作界面。在这里，可以根据之前的设计方案，对数字人的外观进行详细设置，包括选择性别、调整肤色、设计发型等。完成概念设计后，点击"创建人物"，为新创建的数字人命名并保存。完成之后，在"我的人物"栏目中，可以查看和管理已创建的3D数字人（如图3-2所示）。

图3-2　3D数字人形象

步骤四　教育数字人制作：脚本编写

在此步骤中，主要任务是将教学内容转化为适合数字人呈现的对话和指令。

（1）我们应先回顾之前的需求分析，明确教学目标和核心内容。对于"小数乘法"这个内容，其知识点可被分解为概念引入、计算方法、实际应用等几个关键部分。

（2）设计脚本的整体结构，包括开场白、知识讲解、互动问答和总结回顾等部分，并为每个部分分配适当的时间，确保整体节奏合理。在编写对话时，我们要使用通俗易懂的语言，设计一些生动的比喻或例子，帮助学生理解抽象的数学概念。例如可以使用以下这段讲稿脚本进行实验实践：

大家好！今天我们要学习一个有趣的数学话题——小数乘法。你们可能会想，我们已经学过整数乘法了，小数乘法会有什么不同呢？

首先，让我们回忆一下小数是什么。小数是实数的一种特殊的表现形式，用于表示那些不能精确为整数的数值，由整数部分、小数点和小数部分组成。现在，想象你有半个苹果，也就是0.5个苹果。如果你想要3倍的这个量，那就是0.5乘以3。小数乘法的基本步骤其实和整数乘法很像。我们先按照整数来乘，然后根据小数点的位置来调整结果。比如，0.5×3=1.5。我们先算5×3=15，然后因为0.5中小数点在第一位后面，所以结果中小数点也要在第一位后面，就得到了1.5。

在日常生活中，小数乘法很有用。比如，如果1千克苹果卖8.5元，那么3千克的苹果卖多少钱呢？我们可以用3×8.5来计算。

接下来，让我们一起做几道练习题，巩固我们学到的知识吧！

步骤五　教育数字人制作：视频合成

在此步骤中，我们可以从有言平台已有的场景库中选择合适的背景，无论是现代都市的繁华街道，还是宁静致远的自然风光，都能一键切换，也可以上传符合教学内容的场景。接着，平台提供了多样化的虚拟人物形象，从专业讲师到亲切导师，再到可爱卡通角色，满足不同场景与内容的需求，让视频更加生动有趣，同时也可选择自己制作的数字人角色。选择完毕后，输入步骤四中的讲稿脚本，平台能智能识别内容并适配数字人的动作与表情。最后，点击一键生成，平台即可将上述元素进行融合，快速渲染出高质量的视频作品（如图3-3所示）。

图3-3　教育数字人视频界面

步骤六　数字人微课制作：主题设计

根据微课设计模板（如表3-2所示），微课主题设计的步骤如下：

（1）目标设计。这一步的任务是明确学习目的、需掌握的关键知识点以及预期的学习成果，确保微课内容具有明确的方向性和针对性。

（2）内容设计。这一步的主要任务是将学科特色、文化内涵与技术手段进行巧妙结合，旨在设计出既符合学科要求又富有吸引力的教学内容，并考虑将数字人融入进去。

（3）活动设计。这一步的主要任务是精心规划促进学生之间的互动活动，选择适当的教学方法，如将讲授、问答、启发、讨论、实验、表演等多种形式相结合，以激发学生的兴趣和主动性。

表 3-2　微课设计模板

授课教师姓名		学科		教龄	
微课名称		视频长度		录制时间	
知识点来源	□学科：　　　班级：　　　教材：　　　章节：　　　页码： □不是教学教材知识，自定义：					
知识点描述					
预备知识					
教学类型	□讲授型　□问答型　□启发型　□讨论型　□演示型　□联系型　□实验型 □表演型　□自主学习型　□合作学习型　□探究学习型　□其他				
适用对象					
设计思路					
教学过程					
	内容				时间
片头	你好，本次微课重点讲解…… （注：微课面对个体，不面对群体，用"你好"不用"大家好"）				30秒以内
正文讲解	第一部分内容：				8分钟左右
	第二部分内容：				
	第三部分内容：				
	……				
结尾					30秒以内
自我教学反思					

步骤七　数字人微课制作：素材准备

数字人微课制作的素材主要包括图片、音频和文字等。关于图片素材，我们可以使用百度等搜索引擎查找相关的图表和插图。关于音频素材，我们可以在互联网平台中搜索并下载适合的背景音乐和音效。关于文字素材，关键概念说明和吸引眼球的标题注意选择适合的字体，讲稿脚本可以利用生成式人工智能协助生成。如有需要，还可以拍摄一些实物照片或真人讲解视频，展示小数乘法的实际应用。在素材准备阶段，所有素材都应分类整理，建立清晰的文件命名系统。注意：务必检查所有素材的版权，确保合法使用。

步骤八　数字人微课制作：微课合成

本步骤主要讲解在有言平台进行微课合成的步骤：①登录平台并创建新项目，选择合适的模板或从头开始。②将前期准备的脚本、图片、动画等素材上传到平台，并选择之前设计好的3D数字人形象。③添加音频，可以上传预录音频或使用平台的文本转语音功能（如图3-4所示），确保与数字人口型同步。④在适当位置插入视觉元素和文字说明，设置合适的场景和背景。⑤使用平台的预览功能，检查视频效果并进行必要的调整。⑥启动平台的3D生成功能，生成最终视频文件，并导出或分享成品。

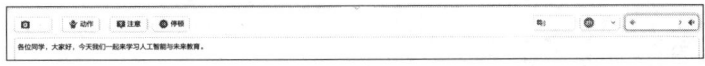

图3-4　数字人微课合成

八、实验思考与分析

思考题1：在设计和制作教育数字人的过程中，你遇到了哪些困难？你是如何克服这些困难的？

思考题2：比较教育数字人授课和人类教师授课的优缺点。你认为教育数字人能在多大程度上替代人类教师？在哪些方面教育数字人仍然无法取代人类教师？

思考题3：如果你是一名教育工作者，你会如何将教育数字人整合到你的教学实践中？请设计一个具体的教学场景，说明如何利用教育数字人辅助你进行教学。

实验四

虚拟教研室：人工智能时代的教研

一、实验简介

虚拟教研室作为一种新型的教学组织形式，正逐渐成为推动教育创新和提升教学质量的重要工具。教育部已开展虚拟教研室试点建设工作，并推出了"高等学校虚拟教研室信息平台"。该平台基于现代信息技术，突破时空限制，为高质量教研交流、高效率资源协同和高水平教研发展提供了强有力支撑。虽然目前虚拟教研室主要针对高等教育教学研究，但这一新型教师组织形式对基础教育的教师也具有极大价值。为了培养适应未来教育需求的教师，有必要在师范教育中引入虚拟教研室的学习。因此，作为未来教师，我们熟悉并会使用虚拟教研室，不仅有助于我们了解现代教育技术，还能提高自身的创新思维和协作能力，为未来的教学教研工作奠定坚实基础。

本实验聚焦于虚拟教研室的实践应用，涵盖教研活动设计与实施、资源共享利用以及协作教研等方面，旨在通过这些实践，让师范生不仅能深入理解虚拟教研室的功能和应用场景，还能提升数字化教学环境中的教研能力。

二、实验目的

（一）实验目标

知识目标： 理解虚拟教研室的概念和特征，掌握虚拟教研室的运作机制和基本原理，了解虚拟教研室在教育信息化中的重要作用和发展趋势，熟悉虚拟教研活动的组织方法和流程。

能力目标： 能够熟练掌握至少一种平台的使用方法，能够在教研活动中灵活运用虚拟教研室进行资源共享、协同备课、教学研讨等任务。

素养目标： 提高信息化教学能力、团队协作能力和终身学习能力；拓宽教育视野，增强共享共创意识，提升自身的专业素养。

价值目标： 增强运用数字人技术服务教育的创新精神与责任意识；能深入思考数字人在教育中的伦理问题；能在数字人设计与应用过程中，融入人文关怀，提升教育温度，进而成长为既懂技术又充满情怀的新时代教育工作者。

（二）实验成果

（1）在虚拟教研室平台上完成一次线上集体备课，并设计一份教案。

（2）完成一篇1000字左右的实验报告，全面总结本实验过程中遇到的问题、解决办法、心得与收获。

三、实验原理

本实验基于教师专业发展理论、建构主义学习理论和协作学习理论三大教育基础原理开展实验设计与实践。

教师专业发展理论强调教师应该在实践中不断反思和改进，以持续提升专业素养。虚拟教研室通过提供教学案例分析、课题研究、政策学习等活动，为教师的专业发展提供了多元化的途径。同时，虚拟教研室的数据分析功能也为教师的自我反思和改进提供了科学依据。

建构主义学习理论强调学习的主动性，这一观点在教师专业发展中也有体现。虚拟教研室作为一种新型平台，为教师提供了丰富的在线学习机会。在这个环境中，教师可以通过参与案例讨论、教材分析和观摩教学等活动，主动构建自身的教学知识。这种交互式的学习方式使教师能够在实践中反思，不断完善教学理念和教学方法。虚拟教研室的资源多样性和互动性为教师的持续成长提供了有力支持，使知识建构过程更加高效和个性化。通过这种方式，教师能够将理论与实践紧密结合，促进教学能力的全面提升。

协作学习理论认为学生通过小组合作的方式能够更好地达成学习目标。虚拟教研室为教师提供了跨时空的协作机会，使得不同学校、不同地区的教师能够共同备课、研讨问题、开发资源，促进了教师间的智慧共享和经验交流，从而提高了教研活动的效果。

这三大理论的结合，为虚拟教研室的应用提供了坚实的理论基础，确保了虚拟教研活动的科学性和有效性。通过虚拟教研室，教师能够在一个开放、协作、反思的环境中不断提升自己的专业能力，最终达到提高教育教学质量的目的。

四、实验环境

本实验主要利用希沃白板5来开展实验，主要有以下几点原因：一是虚拟教研室的试点主要在高等学校开展，针对的是高校教师教研，师范生在教育部推出的"高等学校虚拟教研室信息平台"中无法进行相关的实验操作；二是希沃白板5的部分功能可以实现教师的线上集体备课、资源共享、教研活动的开展等；三是全国许多一线教师都在使用希沃白板5进行备课、授课，师范生未来进入工作岗位后，能更快地适应此平台来辅助教学、教研等。以下对希沃白板5作简要介绍：

希沃白板5（链接：https://easinote.seewo.com/）作为专业的互动教学软件，在教师研修方面表现突出。它提供了丰富的教学资源库，涵盖各学科和学段，为教师研修提供了大量优质素材。其线上协作功能支持教师实时共同备课和研讨，显著提高了研修效率。录制和回放功能让教师能够记录研修过程，便于后续反思和分享。数据分析功能则帮助教师深入了解教学效果，为研修提供了科学依据。例如，语文教师可以利用资源库进行古诗词教学研修；数学教师可以在线协作优化教学方案；新教师可以录制试讲进行自我改进；利用学生数据分析结果，教师能更有针对性地调整教学策略。

五、预备知识

为达到该实验的目的，作为未来教师，我们应具备如下几点预备知识：

（一）计算机相关的基础知识

我们应具备多方面的计算机基础知识。首要的是熟悉计算机基本操作，涉及文件管理、软件应用和网络连接等。数据安全与隐私保护知识同样重要，包括密码管理和安全上网等内容。此外，熟练使用办公软件也是必备技能，特别是文字处理、电子表格和演示工具等。多媒体技术基础也不可或缺，我们应掌握基本的音频、视频和图像处理方法。了解云存储与共享的概念，以及熟悉在线会议工具的操作，如调整音视频设置和进行屏幕共享等，都是参与虚拟教研的关键技能。这些知识和技能将有助于我们更好地适应数字化教研环境，提升教研活动的效率和质量。

（二）虚拟教研室的相关知识

虚拟教研室是教育领域的一项创新，它利用现代信息技术，打破地域和学科界限，将不同背景的教育工作者联系在一个动态的网络平台上进行交流。开展虚拟教研室主题实验前我们需要提前了解虚拟教研室作为教学资源共享平台，以及教学互动与交流平台在教学辅助中的功能和作用，并掌握教研资料管理和互动社区、个人空间维护等。

（三）教师教研的基本知识

教师教研活动涵盖多个方面，旨在全面提升教学质量和教师专业素养。其主要包括：①教学案例分析，教师们分享并共同探讨教学中的典型问题；②教材教法研讨，深入解读教材内容并交流教学方法；③学情分析，研究学生的学习特点和需求；④观摩教学，组织示范课并进行评课交流；⑤课题研究，针对教育热点、难点问题开展合作研究；⑥教学资源共享与开发，集体智慧创造新的教学资源；⑦教育政策学习与研讨，及时了解并落实最新教育政策。这些活动通过集体智慧和经验交流，帮助教师不断改进教学方法，提高教学效果，适应教育发展新趋势，最终实现教育质量的整体提升。

六、实验内容

（一）虚拟教研活动组织：课前活动

在虚拟教研活动组织中，课前活动的实验内容主要包括虚拟教研组的创建、教学资源的共享共建以及虚拟环境下的集体备课三个方面：①虚拟教研组的创建包括设定教研主题、明确目标和范围，以及学习如何分配不同角色如组长、普通成员和观察员等的权限，以确保教研活动有序进行。②教学资源的共享与共建，这包括上传、分类和标记各类教学资源，如课件、教学设计、案例和题库等。③虚拟环境下的集体备课，这包括根据不同主题或学科，利用在线协同工具共同制作教案，通过即时通讯功能讨论教学重难点，并使用屏幕共享功能展示和优化教学设计。

（二）虚拟教研活动组织：课中活动

在虚拟教研活动组织中，课中活动的实验内容聚焦于组织一次以小组形式开展的完整的线上听课、评课活动。在此实验环节有两种主要的评课方式：直播评课和视频评课。在直播评课中，听课教师可以实时观看授课过程，并通过平台的即时通讯功能进行讨论和反馈。而视频评课则支持更灵活的时间安排，听课教师可以反复观看录制的课程视频，并对其进行深入分析。通过这个过程，我们能够体会不同评课方式的优缺点，为未来的教学评估和改进提供新的思路和工具。

（三）虚拟教研活动组织：课后活动

在虚拟教研活动组织中，课后活动的实验内容围绕组织一次完整的在线主题教研活动展开，具体流程如下：①进行活动设计，包括确定研修主题、制定详细议程和设置活动目标。②在虚拟平台上上传相关资源，如阅读材料、案例分析文档和培训视频等，确保所有参与的教师能方便地获取学习材料。③使用平台的邀请功能，向校内教师发送研修通知和邀请，并管理参与者名单。在活动开展过程中，我们将实践如何主持在线讨论、组织分组活动、协调互动环节等，体验虚拟环境下的教研活动组织技巧。

七、实验步骤

步骤一 虚拟教研活动组织：虚拟教研组的创建

希沃白板5为教师提供了便捷的教研组管理功能，使教研活动的组织更加系统化和高效。首先，在希沃官网下载并安装希沃白板5，然后进行注册并登录。

登录成功后，点击"我的学校"——"备课组"——"创建教研组"（如图4-1所示），然后填写教研组的基本信息，如名称、学段、学科等，平台还允许设置更多详细属性，以满足不同学校的具体需求。特别重要的是指定教研组组长，这可以在创

图4-1 虚拟教研组的创建

建过程中完成，也可以在创建后进行设置。组长将获得相应的管理权限，负责组织和协调教研活动。接下来，在希沃白板5中可以参与教研活动，通过"我的学校"或"备课组"选项进入相应的教研组界面。教研组界面会展示该教研组的各种信息，如通知、公告和活动安排等。

步骤二 虚拟教研活动组织：教学资源的共享共建

登录希沃白板5，进入"课件库"模块，点击"上传资源"按钮（如图4-2所示），选择要分享的教学资源文件（如一份已设计好的教案或课件）。在上传界面，填写资源标题、简介等基本信息。接着，从软件提供的分类列表中选择适当的类别，如语文、高中等，确保资源归类准确。

图4-2 "上传资源"按钮

熟悉了平台上传资源的基本操作后，我们可以深入探索其他教师上传的共享教学资源，利用希沃白板5提供的强大搜索功能或直观的分类浏览系统，能够快速定位到与自身模拟教学内容相关的优质资源；还可以尝试使用不同的关键词和筛选条件，以全面了解平台的资源检索能力。找到感兴趣的资源后，可将其下载到本地电脑，仔细阅读并分析其内容、结构和教学设计，借鉴其亮点和创新之处。

点击"我的学校"，进入"校本题库"模块。在这里，可以上传已经编写好的题库资源，实现与学校其他教师的资源共享。确保上传的题库资源分类清晰、标签准确，以便其他教师能够方便地查找和使用。

步骤三 虚拟教研活动组织：线上集体备课

希沃白板5的集体备课功能为教师提供了一个高效、便捷的在线协作平台，全面支持

远程教研活动模拟。点击"我的学校",进入"集体备课"模块,发起备课活动。在这个过程中,我们可以填写备课信息,上传教案、课件等资源,并邀请同组组员参与(如图4-3所示)。参与者可以通过电脑端或手机端加入,实现随时随地的协作。

在备课过程中,平台支持实时协同编辑、讨论和反馈,支持多轮研讨和内容更新,大大提高了备课效率。系统的云教案协同编辑功能尤其便于我们共同完善教学内容,模拟真实的教研环境。备课结束后,平台会自动生成详细的集体备课报告,并将相关资源上传至模拟的校本资源库,方便后续查阅和使用。

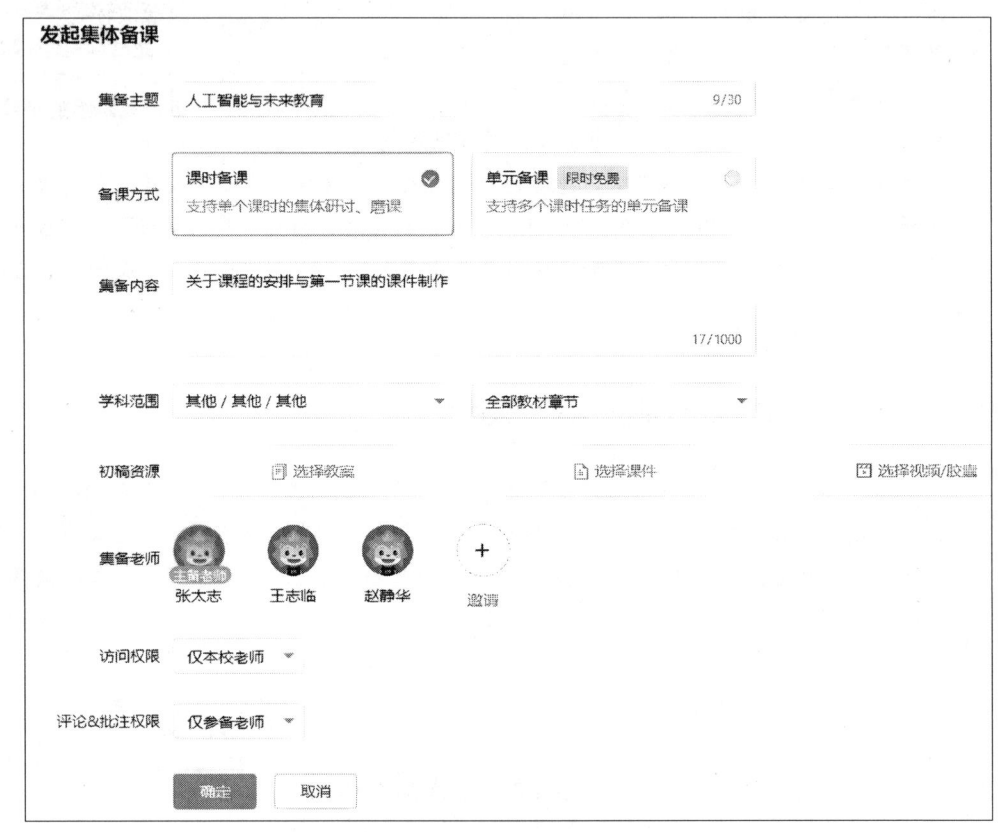

图4-3 线上集体备课

步骤四 虚拟教研活动组织：直播听课评课

利用希沃白板5进行听课评课是一个系统化、高效的过程,具体可以按以下步骤进行实验：

(1) 分组,每组4~5人,其中1人扮演"授课教师",其他成员扮演"听课教师"。"授课教师"需要精心准备一节5~8分钟的微型课,包括课件、教案和相关教学材料。

(2) "授课教师"登录希沃白板5,进入"我的学校"模块,点击"听课评课"—"我讲的课"—"邀请评课",进入如图4-4所示界面。在弹出的界面中,设置具体的授课时间,并邀请小组其他成员作为"听课教师",评课方式选择"直播评课"。这里可以模拟邀请校内外教师的场景,体验跨校教研的过程。在设定的授课时间,"授课教师"打开希沃白板5,

开始进行同步授课。"听课教师"则通过平台的实时观看功能，同步观察整个授课过程。在听课过程中，"听课教师"应充分利用希沃白板5的笔记功能，记录授课的亮点、创新之处，以及可能需要改进的地方，可以使用文字、语音或截图等多种方式进行记录。授课结束后，小组立即组织一次在线评课会议。每位"听课教师"轮流分享自己的听课记录和评价。这个过程有助于我们学会如何客观、专业地评价一堂课，如何有建设性地提出改进建议。"授课教师"接受反馈意见，并思考如何将这些建议转化为实际的教学改进。

（3）小组共同的评课结果可以通过希沃白板5生成一份评课报告（如图4-5所示），"授课教师"可以根据这份报告，思考如何优化自己的教学设计和教学实践。小组模拟实验不仅可以帮助我们熟悉希沃白板5的各项功能，更能让我们深入体验实时直播听课、评课的完整流程。

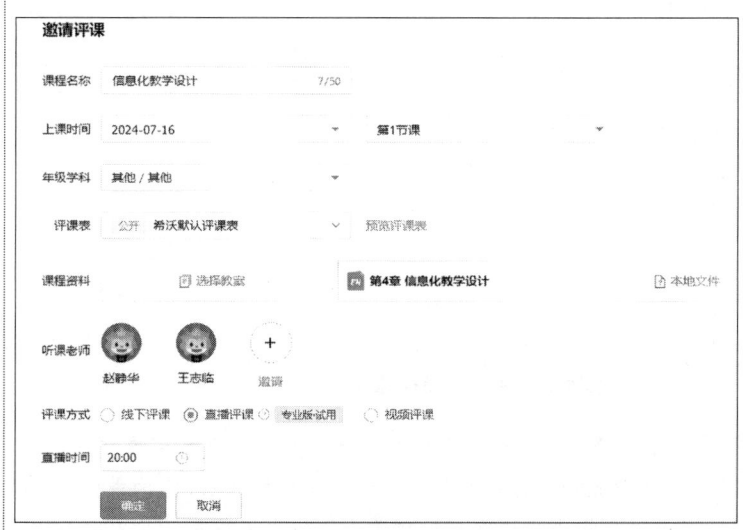
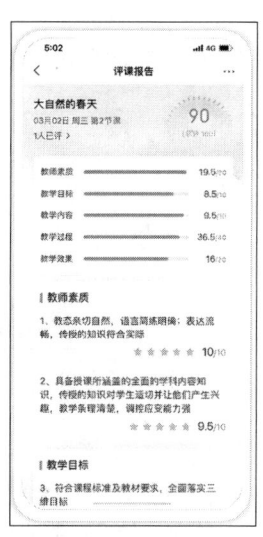

图4-4　实时直播听课评课创建　　　　　　　　图4-5　评课报告

步骤五　虚拟教研活动组织：视频听课、评课

在希沃白板5中，我们可以通过以下步骤模拟和体验视频听课、评课的全过程，可以按以下步骤进行实验：

（1）分组，每组4~5人，其中1人扮演"授课教师"，其他成员扮演"听课教师"。

（2）"授课教师"应该仔细准备完整的一节课，包括详细的教案、相关的课件和教学材料。这个准备过程应该尽可能真实地模拟实际教学场景中教师的备课工作。"授课教师"登录希沃白板5，进入"我的学校"模块，点击"听课评课"—"我讲的课"—"邀请评课"，进入如图4-6所示的界面。在该界面，填写课程基本信息，如课程名称、年级学科等，评课方式选择"视频评课"。上传准备好的课件、教案等辅助文件，这些材料将帮助"听课教师"更好地理解课程设计意图。添加"听课教师"，平台允许邀请校内外教师，我们可以邀请同组组员扮演不同角色，模拟跨校评课场景。上传一段预先录制的课程视频，这个视频应该是一节完整的课程实录，展示"授课教师"的教学过程。上传成功后，受邀的"听课教师"就可以随时观看视频，进行听课、评课了。

图4-6　视频听课评课创建

在评课阶段,"听课教师"分享各自的听课记录和观察心得,应该就教学目标达成度、教学方法的有效性、师生互动情况等方面展开深入讨论。讨论结束后,"听课教师"按照希沃白板5评课模板提交评课报告,报告应该客观反映课程的优点和不足,并提出具体的改进建议。"授课教师"则根据这份报告,思考如何优化教学设计和教学实践。

步骤六　虚拟教研活动组织:主题教研活动开展

登录希沃白板5,进入"我的学校"模块,点击"校本研修"进入校本研修界面。在该界面,点击"新建活动",可以自定义研修主题(如"人工智能与未来教育"),并设定活动日期与时间,确保全员准时参与(如图4-7所示)。

在活动编辑界面,我们可以使用灵活的设计工具,精心策划每一个研修环节。例如,上传模拟的教学录像或PPT,作为生动的案例分享;添加一些相关的视频学习资源,旨在拓宽视野,启发教学灵感;设置实时研讨会环节,利用希沃白板5的互动功能,如在线问答、小组讨论等。

实验四　虚拟教研室：人工智能时代的教研

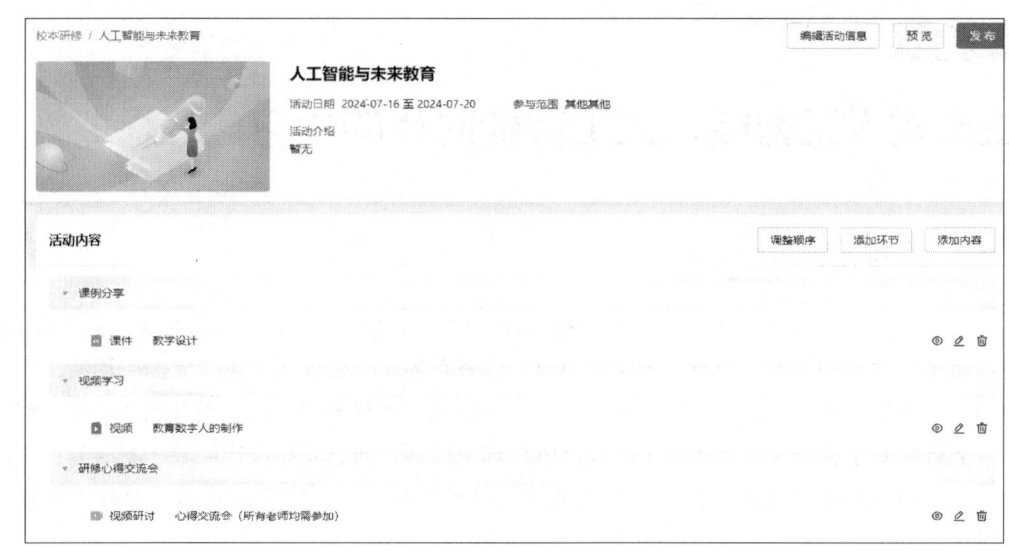

图4-7　主题教研活动创建

八、实验思考与分析

思考题1：请回顾在使用虚拟教研室平台参与教研活动的过程中，你的深刻体验是什么？这些技术如何改变了传统的教研方式？

思考题2：请结合实验过程，思考虚拟教研室的应用可能存在哪些风险或挑战。你认为应如何克服它们，以更好地在教研过程中使用虚拟教研室？

思考题3：在使用希沃白板5或类似软件进行虚拟教研时，你发现了哪些优势和特点？这些工具是如何增强教研活动效果的？请结合实际经历，分析这类软件在教师专业发展中的作用。

实验五
生成式人工智能：人工智能时代的学习

一、实验简介

　　生成式人工智能是近年来人工智能技术发展的重要方向之一，其具备强大的内容生成能力，可以生成高质量的文本、图像、音频等内容。在教育领域，生成式人工智能的应用潜力巨大，可以为学生提供更加丰富、个性化的学习资源，帮助教师减轻教学负担，提升教学质量。然而，目前许多教师对生成式人工智能的了解仅停留在理论层面，缺乏实际操作经验。本实验项目的开展旨在让师范生通过实际操作深入了解生成式人工智能的应用，为其未来的学习和工作打下坚实基础。

　　为了让师范生更深入地了解和掌握生成式人工智能技术，并探索其在教学中的实际应用，本实验旨在通过一系列的实际操作让其亲自体验生成式人工智能大模型，以提升学习效果。

二、实验目的

（一）实验目标

　　知识目标：掌握生成式人工智能的基础知识，包括基本定义、发展历程、基本技术及应用领域等。

　　能力目标：能够熟练掌握至少一种生成式人工智能模型的使用方法，在学习过程中灵活运用生成式人工智能进行信息搜集、文本创作、数据分析等任务。

　　素养目标：提升自身数字素养水平，如信息检索、分析和利用的能力，提升对先进技术的理解和应用能力。

　　价值目标：能够积极尝试新的技术和方法；能够探索新的学习路径和解决方案，激发创新潜能。

（二）实验成果

　　在生成式人工智能的辅助下拟定一篇科研小论文选题，并完成该选题的文献综述，不少于2000字。

三、实验原理

　　本实验基于建构主义学习理论、强化学习理论和人机交互理论三大教育基础原理开展实验设计与实践。

　　建构主义学习理论强调，学习是一个主动的、建构性的过程，学生通过与学习环境的交互，构建自己的知识体系。生成式人工智能提供的模拟环境和模拟情境，可以让学生在仿佛真实的环境中探索和实践，这种情境学习可以加深对知识的理解和应用。同时，生成式人工智能的即时反馈机制还可以引导学生进行深层次的思考和探索，促进知识的深层次建构。

　　强化学习理论认为，强化学习是一种通过与环境交互来学习策略的方法，它使计算机能够在没有明确指示的情况下学会如何执行任务。在学习过程中，强化学习理论可以应用于生成式人工智能的辅助教学。例如，生成式人工智能可以根据学生的学习进度和表现，动态调整教学策略和教学资源，从而帮助学生提升学习效果。这种自适应的教学方法有助于激发学生的学习兴趣和动力，提高学习效率。

人机交互理论认为，人与机器的交互是提高学习效果的关键。生成式人工智能通过其友好的用户界面和自然的交互方式，极大地提升学生的学习动力和参与度。学生可以通过自然语言与人工智能进行交流，表达自己的想法和问题，这种交互不仅使学习变得更加生动有趣，而且有助于学生更好地掌握和应用知识。

四、实验环境

（一）DeepSeek

DeepSeek（网址:https://chat.deepseek.com）是由杭州深度求索人工智能基础技术研究有限公司开发的通用人工智能模型，以高效推理、低训练成本和开源生态著称。DeepSeek致力于提升模型的高效性、可靠性与实用性，尤其在逻辑推理和复杂问题解决方面表现突出。其推出的DeepSeek-R1、DeepSeek-MoE等开源模型为全球开发者社区提供技术支持，覆盖教育、医疗、科研等多个领域，以"低成本、高性能"推动人工智能技术普惠，助力行业智能化转型。

（二）通义千问

通义千问（网址：https://tongyi.aliyun.com/qianwen/）是由阿里云自主研发的大型语言模型，具备强大的自然语言处理能力和广泛的知识覆盖面。它能够理解和生成人类自然语言，提供精准详尽的问题解答服务，支持多轮对话、文案创作、逻辑推理、多模态理解、多语言支持等多种功能。通义千问在教育、咨询、信息检索等领域发挥着重要作用。

（三）天工AI

天工AI（网址：https://www.tiangong.cn/）是昆仑万维推出的融入大语言模型的人工智能搜索产品。它基于昆仑万维自研的大语言模型，能够提供生成式搜索体验，深入挖掘用户意图，并给出精确的搜索结果。天工AI不仅支持文本搜索，还具备视觉理解、推理和指令遵循能力，能满足多种用户需求。随着技术的不断迭代，天工AI已发布多个版本，不断提升用户体验和应用场景覆盖。

五、预备知识

为达到该实验的目的，作为未来教师，我们应具备如下几点预备知识：

（一）计算机科学基础知识

生成式人工智能是计算机科学的一个重要分支，因此，我们需要具备一定的计算机科学基础知识，如计算机的基本原理、基本操作等。这些基础知识将帮助我们更好地理解生成式人工智能的工作原理，为后续的实验操作和应用开发打下坚实的基础。

（二）生成式人工智能基础知识

在参与生成式人工智能实验项目之前，我们还需要对人工智能的基础知识有所了解，如人工智能的定义、发展历程、基本技术（如机器学习、深度学习等）及应用领域等。通过学习这些基础知识，我们可以更好地把握生成式人工智能的发展趋势和应用前景，为实验项目的设计和实施提供理论支持。

（三）基本的信息辨别能力

生成式人工智能在处理自然语言时，虽然能够提供丰富的信息，但也可能产生不准确或误导性的内容。因此，我们在使用这些信息时，务必进行核实和验证，不能盲目依赖人工智能生成的内容，而应将其作为一个参考工具，结合自己的专业知识和批判性思维，对信息进行筛选和判断。

六、实验内容

（一）生成式人工智能支持下的自主学习

1.学习计划制订

借助人工智能分析个人的学习风格、学习进度和学习目标，智能地生成符合个人需求的学习计划。通过大数据和机器学习算法，分析自己的知识掌握情况，为自己量身定制合理的学习时间表和任务模块，从而有针对性地提升自我。

2.学习资源检索

基于自身的学习历史和兴趣偏好，利用生成式人工智能推荐相关领域的学习资源，如论文、视频教程、在线课程等。我们可以体验个性化推荐服务，并反馈其准确性和实用性。

3.语言学习交流

生成式人工智能可以构建虚拟助教角色，其可与用户进行学习互动问答，解答学习过程中的疑难问题。生成式人工智能模拟的对话场景可以让学习者在虚拟环境中提升口语和听力水平，增强语言学习的实践性和趣味性。

（二）生成式人工智能支持下的科学研究

1.文献综述撰写

利用生成式人工智能技术，自动爬取和分析相关领域的学术论文，生成文献综述报告。我们可以对比自动生成的文献综述与手动撰写的文献综述，评估其在内容完整性、准确性和逻辑性方面的表现。

2.实验方案设计

利用生成式人工智能获取实验设计建议和数据分析方法，有助我们快速确定实验方案并进行数据分析。我们通过体验这些辅助功能，评估其在提高科研效率方面的作用。

3.科研论文选题

生成式人工智能可快速分析海量的学术文献，为研究者提供前沿的研究动态和热点话题。生成式人工智能还能结合研究者的个人兴趣和研究领域，智能推荐合适的论文选题方向。

（三）生成式人工智能支持下的日常管理

1.智能日程管理

通过生成式人工智能技术，自动整理和管理日程安排，包括课程表、会议安排、待办事项等。我们可以体验智能日程管理服务，并评估其在提高时间管理效率方面的作用。

2.智能健康管理

基于用户的生活习惯和健康数据，生成式人工智能可以提供个性化的饮食、运动等建议。我们可以测试这些健康建议的准确性和实用性，并评估其在改善生活质量方面的潜力。

3.个人财务管理

生成式人工智能可以自动识别和分类财务数据，帮助用户精准记账，将支出自动归类，如食品、交通等，便于管理和控制支出。同时，根据消费习惯，生成式人工智能可以为用户生成个性化的预算方案，避免过度消费。

七、实验步骤

生成式人工智能支持下的学习计划制订

1. 第一步：学习需求分析

进入通义千问主界面，登录账号，新建对话。在新建的对话框中输入个人学习需求，如：

> 小张是一名教育专业的大二学生，随着学习的深入，逐渐发现自己的知识体系和实践能力还有待提升，他明确了自己的学习需求。首先，小张意识到自己在教育理论知识的掌握上还存在不足。他深知，作为一名未来的教育工作者，扎实的理论基础是必不可少的。因此，他希望能够系统地学习教育学的经典理论，以及现代教育的新理念和新方法，为自己的教育实践打下坚实的理论基础。

这些指令是生成个性化学习计划的基础，有助于系统准确理解用户的个性化需求。

2. 第二步：智能推荐学习资源

基于学习需求分析的结果，系统会深入分析用户的知识掌握情况、学习偏好以及个人兴趣，从而精准地推荐适合的学习资源（如图5-1所示）。这些资源形式多样，可能包括权威的教材、生动有趣的视频课程、针对性强的练习题以及互动式的模拟测试等。这些推荐资源不仅与用户的学习目标紧密相连，还能通过多样化的呈现方式，有效提升用户的学习兴趣和积极性。

图5-1　学习资源推荐

3. 第三步：个性化学习路径规划

结合用户的学习需求和推荐的学习资源，系统会进一步利用先进的数据分析和算法技术，为用户规划出一条个性化的学习路径（如图5-2所示）。这包括确定学习内容的先后顺序，以确保知识的连贯性和系统性；合理设定学习的深度和难度，既挑战用户的能力又避免过度负担；根据用户的学习速度和可用时间，设定实际可行且富有激励性的学习进度和学习目标等。这样的个性化学习路径规划能够帮助我们在学习过程中始终保持连贯性和高效性，最大限度地发挥自身的学习潜能。

图5-2　个性化学习路径

步骤二　生成式人工智能支持下的学习资源检索

1. 第一步：明确资料搜集目标与需求

确定研究主题或学习任务，明确需要搜集资料的领域、范围和目标，这有助于在后续的搜集中保持方向的准确性。

进入通义千问主界面，登录账号，新建对话，在新建的对话框输入资料搜集需求，如：

> 小王是一名口腔医学专业的学生，即将去实习，她需要搜集的资料包括学术论文、研究报告、行业分析、新闻资讯、专家观点、技术文档，以及可能存在的实习指南或教程，主要关注近3～5年的相关资料，特别是最近一两年的最新进展和实际应用案例。除了中文资料外，她还需要搜集英文的学术论文和国际研究报告，并且她希望搜集到的资料不仅具有理论价值，还能提供实际的操作指南和案例分析，以便她在实习期间能够更好地应用所学知识。

2.第二步:对生成的资料进行筛选

系统会根据以上指令生成符合其需求的资料方向和来源(如图5-3所示),我们可以在对话框中继续输入:

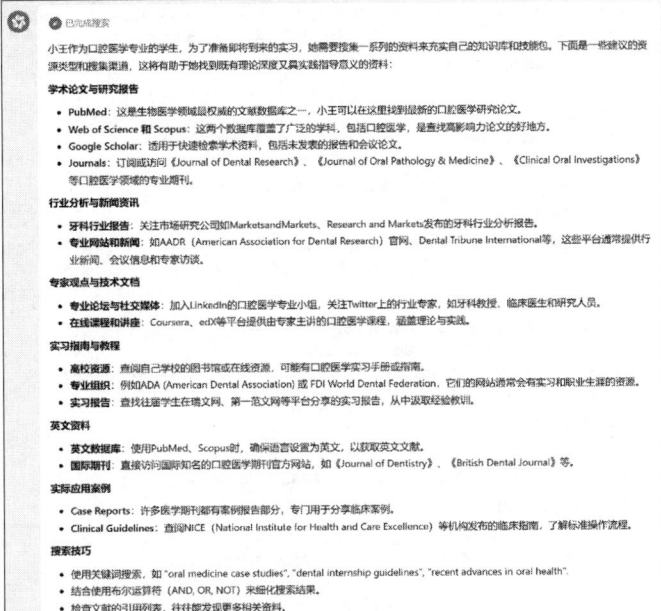

图5-3　生成资料

请帮助小王进行资料搜集与筛选。

这样,系统能够根据用户输入的关键词、研究背景等信息,自动在海量数据中搜索并推荐相关的文献、报告、数据集等,并对搜集到的资料进行搜索并推荐相关的文献、报告、数据集等;同时,还能对搜集到的资料进行初步的质量评估和筛选,提高资料的准确性和可靠性(如图5-4所示)。

> 请帮助小王进行资料搜集与筛选
>
> 小王作为一名口腔医学专业的学生,准备实习阶段的资料搜集与筛选是一项关键任务。以下是一种系统的方法,帮助她高效地搜集并筛选出高质量、相关性强的资料:
>
> **步骤一:确定搜索关键词**
> - 根据小王的兴趣和实习方向,确定关键词,如"口腔医学实习经验"、"口腔疾病治疗最新进展"、"牙周病预防策略"等。
> - 考虑使用同义词或相关词汇,如"牙科实习"、"牙齿修复技术"等,以扩大搜索范围。
>
> **步骤二:选择合适的数据库和资源**
> - **学术数据库**:PubMed、Web of Science、Scopus,用于查找学术论文和研究报告。
> - **专业期刊**:《Journal of Dental Research》、《Clinical Oral Investigations》等,直接访问这些期刊的官方网站或通过数据库检索。
> - **行业报告**:MarketsandMarkets、Research and Markets等市场研究公司的网站。
> - **新闻和专业资讯**:Dental Tribune International、AADR官网等。
> - **专家观点和教程**:Coursera、edX等在线教育平台,以及专业论坛和社交媒体。
>
> **步骤三:执行搜索**
> - 在选定的数据库和资源中,使用确定的关键词进行搜索。
> - 利用高级搜索功能,如日期范围(限定为近3-5年),以获取最新资料。
>
> **步骤四:筛选资料**
> - **标题和摘要筛选**:初步阅读标题和摘要,排除明显不相关的内容。
> - **阅读全文**:对初步筛选后的资料,阅读全文以评估其质量、相关性和实用性。
> - **评估来源**:检查资料的发布机构或作者的信誉,优先选择来自知名机构、专家或经同行评审的资料。
> - **关注引用和参考文献**:查看资料的引用列表,寻找更多相关研究。
>
> **步骤五:整理和分类**
> - 使用文献管理软件(如EndNote、Zotero)来整理搜集到的资料,便于管理和引用。
> - 根据主题或类型对资料进行分类,如"理论研究"、"临床案例"、"技术指南"等。
>
> **步骤六:深入分析与应用**
> - 对于筛选出的重点资料,进行深入阅读和分析,提炼关键信息和观点。
> - 尝试将理论知识与实习单位的实际操作流程对比,思考如何将所学应用到实践中。

图5-4 搜集与筛选资料

3.第三步:整理与分析搜集到的资料

这一步可以利用生成式人工智能的文本分析、数据挖掘等技术,对资料进行进一步的加工和处理,如提取关键信息、生成摘要、建立知识图谱等(如图5-5所示)。通过这些手段,我们可以更深入地理解资料内容,为后续的研究或学习任务做好准备。

> **示例:构建一个简化版的口腔医学知识图谱**
>
> 假设我们已经完成了数据收集和清洗,以下是一个简化版的实体和关系示例:
>
> - **实体**:
>   - 疾病:牙周病、龋齿、口腔癌
>   - 治疗方法:洁牙、根管治疗、手术切除
>   - 专家:Dr. Smith、Dr. Lee
>   - 期刊:《Journal of Dental Research》、《Clinical Oral Investigations》
> - **关系**:
>   - 牙周病 -> 洁牙
>   - 龋齿 -> 根管治疗
>   - 口腔癌 -> 手术切除
>   - Dr. Smith -> 发表论文 -> 《Journal of Dental Research》
>   - Dr. Lee -> 发表论文 -> 《Clinical Oral Investigations》

图5-5 建立知识图谱

步骤三 生成式人工智能支持下的语言学习交流

1.第一步:个性化学习路径规划

进入通义千问主界面,登录账号,新建对话。在新建的对话框输入语言学习需求,如:

实验五　生成式人工智能：人工智能时代的学习 | 53

> 小明刚刚成功通过了大学英语四级考试，并计划继续挑战大学英语六级考试。他认识到自己在英语听力和写作方面还有待加强，而在阅读方面则相对具有优势。他对阅读英文新闻、看美剧等有一定兴趣。

系统将根据以上指令为用户提供符合其需求的学习方式和学习资源（如图5-6所示）。

小明已经迈出了学习英语的重要一步，通过了大学英语四级考试，这是一个值得庆祝的成就！接下来，为了准备大学英语六级考试，他需要制订一个更具体的学习计划来提高他的英语听力和写作技能，同时保持并提升他的阅读能力。以下是一些建议：

提升听力
1. **听英文新闻**：可以利用BBC、CNN或VOA等网站上的资源，每天花时间听英文新闻，同时阅读对应的文本，以提高理解力。
2. **观看美剧或电影**：选择带有英文字幕的美剧或电影，开始时可以使用中文字幕帮助理解，逐渐过渡到英文字幕，最后尝试不使用字幕。
3. **听力练习软件**：使用如"每日英语听力"、"喜马拉雅FM"等应用，它们提供各种难度的听力材料，适合不同水平的学习者。
4. **参加语言交换**：找到英语母语者进行语言交换，这不仅可以提高听力，还能锻炼口语。

改善写作
1. **阅读英文文章并模仿写作**：多读英文原版书籍、学术论文和报纸文章，注意作者的写作风格和结构，尝试模仿写作。
2. **写日记或博客**：每天用英语写日记或在博客上发表观点，可以是关于日常生活的描述，也可以是对新闻事件的看法。
3. **参加写作工作坊或课程**：很多在线平台提供英语写作课程，如Coursera、edX等，可以系统地学习写作技巧。
4. **找人批改**：如果有条件，可以请英语老师或英语母语的朋友帮忙批改作文，指出错误和改进点。

维持和提高阅读能力
1. **广泛阅读**：除了新闻，还可以尝试读一些英文小说、杂志或专业文献，拓宽知识面的同时提高阅读速度和理解深度。
2. **词汇积累**：遇到不懂的单词时，记录下来并查阅词典，定期复习。
3. **加入读书俱乐部**：如果可能的话，加入英语读书俱乐部，与他人分享阅读体验，可以加深对书籍的理解。

最重要的是，小明需要保持积极的学习态度，坚持不懈，相信自己的进步。同时，合理安排学习时间，避免过度疲劳。祝他在大学英语六级考试中取得优异成绩！

图5-6　推荐跨文化学习资源和交流活动

2. 第二步：智能模拟与情境学习

生成式人工智能根据学习目标和内容，构建不同的交流场景，如商务谈判、旅游问路等，让用户在模拟情境中进行语言的学习。它还能通过情感分析和语境理解技术，帮助用户更好地感知和理解不同文化背景下的语境和表达方式，提升跨文化交流能力。如，在对话框中继续输入指令：

> 请为小明构建一个交流场景，帮助他进行情境学习。

系统将根据以上指令为用户提供一些交流场景的对话（如图5-7所示），用户可据此进行模拟。

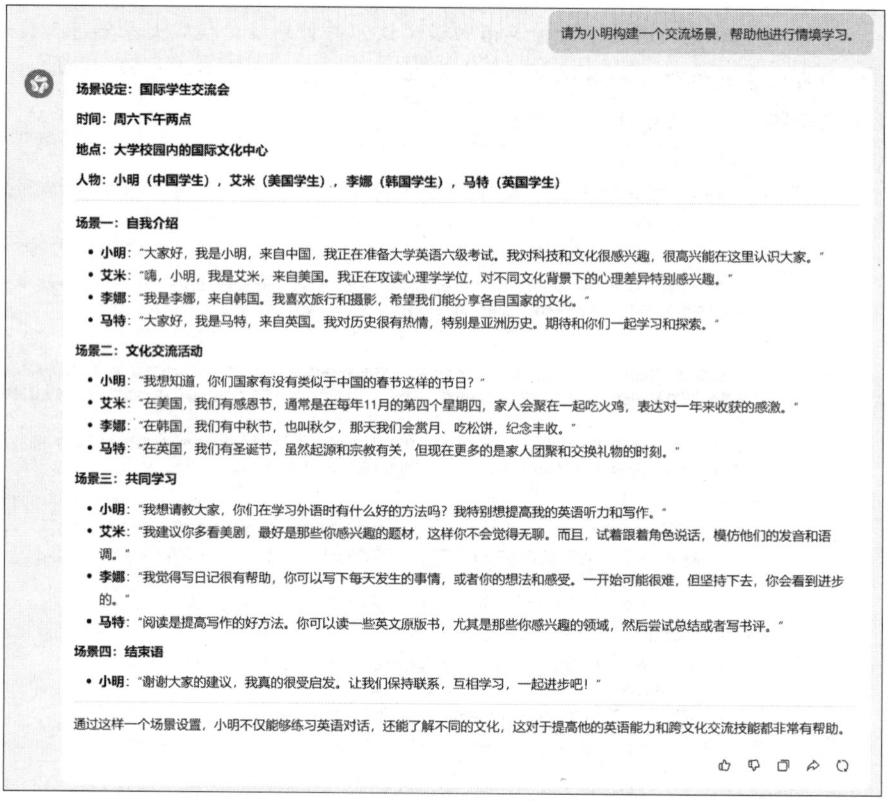

> **场景设定：** 国际学生交流会
> **时间：** 周六下午两点
> **地点：** 大学校园内的国际文化中心
> **人物：** 小明（中国学生），艾米（美国学生），李娜（韩国学生），马特（英国学生）
>
> **场景一：自我介绍**
> - **小明：** "大家好，我是小明，来自中国。我正在准备大学英语六级考试。我对科技和文化很感兴趣，很高兴能在这里认识大家。"
> - **艾米：** "嗨，小明，我是艾米，来自美国。我正在攻读心理学学位，对不同文化背景下的心理差异特别感兴趣。"
> - **李娜：** "我是李娜，来自韩国。我喜欢旅行和摄影，希望我们能分享各自国家的文化。"
> - **马特：** "大家好，我是马特，来自英国。我对历史很有热情，特别是亚洲历史。期待和你们一起学习和探索。"
>
> **场景二：文化交流活动**
> - **小明：** "我想知道，你们国家有没有类似于中国的春节这样的节日？"
> - **艾米：** "在美国，我们有感恩节，通常是在每年11月的第四个星期四，家人会聚在一起吃火鸡，表达对一年来收获的感激。"
> - **李娜：** "在韩国，我们有中秋节，也叫秋夕，那天我们会赏月、吃松饼，纪念丰收。"
> - **马特：** "在英国，我们有圣诞节，虽然起源和宗教有关，但现在更多的是家人团聚和交换礼物的时刻。"
>
> **场景三：共同学习**
> - **小明：** "我想请教大家，你们在学习外语时有什么好的方法吗？我特别想提高我的英语听力和写作。"
> - **艾米：** "我建议你多看美剧，最好是那些你感兴趣的题材，这样你不会觉得无聊。而且，试着跟着角色说话，模仿他们的发音和语调。"
> - **李娜：** "我觉得写日记很有帮助，你可以写下每天发生的事情，或者你的想法和感受。一开始可能很难，但坚持下去，你会看到进步的。"
> - **马特：** "阅读是提高写作的好方法。你可以读一些英文原版书，尤其是那些你感兴趣的领域，然后尝试总结或者写书评。"
>
> **场景四：结束语**
> - **小明：** "谢谢大家的建议，我真的很受启发。让我们保持联系，互相学习，一起进步吧！"
>
> 通过这样一个场景设置，小明不仅能够练习英语对话，还能了解不同的文化，这对于提高他的英语能力和跨文化交流技能都非常有帮助。

图5-7 创建模拟的语言交流环境

步骤四 生成式人工智能支持下的科研论文选题

1. 第一步：分析前沿趋势与热点

进入天工AI主界面，登录账号，新建对话。在新建的对话框输入指令（如图5-12所示），如：

> 我是小学教育的研究生，现在我想要拟定一个与小学语文课堂教学相关的论文题目。目前在小学教育领域，有哪些前沿趋势或热点话题是与课堂教学方法紧密相关的？能否给我提供一些具体的例子或研究主题？

根据指令，系统将分析当前小学教育领域的前沿趋势和研究热点，提供一系列具有创新性和前瞻性的研究选题建议。这些建议将基于最新的学术论文、研究报告和权威资料，确保选题的时效性和重要性。

2. 第二步：评估选题可行性与价值

在获得一系列研究选题建议后，我们需要筛选感兴趣的研究主题，并且与系统一起评估这些选题的可行性和研究价值。为了进一步分析选题的可行性，在对话框中继续输入指令：

> 我初步拟定的选题是"智慧学习环境下小学生核心素养的培养策略研究",这个选题是否具有可行性与研究价值?

系统会从可行性和研究价值两个方面对这个选题进行评估(如图5-8所示),这有助于用户进一步了解选题的背景信息、研究现状、潜在挑战等,帮助用户进一步修改完善研究问题。

> 💬 回答　　　　　　　　　　　　　　　　 ⇗分享　☆收藏
>
> 以下是对这个选题可行性与研究价值的分析:
>
> **一、可行性**
>
> - 研究对象明确
>   - 选题聚焦于小学生,这个群体相对明确且易于界定。在研究过程中,可以方便地选取小学样本进行调查、实验等研究活动。
> - 环境背景可行
>   - 智慧学习环境是当前教育领域的一个热门话题。随着信息技术在教育中的广泛应用,学校、家庭等场所都在逐步构建智慧学习环境,这为研究提供了丰富的现实场景,便于获取相关的数据和案例。
> - 研究内容的可操作性
>   - 核心素养的培养策略是一个可以通过多种方法进行研究的内容。可以采用文献研究法,梳理已有的理论成果;也可以运用实证研究法,如在智慧学习环境下开展教学实验,对比传统环境下的教学效果,从而得出有效的培养策略。
>
> **二、研究价值**
>
> - 理论价值

图5-8　评估选题可行性与研究价值

3. 第三步:优化选题

我们还可以进一步借助生成式人工智能优化选题,可以在对话框中继续输入指令:

> 我修改的论文题目是《智慧学习环境下小学生核心素养的培养策略研究——以整本书阅读为例》,请帮我进一步优化这个选题,并且明确具体的研究方向、研究目标和研究问题,以便我开始后续的研究工作。

根据指令,系统会进一步优化选题,并给出具体的研究方向、研究目标和研究问题(如图5-9所示)。

> 💬 回答　　　　　　　　　　　　↗ 分享　　☆ 收藏
>
> **一、优化选题**
> "智慧学习环境下小学生整本书阅读与核心素养培养的耦合策略研究"
>
> **二、具体研究方向**
> - 技术融入方向
>   - 探究智慧学习环境中的哪些技术手段（如智能阅读辅助工具、在线阅读社区等）能够有效促进小学生整本书阅读以及核心素养的培养。
> - 课程融合方向
>   - 研究如何将整本书阅读课程与智慧学习环境有机结合，在小学教育课程体系中发挥最大作用以提升学生核心素养。
> - 教师角色方向
>   - 考察教师在智慧学习环境下指导小学生整本书阅读以培养核心素养时的角色转变与能力提升需求。
>
> **三、研究目标**
> - 策略构建目标
>   - 构建一套在智慧学习环境下，通过整本书阅读有效培养小学生核心素养的策略体系，包括阅读计划、阅读指导方法、阅读评价等方面的策略。

图5-9　优化选题

步骤五　生成式人工智能支持下的文献综述撰写

1. 第一步：确定研究主题与关键词

进入天工AI主界面，登录账号，新建对话。在新建的对话框输入指令，如：

> 我是小学教育的研究生，我要撰写有关"教师数字素养"相关的文献综述，请为我列出与"教师数字素养"相关的关键词和短语，这些词汇应当能够涵盖该主题的核心概念和研究方向。

系统会根据指令生成一系列的关键词。这些关键词将作为生成式人工智能搜索和筛选文献的基础，确保其能够准确捕获与研究主题紧密相关的文献资源。

2. 第二步：文献采集与分析

筛选系统提供的关键词，然后在对话框中输入已确定的关键词和指令如：

> 根据"教师数字素养""教育数字化""教师数字素养评价""数字素养标准"等关键词,请为我检索近五年来关于"教师数字素养"的学术论文、研究报告和权威资料。

根据指令,系统会自动从各大数据库和搜索引擎中检索相关文献,并对这些文献进行深度分析,提取关键信息,如研究方法、结果和结论等。

3.第三步:生成文献综述框架

基于文献分析的结果,在对话框中输入撰写文献综述的指令,如:

> 根据已采集和分析的文献,请为我生成一份关于"教师数字素养"的文献综述撰写要点框架。该文献综述应包含研究背景、现状概述、主要研究成果、研究方法综述、存在的挑战与机遇以及未来研究方向等部分。

根据指令,系统会生成一份全面的文献综述框架。

步骤六 生成式人工智能支持下的实验方案设计

1.第一步:设计并优化实验方案

进入天工AI主界面,登录账号,新建对话。在新建的对话框输入指令,如:

> 我的实验主题为"基于人工智能的个性化学习路径推荐系统",你能为我设计一个初步的实验方案吗?这个方案需要包含实验的具体方法、变量的设置、数据收集的方式等关键要素。

根据指令,系统会生成一份实验方案,我们可以结合专业知识对方案进行评估和调整。

2.第二步:收集并预处理数据

根据优化后的实验设计进行实验,在收集数据后,可以在对话框中输入指令,利用生成式人工智能辅助数据处理,如:

> 我已经收集到了实验数据,但在进行数据分析之前,需要对数据进行预处理。请帮我完成数据清洗、格式转换等预处理工作,以便更好地进行后续的数据分析。

3.第三步:分析数据并挖掘规律

整理经过系统处理的实验数据,并在对话框中输入新的指令:

> 预处理后的实验数据已经准备好了,请帮我进行数据分析,我需要一份约3000字的数据分析报告,主要包括描述性统计、推断性统计及结果解释。

根据指令,系统会生成一份数据分析报告。生成式人工智能的介入使得数据分析过程更加高效和准确。

步骤七 生成式人工智能支持下的智能健康管理

进入DeepSeek主界面，登录账号，新建对话。在新建的对话框输入个人健康数据与健康需求：

> 小李是一名22岁的男大学生，体重75 kg，身高175 cm，BMI 24.5（正常范围偏高），体脂率28%（偏高），肌肉量正常偏低，血压120/80 mmHg（正常），静息心率70次/分钟（正常），空腹血糖5.5 mmol/L（正常偏高）。每日步数约5000步，每日饮水量约1500 mL（偏低），每日睡眠时间平均6小时（偏短）。他想减重10 kg，将BMI降至正常范围（18.5~23.9），增加肌肉量，提高身体线条美感，延长睡眠时间至7~9小时，提高睡眠质量。请你帮他设计一个健康管理计划。

根据指令，系统会根据数据和需求制订个性化的健康管理方案（如图5-10所示）。这些方案可能包括饮食调整建议、运动计划、心理健康指导以及必要的医疗干预措施等。

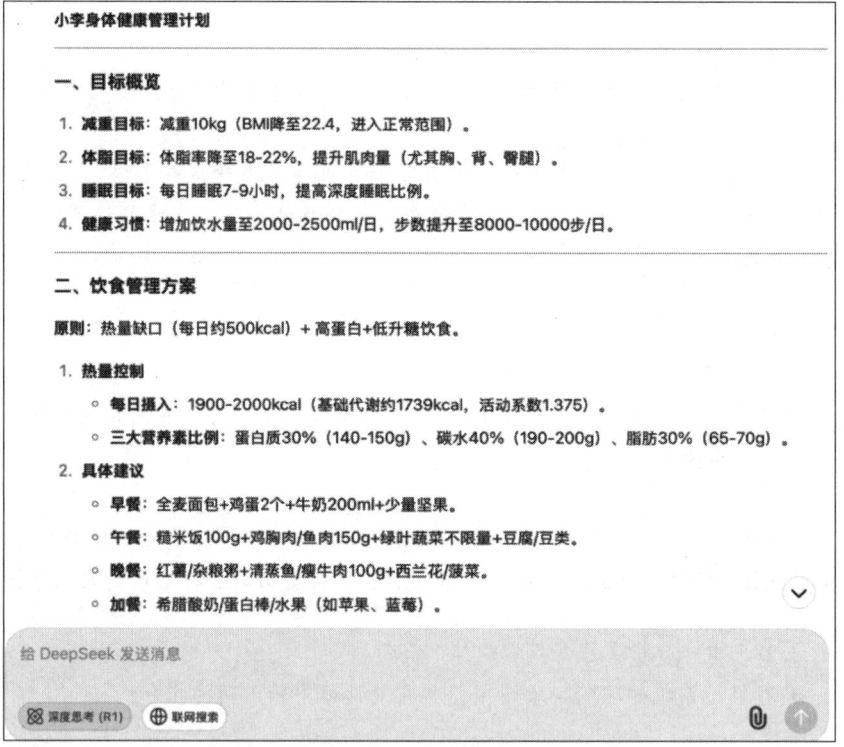

图5-10　生成个性化健康管理方案

步骤八 生成式人工智能支持下的个人财务管理

进入DeepSeek主界面，登录账号，新建对话。在新建的对话框输入个人财务管理需求：

> 小吴是一名大一新生，每月有2000元生活费，初入大学想要对自己的财务进行更好的规划。财务管理需求如下：希望将每月的2000元生活费进行合理分配，确保饮食、学习资料、交通、娱乐等各项支出都能得到妥善安排，并且需要一个清晰的分配方案，并设定一些短期的财务目标，比如每月储蓄达到200元，或减少不必要的支出。

根据指令，系统会生成个性化的预算规划方案（如图5-11所示）。该方案会考虑用户的实际需求、目标（如储蓄、旅行、学习投资等）以及历史消费习惯，并且还会提供优化建议，如如何减少不必要的支出、如何调整消费结构以更好地实现财务目标等。

以下是专为小吴设计的个人财务管理方案，结合学生生活特点和短期财务目标，帮助其实现资金合理分配与储蓄目标：

一、月度基础分配方案（总计：2000元）

支出类别	预算金额	占比	细化说明
饮食	1000元	50%	- 食堂三餐：25元/天×30天=750元 - 零食/水果：150元 - 偶尔聚餐：100元（建议每月≤2次）
学习资料	200元	10%	- 教材/文具：优先二手书、电子资源 - 预留线上课程费用（如四六级资料）
交通	100元	5%	- 公交/共享单车：80元 - 应急打车：20元（非必要不启用）
通信/网络	100元	5%	- 手机话费：50元（学生套餐） - 校园网费用：50元
娱乐社交	200元	10%	- 电影/奶茶：100元 - 同学活动：100元（设定单次≤50元）
日用品	100元	5%	- 洗漱用品、衣物清洁等消耗品
弹性储备金	100元	5%	- 应对临时支出（如医药、维修）
储蓄	200元	10%	- 强制存入独立账户（建议开通零钱理财）

图5-11　生成个性化预算规划方案

为了不断提升财务管理的效果，我们还可以将自己财务使用情况反馈给系统，让系统根据实际情况调整（如图5-12所示）。

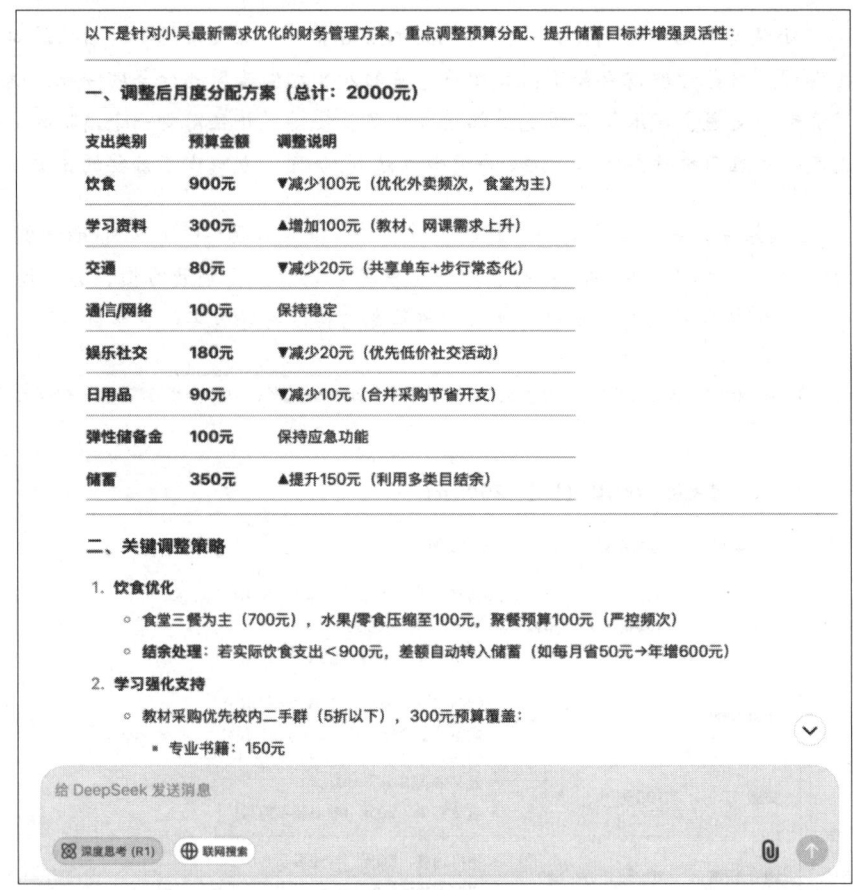

图5-12　财务管理计划调整与优化

八、实验思考与分析

思考题1：请分享在使用生成式人工智能辅助学习过程中的感受，并具体谈一谈这些技术如何改变了你的学习方式。

思考题2：请结合实验过程，思考生成式人工智能的教育应用可能存在哪些风险或挑战。你认为应如何克服这些问题，以更好地在学习过程中使用生成式人工智能？

思考题3：除了实验中的应用场景外，生成式人工智能在教育领域还有哪些应用场景？这些技术会对传统教育模式造成什么样的冲击？作为未来的教育工作者，你会如何利用这些技术来提升教学效果？

实验六

教育机器人：人工智能时代的学习工具

一、实验简介

教育机器人作为人工智能技术在教育领域的重要应用之一，近年来受到了广泛关注。它融合了人工智能、智能识别、编程技术、仿生技术等多领域的先进技术，能够为培养学生分析能力、创造能力和实践能力提供支持和帮助。随着人工智能技术的快速发展及教育应用的不断深入，教育机器人逐渐向着智能化、开放性、可拓展性及人机交互友好性等方向发展。最早的教育机器人可追溯至20世纪60年代麻省理工学院西摩尔·帕伯特教授创办的人工智能实验室。[1]这一研究领域横跨计算机科学、教育学、心理学等多个学科，旨在通过机器人来传授相关知识和技能，激发学生对智能技术的兴趣。教育机器人的出现不仅丰富了教学手段，也为学生学习方式的变革提供了可能。

本实验以机甲大师RoboMaster S1教育机器人（以下简称S1教育机器人）为例，详细介绍教育机器人的基本组成及其在编程知识、智能知识等学习过程中的作用。因此，本实验的内容主要包括S1教育机器人的基本结构、编程语言学习与机器人控制、智能识别与交互等功能的应用与实践。

二、实验目的

通过本实验，我们预期将达到如下实验目标与成果：

（一）实验目标

知识目标： 了解S1教育机器人的基本结构以及每个组成模块的基本功能，掌握移动终端设备与教育机器人连接和编程控制的方法。

能力目标： 使用"智能中控"的智能识别功能，实现对S1教育机器人进行视觉识别、姿势识别、行人识别等编程控制与运行操作，提升编程能力。

素养目标： 完成基于S1教育机器人的综合实践活动设计与实践，提升自身逻辑思维能力、问题解决能力及编程素养等。

价值目标： 认识到教育机器人作为教育工具在教育领域的应用价值，激发自身对教育机器人学科应用的兴趣和探索欲望。

（二）实验成果

（1）实现对S1教育机器人的编程控制，进而实现机器人的自动巡线与避障功能，并将机器人自动巡线与避障运行效果录制成视频。

（2）撰写一篇约1000字的实验报告，探讨教育机器人在辅助教师教学、促进学生学习以及推动综合实践活动方式变革方面的作用。

---

[1] 魏雪峰，刘永渤，曲丽娟，等.教育测评机器人的理念构想与教学应用研究[J].中国电化教育，2018（12）：25-30，53.

三、实验原理

教育机器人作为人工智能时代的重要教育工具，其教育教学应用紧密围绕提升学生综合素质、培养创新思维和动手能力、培养编程思维能力来开展。教育机器人的学科教育应用涉及人工智能、计算机科学及教育等学科知识的交叉融合。

本实验以建构主义学习理论为基础，师范生在动手操作和体验教育机器人的过程中进行多学科知识的学习与应用，在与学习共同体的互动交流中完成知识的同化与顺应。同时，建构主义学习理论强调，知识不能脱离活动情境而抽象存在，学习应与情境化的社会实践活动相结合，强调在真实的问题场景中应用学习到的知识来解决现实中的问题。本实验采用合作学习小组的形式开展，让小组成员共同完成相关学习探究任务。在团队合作过程中，成员间通过交流、讨论和协作，分享彼此的经验和知识，共同解决问题，促进知识的建构和深化。

四、实验环境

该实验是对S1教育机器人进行编程并操作运行。为达到更好的运行效果，该实验的环境要求如下：

（1）一间不小于4m×5m的空旷教室，教室内灯光均匀，自然明亮。

（2）能够独立运行的S1教育机器人（其硬件结构如图6-1所示）若干台。

（3）安装有S1教育机器人的编程软件（下载网址：https://www.dji.com/cn/robomaster-s1/downloads）且具有蓝牙功能的笔记本电脑或平板电脑等终端设备。笔记本电脑和平板电脑设备配置要求如下：

①笔记本电脑

系统：Windows7 64位及以上版本或macOS10.13及以上版本；

CPU：英特尔Core i5及以上

内存：≥8G RAM

显存容量：≥2GB

蓝牙：≥蓝牙5.0

②平板电脑

系统：Android 5.0 及以上版本或iOS 10.0.2及以上版本。

存储容量：4GB+64GB

屏幕尺寸：无特殊要求，建议≥10 in

蓝牙：≥蓝牙5.0

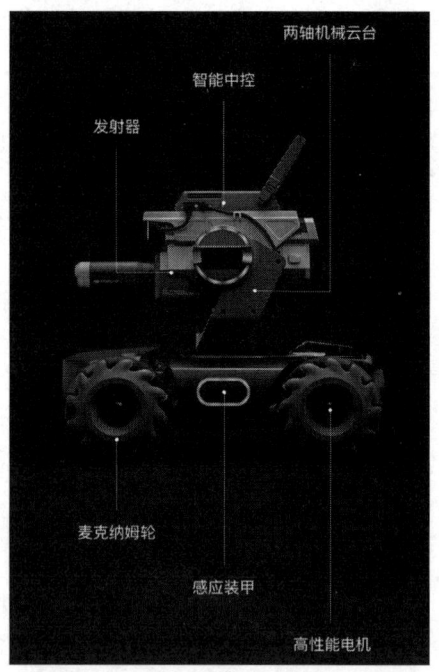

图6-1 S1教育机器人的硬件结构

五、预备知识

为达到该实验目的，作为未来教师，我们应具备以下知识：

（一）基础编程设计知识

目前，大部分教育机器人都可以通过编程来控制，具备基本的编程知识是控制和操作机器人的基础。掌握编程知识能够让我们理解机器人是如何接收指令、处理数据和执行任务的。具体来说，基础的编程知识有变量、常量、顺序结构、循环结构、条件判断结构等，这些都是构建机器人行为逻辑的关键要素。此外，熟悉一种或多种编程语言也是必要的，比如Python、C++或Java等，或者是以C语言为基础的Scratch、Blockly等图形化编程语言，这些编程语言广泛应用于机器人编程。通过编程，我们可以控制机器人的行为，实现与机器人的有效交互，甚至开发出新的应用功能。

（二）自动识别技术知识

自动识别技术是一种集计算机、光、电、通信和网络技术于一体的综合性技术，它通过特定的识别装置自动获取被识别物体的相关信息，并传递给后台处理系统。这项技术广泛应用于各个领域，如教育、医疗、零售业、制造业、物流与供应链管理等。自动识别技术主要包括条码识别、图像识别、语音识别、生物识别等多种类型。条码识别通过扫描条形码快速获取商品信息；图像识别利用摄像头捕捉并分析图像内容，实现目标检测与跟踪；语音识别则让机器能够"听懂"人类语言，执行相应指令；生物识别技术如指纹识别、面部识别等，通过提取人体的生物特征进行身份验证，具有高度的安全性和便捷性。我们需要认识到自动识别技术在教育机器人应用中的重要性，它能够帮助机器人更准确地识别学生的面部表情、手势动作等，从而实现更加智能化和个性化的互动与教学反馈。

（三）项目化学习的知识

项目化学习是一种以学生为中心，通过实施具体项目来促进知识和技能的综合运用的教学方法。其核心在于将学习内容与实际问题相结合，使学生在解决实际问题的过程中进行深入的学习和探索。项目化学习强调学生的主动性、实践性和合作性，鼓励学生自主探究、动手实践，并通过小组合作完成项目任务。在这一过程中，学生需要制订项目计划、分配任务、收集信息、分析问题、提出解决方案，并进行成果展示和评价。通过项目化学习，学生不仅能够巩固和应用所学知识，还能培养创新思维、批判性思维、自主学习能力和跨学科综合能力。这种教学方法注重学生的个体差异和多元化发展，鼓励学生根据自己的兴趣和特长选择适合自己的项目进行探究。

六、实验内容

通过本实验，我们可以系统了解S1教育机器人的基本硬件结构、相应程序控制模块及基于程序设计的综合实践活动的开展。

（一）S1教育机器人的连接与操作运行实践

实现S1教育机器人与APP的连接是操作运行S1教育机器人的第一步。我们通过探索不同网络环境下的S1教育机器人与应用终端设备间的两种连接方式，包括直连模式和路由器模式，进而实现对S1教育机器人的编程控制和运行控制。

（二）S1教育机器人智能识别功能的应用与实践

借助学习有关S1教育机器人"智能中控"编程软件中的智能控制功能模块，使用图形化编程功能编写相关语句，实现对S1教育机器人的编程控制；实现编程控制S1教育机器人进行自动线路识别、视觉标签识别、行人识别、掌声识别、姿势识别等。

（三）基于S1教育机器人的综合实践活动

本实验内容涉及S1教育机器人的整机运行机制、底盘与云台的运动原理、智能控制技术、装甲板功能以及顺序结构、选择结构和循环结构控制等编程知识内容。在学习完S1教育机器人的相关任务的基础上，通过项目化的方式设计综合实践活动案例，在项目任务设计、任务分析、算法流程图设计及程序编写与运行实践过程中，掌握综合实践活动的设计与实践方式。

七、实验步骤

步骤一　选择S1教育机器人与APP的连接方式

要实现对S1教育机器人的手动运行或程序驱动运行，首先要将S1教育机器人与APP建立连接，具体连接方式有两种：直连模式和路由器模式。根据实验环境和现实需要，任意选择一种连接方式即可。

方式一：直连模式。直连模式是通过让APP连接S1教育机器人的"智能中控"发出的无线网络信号，实现APP对S1教育机器人的一对一控制。具体操作如下：

（1）将位于S1教育机器人的"智能中控"右侧的连接模式开关切换到"直连模式"挡位上，即"📱"模式，如图6-2所示。

（2）在移动终端设备上打开"RoboMaster"APP，根据提示进入移动设备系统网络设置中，选择位于机身"智能中控"的贴纸上对应的Wi-Fi名称（RMS1-XXXXXX），输入密码，S1教育机器人Wi-Fi默认密码为：12341234（如图6-3所示）。

图6-2　直连模式

图6-3　连接S1机器人Wi-Fi

（3）等待S1教育机器人和APP连接成功（注意：忽略移动终端设备Wi-Fi无法上网的提示）。听到连接成功的提示音之后，返回APP，即实现了S1教育机器人与APP的连接。

方式二：路由器模式。路由器模式是通过将S1教育机器人连接到房间中使用的Wi-Fi信号，来使APP和S1教育机器人同时连接到同一Wi-Fi网络中，进而实现通过APP控制S1教育机器人。这种方式适合多台S1教育机器人的连接。具体操作如下：

（1）采用同样的操作方式，将S1教育机器人的"智能中控"上的连接模式开关切换到"路由器模式"，即"📶"模式。

（2）运行"RoboMaster"APP，根据提示接入局域网，输入对应的路由器Wi-Fi密码后，可在APP中生成连接二维码（如图6-4所示）。

（3）短按"智能中控"上的"连接按键"（如图6-5所示）后，使用S1教育机器人上的相机扫描生成的二维码，等待S1教育机器人识别并语音提示连接成功后，即可实现APP与S1教育机器人的连接。

图6-4　连接路由器Wi-Fi

图6-5　实现S1机器人与APP连接

在S1教育机器人与APP建立连接后，即可通过"RoboMaster"实现对S1教育机器人的手动运行和程序驱动运行。

步骤二　进入"RoboMaster"编程界面

点击"实验室模块"—"我的程序"—"新建程序"，即可进入"RoboMaster"自主编程界面，如图6-6所示。

图6-6　"RoboMaster"自主编程界面

下面，我们以程序驱动运行为例，探索S1教育机器人在智能识别方面的功能与应用。

步骤三　设置S1教育机器人整机运动方式

由于S1教育机器人整机结构中包括底盘和云台两个主要运动部分，所以在对S1教育机器人进行程序驱动运行控制前，需要设置底盘和云台的整机运动方式。整机运动方式有三种，具体为：①云台跟随底盘模式，即云台始终跟随底盘绕航向轴旋转，如图6-7（a）所示；②底盘跟随云台模式，即底盘始终跟随云台绕航向轴旋转，如图6-7（b）所示；③自由模式，即云台与底盘运动分离，互不影响，如图6-7（c）所示。

在"RobomMaster"APP中，点击"系统"—"设置整机运动"，即可设置整机运动方式。一般对S1教育机器人进行编程时，只要涉及需要底盘或云台的运动时都需要先设置机器人的整机运动方式。

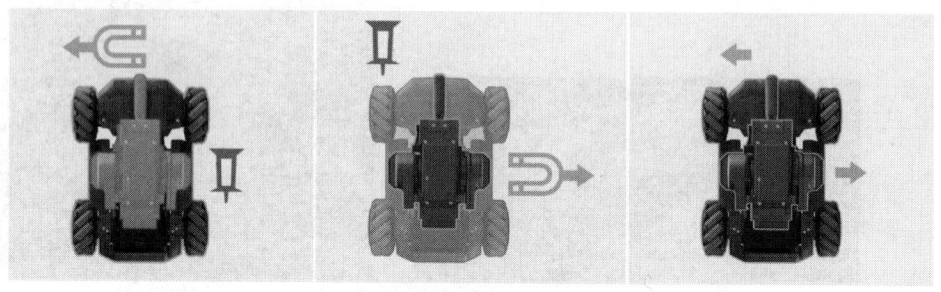

（a）云台跟随底盘模式　　（b）底盘跟随云台模式　　（c）自由模式

图6-7　S1教育机器人的整机运动方式

步骤四　开启视觉标签识别功能

（1）打开"RoboMaster"APP，点击"编程模块区"中的"智能"程序模块，选择"'开启''视觉标签'识别"，再选择"设置视觉标签的可识别距离为'1'米内"，将该程序模块拖动到编程区的"开始运行"程序内。

（2）同样的操作方式，在"智能"程序模块中，选择"等待识别到'前进箭头'""控制底盘向'0'度平移'1'秒"，然后将该程序模块拖动到编程区的"开始运行"程序内。在编程区内，相关图形化程序语句模块摆放顺序如图6-8所示，该程序语句可实现在S1教育机器人视觉距离1米内识别到"前进箭头"后，向前运动1秒。

（3）点击"编程运行区"中的"运行按钮"，运行编写好的程序，并将"前进箭头"视觉标签卡放在距离机器人摄像头前1米内，观察机器人是否向前平移1秒。

图6-8　完整的编程语句

步骤五　开启姿势识别功能

在"智能识别"程序中，除了能够设置机器人对"视觉标签"的识别外，还可以设置机器人的"姿势识别"。下面我们以"姿势识别"功能为例，讲解具体操作：

（1）在"编程模块区"中的"智能"程序模块中，选择"'开启''姿势'识别"，并设置"等待识别到'V字'"后，再设置机器人识别到"V字"后的动作：画"V字"2次，同时云台的所有红色LED灯闪烁，如图6-9所示。

（2）点击"编程运行区"中的"运行按钮"，观看机器人的实际运行效果。

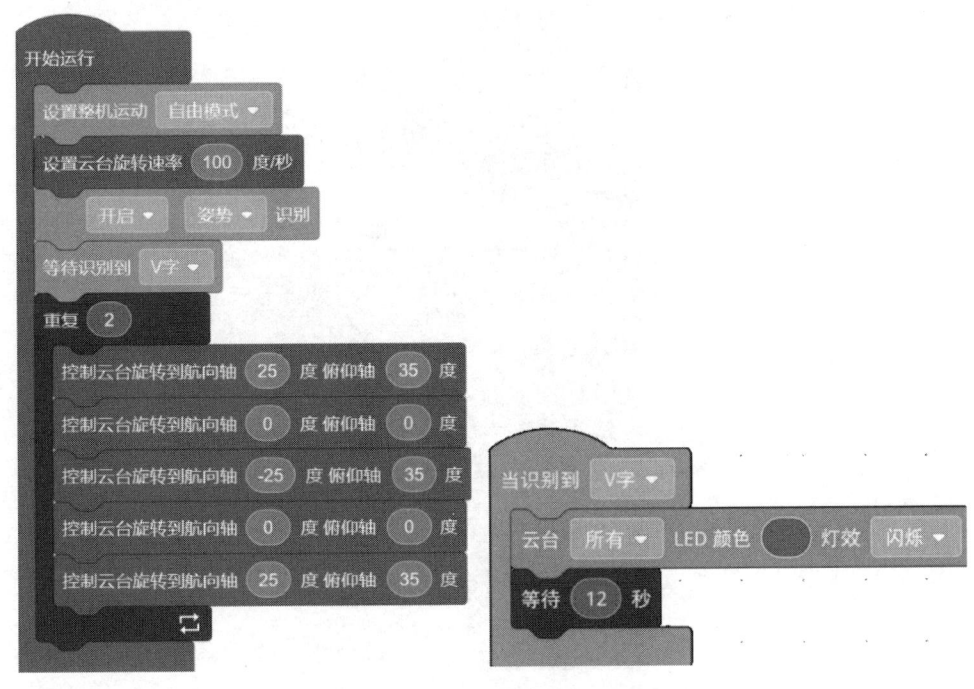

图6-9 "V字"姿势识别运行程序

步骤六　开启行人智能识别功能

S1教育机器人的智能识别功能除了能够识别标签、姿势外，还可以识别行人，将行人作为机器人进行下一步动作的触发器，实现人机交互。如下面的这段程序语言表述：

> 如果在S1教育机器人视野中识别到行人，那么机器人底盘所有LED红光会闪烁，机器人云台所有LED呈红色跑马灯特效；否则，底盘和云台所有LED以默认色常亮。

根据这个程序语言的描述，试着用图形化编程语言实现该效果，并试运行机器人运行效果是否符合语言表述。参考程序如图6-10所示：

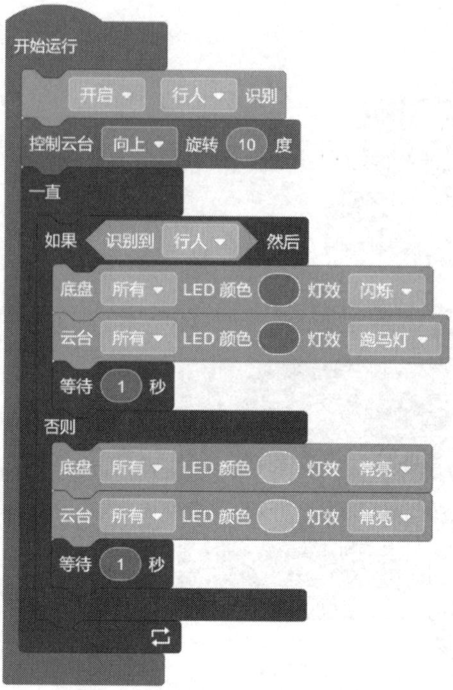

图6-10 行人识别程序

步骤七　自主探究更多智能识别功能

采用同样的步骤，你可以自主或与学习小组一起借助"RobomMaster"APP中的"智能"程序模块里的"S1机器人识别""线路识别""拍手识别"等程序模块功能，探索S1教育机器人在智能识别与人机互动方面的功能与作用。

自主或与学习小组合作探索将以下任务描述语句用图形化语言编写出来：①S1教育机器人的底盘和云台所有LED熄灭，当识别到两次拍手后，所有LED红光闪烁，机器人做螺旋线运动；②如果机器人识别到地面上的红线，则底盘和云台所有LED蓝光常亮。

了解了S1教育机器人的基本结构和编程软件后，可以对S1教育机器人进行手动控制和编程控制，实现各种人机互动与编程学习实践。下面，我们可以设计一些更复杂的任务，让S1教育机器人开展综合实践活动。

步骤八　借助S1教育机器人开展"精准打击"

（1）任务描述：在相对空旷的教室空间中，S1教育机器人以0.5米/秒的速度前行，并发出扫描的声音，当行驶到离视觉标签1米的地方，发出成功识别视觉标签的声音，且机器人停止运动并发射水晶弹攻击数字为"1"或"3"的视觉标签。在击倒相应视觉标签后，S1教育机器人继续寻找数字为"1"或"3"的视觉标签并进行攻击，直到击倒相应的视觉标签。

实验六　教育机器人：人工智能时代的学习工具 | 69

（2）任务算法流程图分析：在S1教育机器人前方放置图形、数字标签，其中数字标签中要有1个或多个"1"或"3"。设置底盘运动速度为0.5米/秒，让机器人向正前方平移，开启视觉标签识别，并设置可识别距离为1米内。当识别到数字标签"1"或"3"时，机器人停止运动且播放视觉标签识别成功音效，并发射水晶弹击倒相应数字标签；如未识别到视觉标签，机器人则继续向正前方移动并播放扫描音效直到识别到视觉标签；若重复5次还未识别视觉标签，程序也将结束。其算法流程如图6-11所示。

（3）打开S1教育机器人编程软件，将以上算法流程图转换为图形化编程语句。其程序如图6-12所示。

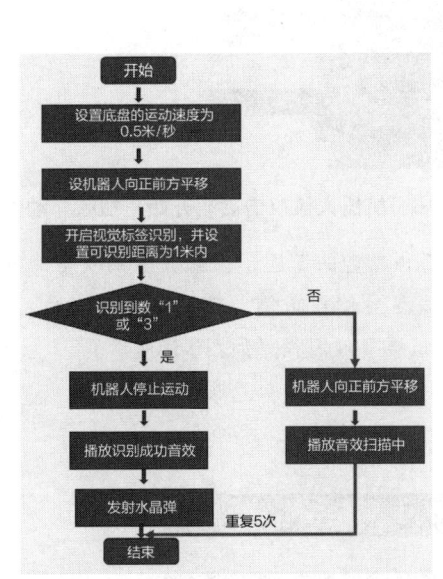

图6-11　"精准打击"算法流程

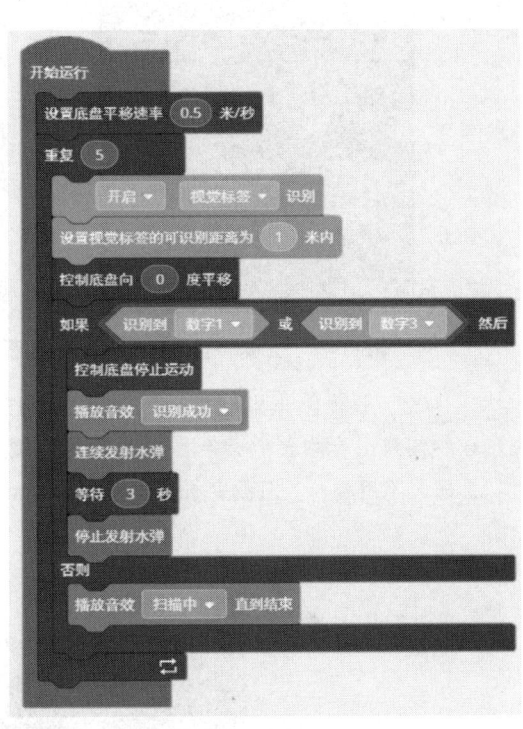

图6-12　"精准打击"程序

（4）连接S1教育机器人，试运行编写好的程序，测试机器人是否能达到预设的运行效果。在机器人正式运行前，可能需要不断调整机器人前方的视觉标签的位置，确保视觉标签在其视觉范围内。

步骤九　实现S1教育机器人"挨打反击"

在机甲大师对抗赛中，经常会出现多人对战的场景，在己方的机器人突然遭受对方来自暗处的攻击时，需要己方机器人迅速转向受攻击的方向，扭动"腰身"躲避，并准备反击。这就需要S1教育机器人完成相关任务环节，如图6-13所示。

（1）设置底盘和云台的运动方式，在"底盘跟随云台模式"下，云台向左或向右旋转时，底盘会始终跟着旋

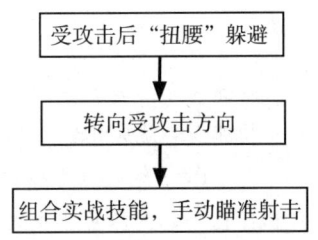

图6-13　"挨打反击任务环节"

转，并与云台保持设定好的角度，比如设置底盘以45°跟随云台。在"扭腰"模式下，让底盘在与云台保持45°和-45°夹角间来回切换，即：云台始终朝向正前方，而底盘向右旋转后又向左旋转，如此反复，完成"扭腰"动作。其程序如图6-14所示。

（2）继续编写程序，当S1教育机器人受到攻击后，设置变量"Flag=1"，然后进行"扭腰"运动。其程序如图6-15所示。

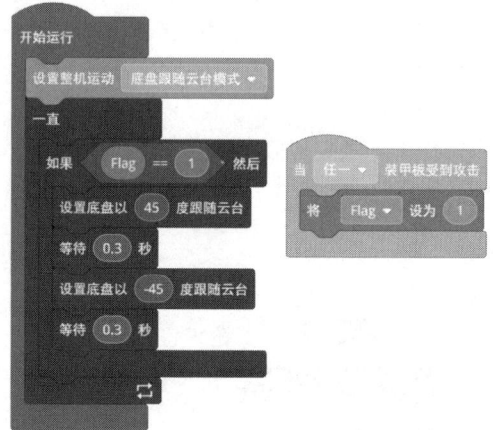

图6-14 "扭腰"动作程序　　　　图6-15 机器人被攻击后，开始"扭腰"动作程序

（3）S1教育机器人的机甲分布在云台两侧和底盘的四周，因此其受到攻击的方向有云台右侧或底盘右侧、云台左侧或底盘左侧、底盘后侧或前侧，其中底盘前侧受到攻击后，机器人不用旋转。S1教育机器人受到攻击后"扭腰"躲闪程序如图6-16所示。

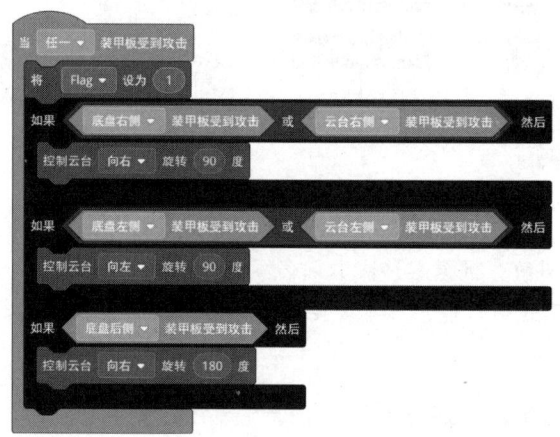

图6-16　S1教育机器人受到攻击后"扭腰"躲闪程序

实现效果为：当攻击S1教育机器人左侧（云台左侧或底盘左侧）装甲板时，机器人会快速向左旋转90°；当攻击S1教育机器人右侧（云台右侧或底盘右侧）装甲板时，机器人会快速向右旋转90°；当攻击S1教育机器人后侧装甲板时，机器人会快速向右旋转180°。

（4）综合以上操作后，将S1教育机器人的"扭腰"躲闪动作和反击动作的编程程序合并在一起，即可实现当S1教育机器人受到来自任意一方的攻击后，开展针对这一方向的反击。操作人还可手动操作机器人进行射击，实现在多人竞技活动中迅速反击与躲闪。其程序如图6-17所示。

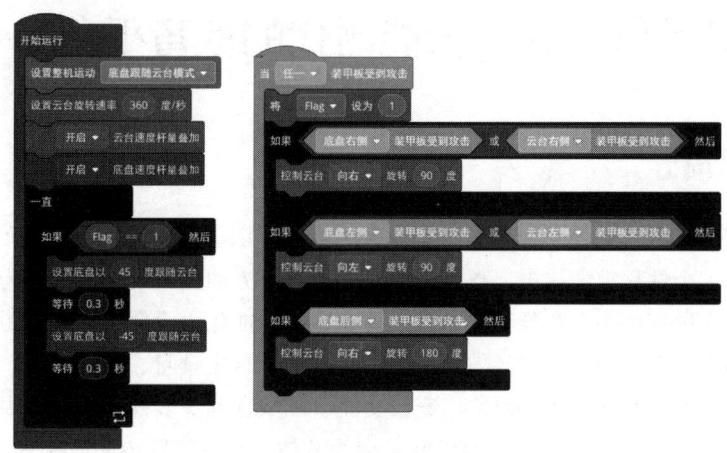

图6-17 机器人反击程序

以上是关于S1教育机器人的手动控制、编程控制及基于S1教育机器人的综合实践活动过程，主要涉及S1教育机器人的"系统""底盘""智能""云台""装甲板""控制语句"等的编程模块应用以及实际运行效果。其中，还涉及"顺序结构""选择结构"和"循环结构"等编程语句的单一或综合应用。你也可以探索使用APP中的其他程序模块进行编程，控制机器人实现其他运动效果。如果你需要更加深入学习S1教育机器人的其他结构或编程模块，可以参考机甲大师RoboMaster S1官网提供的"编程指南"进行学习。学习网址：https://www.dji.com/cn/robomaster-s1/programming-guide。

八、实验思考与分析

思考题1：谈一谈如何将教育机器人作为一种教育工具，有效融入教学活动，以提高教师的教学质量与教学效率。

思考题2：如何借助教育机器人辅助学生开展综合实践活动，以全面促进学生的创新思维、跨学科整合能力和自主学习能力的发展？

思考题3：在教育生态系统的变革中，教育机器人作为一种教育工具，其在教育生态系统中应如何定位？它应如何与教师、学生共同构建面向未来的教学模式？

实验七

智能教育系统：人工智能时代的教育平台

一、实验简介

随着人工智能技术的飞速发展，传统教育工具已难以满足现代教育的多元化需求，特别是在资源分配不均、个性化教学缺失、教学质量参差不齐等方面面临巨大挑战。为应对这些挑战，教育部升级建设了国家中小学智慧教育平台，旨在通过智能化手段促进教育资源的均衡分配，提升教学质量，实现教育的个性化与高效化。该平台集成了自主学习、教师备课、双师课堂、作业活动、答疑辅导、课后服务、教师研修、家校交流、区域管理等多种功能，为中小学师生提供了全方位、智能化的教育服务。本实验将以此平台为载体，通过实际应用，探索其在提升教学质量、促进学生个性化学习等方面的效果。

本实验旨在让师范生体验并学习如何高效利用智能教育工具进行自主学习，包括资源检索、在线互动、个性化学习路径规划等关键技能，从而增强他们的信息化学习能力和自我管理能力。同时，实验也注重师范生的知识掌握，借助平台提供的丰富教育资源和学习材料，帮助他们拓宽知识面，接触更多元化的学科内容和学习方法，以深化对学科知识的理解，构建更全面的知识体系。师范生通过体验智能化教学带来的个性化、高效化教育，提升自身对未来教育理念的认知和适应能力。

二、实验目的

通过本实验，我们预期将达到如下实验目标与成果：

（一）实验目标

知识目标：深入理解学科知识，构建更全面的知识体系；通过跨学科的学习机会，加深对不同领域知识的融合与理解。

能力目标：提升信息化学习能力和自我管理能力；能够根据自己的学习需求和兴趣，灵活地选择学习内容和方式，包括资源检索、在线互动、个性化学习路径规划等。

素养目标：提升信息素养、自主学习能力和终身学习意识；学会如何在信息爆炸的时代筛选有价值的信息，能批判性地看待学习资料。

价值目标：了解教育包容的理念，形成每个人都能平等享受教育机会和教育资源的教育观。

（二）实验成果

（1）结合在实验中的学习体验，设计一种基于智能教育平台的学生精准评价方案，在小组内或班级中分享展示。

（2）撰写一篇1000字以上的实验报告，全面总结实验的成果与收获，并提出对未来教学的独到见解与建议等。

三、实验原理

本实验基于个性化教学原理和智慧教学互动原理开展实验设计与实践。

个性化教学原理是指平台利用人工智能技术，通过数据分析学生的学习行为、兴趣偏好、能力水平等多维度信息，为每位学生量身定制个性化的学习路径和资源推荐。这一原理旨在打破传统教育中"一刀切"的教学模式，使学习更加符合学生的实际需求，提高学生的学习效率和学习兴趣。平台通过智能算法分析学生的学习数据，动态调整教学内容和难度，确保每位学生都能在适合自己的节奏下成长进步。

智慧教学互动原理强调平台在促进师生、生生的互动交流方面的作用。平台集成了多种互动工具，如在线讨论区、实时问答、虚拟实验室等，为教师和学生提供了一个高效、便捷的沟通平台。通过这些工具，教师可以及时解答学生的疑问，了解学生的学习状况，同时学生之间也可以相互协作、分享学习心得。这种智慧化的教学互动不仅增强了学习的趣味性和学生的参与感，还有助于培养学生的合作精神和批判性思维。

四、实验环境

国家中小学智慧教育平台（网址：https://basic.smartedu.cn/）是教育部推出的官方资源平台，旨在为广大中小学校、师生及家长提供专业化、精品化、体系化的教育资源服务。平台内容丰富多样，涵盖了德育、课程教学、体育、美育、劳动教育、课后服务、特殊教育、教师研修、家庭教育、教改经验和教材等多个板块，资源总量持续增长，页面浏览量巨大，有效服务了学校课程教学、学生自主学习、教师改进教学、农村地区优质教育资源共享、家校协同育人等多个方面。

在功能应用上，平台提供了自主学习、教师备课、双师课堂、作业活动、答疑辅导、课后服务、教师研修、家校交流、区域管理等九大应用场景，满足了不同用户群体的多样化需求。特别是随着"双减"政策的深入实施，平台在促进学生全面发展、减轻学生课业负担方面发挥了重要作用。平台还注重资源质量的把控和运维条件的保障，通过整合政府、学校和社会各界的优质资源，确保平台资源的专业化、精品化和体系化。同时，平台也注重网络安全管理，确保平台网络运行安全和数据安全。综上所述，国家中小学智慧教育平台是推动基础教育高质量发展与教育现代化建设的重要工具，为广大师生和家长提供了便捷、高效、优质的教育资源服务。

五、预备知识

为达到该实验的目的，作为未来教师，我们应具备以下预备知识：

（一）信息化教学基础知识

信息化教学是研究如何运用现代技术手段优化教育过程、提高教学效果的教学方式。我们需要掌握信息化教学的基本原理和方法，包括教学设计、媒体选择与应用、学习资源开发等。这将有助于我们理解国家中小学智慧教育平台的设计理念和技术架构，以及如何有效地将平台功能融入实际教学中，从而提升教学效果。

（二）人工智能教育应用基础知识

国家中小学智慧教育平台作为智能教育工具，其核心在于人工智能和大数据技术的应用。因此，我们需具备一定的人工智能和大数据基础知识，了解机器学习、数据挖掘、数据分析等关键技术及其在教育领域的应用案例。这将帮助我们深入理解平台如何通过分析学生的学习数据，实现个性化学习推荐和智能教学决策，从而更好地设计和实施相关教育实验。

（三）国家中小学智慧教育平台基本功能与操作流程

我们应熟悉国家中小学智慧教育平台的基本功能模块，包括但不限于课程教学、课后服务、教师研修、资源检索等；了解每个模块的具体作用，并掌握平台的操作流程，如何注册登录、浏览资源、参与在线课程、完成作业与测试等。这有助于我们在实验中顺畅地使用平台功能，进行教学活动的设计与实施。

六、实验内容
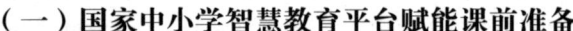

（一）国家中小学智慧教育平台赋能课前准备

1.资源选择

国家中小学智慧教育平台为教师提供了丰富的教学资源库，包含各年级、各学科的教学课件、教案、视频等多媒体素材。教师可以轻松访问这些资源，并根据教学需求进行筛选、整合，快速构建个性化的课前备课资料库。此外，平台还支持教师上传自创资源，实现资源共享，促进教师间的交流与合作。

2.教师备课

在课前备课阶段，教师可以登录国家中小学智慧教育平台，选择相应的年级和学科，进入备课界面，并根据教学大纲和教学目标，在平台上选取或创建教学资源，设计教学流程。教师还可以利用平台的备课工具，如PPT编辑器、课程表生成器等，制订详细的课前备课计划。同时，教师也可以设置预习任务，并通过平台发布给学生，引导学生提前了解课程内容，为课堂学习做好准备。

（二）国家中小学智慧教育平台赋能课中教学

1.课堂教学

在课中教学阶段，国家中小学智慧教育平台为教师提供了丰富的多媒体展示工具，如视频、音频播放器等，使课堂表现形式更加生动多样。教师可以利用平台的电子白板功能进行板书演示，引导学生参与课堂讨论。此外，平台还支持教师实时查看学生的学习进度和反馈，帮助教师及时调整教学策略，确保课堂教学效果。

2.课堂互动

平台提供了多种教学互动工具，如提问、投票、讨论等，方便教师在课堂上与学生进行实时互动。学生可以通过个人电脑、平板电脑等设备登录平台，积极参与课堂互动。教师可以根据课堂实际情况灵活调整互动方式，确保课堂秩序与互动效果良好结合。同时，平台还能实时记录学生的互动数据，为教师提供评估学生课堂参与度和学习效果的重要依据。

（三）国家中小学智慧教育平台赋能课后服务

1.作业批改

在课后作业批改方面，国家中小学智慧教育平台提供了自动批改和手动批改两种方式。对于客观题，平台可以自动进行批改并给出反馈；对于主观题，教师可以进行在线批注和评分。此外，平台还支持教师录制讲解视频，对作业中的难点和易错点进行详细解析，帮助学生更好地理解和掌握知识点。

2.成绩管理

平台能够自动记录学生的作业成绩和课堂表现，生成详细的成绩报告。教师可以根据成绩报告分析学生的学习状况，及时发现并解决学习问题。同时，平台还支持教师将成绩导出为Excel表格，方便进行进一步的数据分析和处理。此外，教师还可以在平台上设置成绩预警功能，当学生的学习成绩出现异常时，及时提醒教师和家长，实现家校共育。

3. 学生评价

评价内容涵盖课堂表现、学习态度、技能掌握等多个维度，支持语言、神态、情绪等多方面的细致描述。教师不仅能即时记录评价，还能通过平台查看学生的表现变化图和详细评价记录，以便更准确地掌握学生的学习进展和个性特点。

七、实验步骤

进入国家中小学智慧教育平台（网址：https://basic.smartedu.cn）首页，点击"windows下载"按钮（如图7-1所示），下载桌面端安装包并安装。安装完成后，可在本地电脑桌面上看到"智慧中小学"图标，双击该图标即可开始使用。

图7-1　客户端下载界面

进入用户登录界面，点击"注册通行证"，进入注册界面，家长和教师可以使用手机号注册（如图7-2所示）。学生可以自拟学号，并绑定家长手机号完成注册。

完成注册后可在登录界面进行登录，也可以点击右上角二维码使用"智慧中小学"APP扫码登录。

图7-2 注册界面

登录成功后，进入"切换身份"界面，选择合适的身份后（本节主要讲解"教师"身份操作）进入主界面"工作台"，左侧栏为主要功能栏，中间是主要工作区，右侧是常用应用栏以及待办事务栏，如图7-3所示。

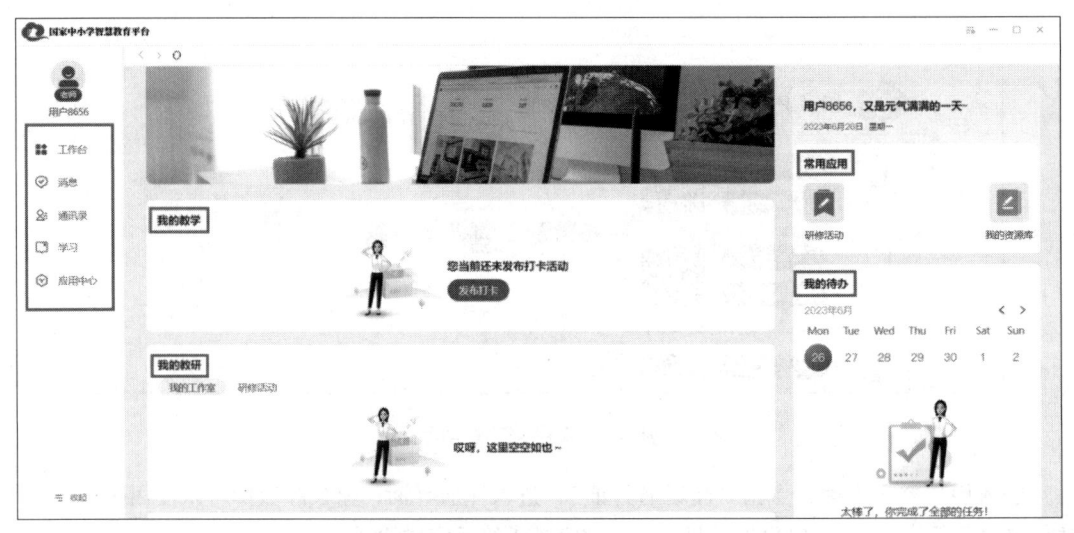

图7-3 "工作台"界面

步骤一 国家中小学智慧教育平台赋能课前准备：资源选择

点击"智慧中小学"PC端"工作台"界面左侧栏中的"应用中心"。在"应用中心"可以看到"全部应用"，也可以分类型查看"教学应用"和"群组应用"。

点击"全部应用"中的"资源库"（如图7-4所示），进入"我的资源库"，教师可以新建、保存并管理教学工作时使用的各类文档。

实验七　智能教育系统：人工智能时代的教育平台

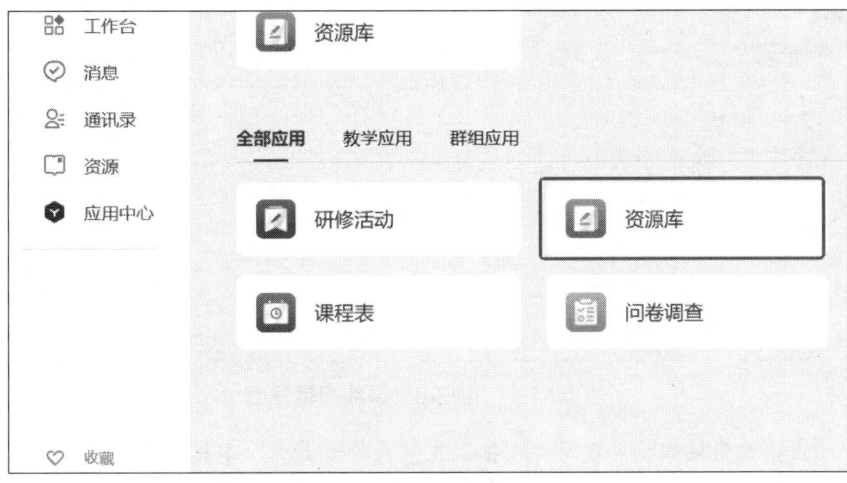

图7-4　"资源库"进入界面

通过"新建文件夹"（如图7-5所示），教师可以整理"我的资源库"中的各类文件；同时，教师在搜索框中输入文件名称可以快速找到所需文件。通过右上角的"导入本地文档"，教师可以上传自制课件或其他教学文档至"我的资源库"。点击"新建互动课件"，教师可以在线编辑并保存课件。

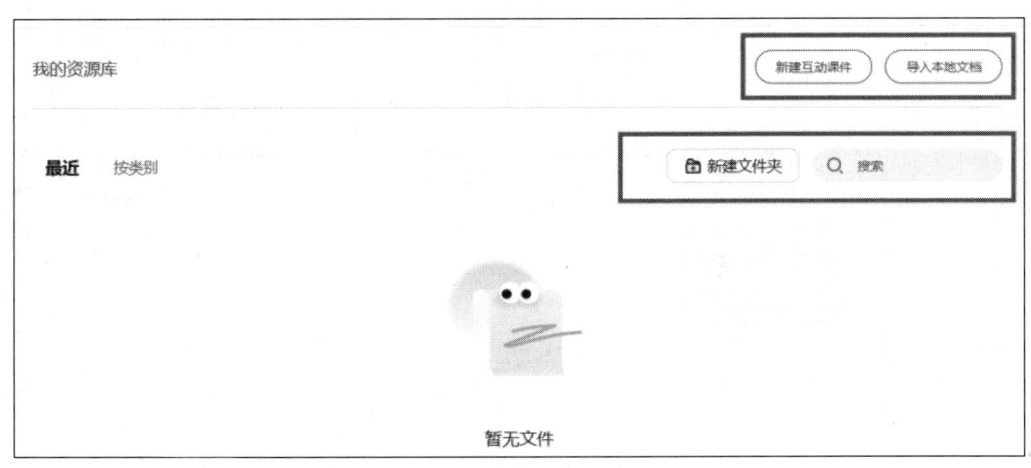

图7-5　"我的资源库"界面

步骤二　国家中小学智慧教育平台赋能课前准备：教师备课

在"我的资源库"界面，点击右上角的"新建互动课件"可进入课件编辑界面，即可查看编辑界面上方的各种互动课件小工具。

在课件编辑界面（如图7-6所示），教师可以运用"文本框""多媒体""PPT动画"等常规功能在线制作课件。同时，教师还可以通过"学料工具""习题试卷""随堂练习"等特色小工具便捷地制作更为新颖的教学课件。在完成编辑后，教师可以保存课件并选择"放映"（如图7-7所示）进行授课。点击"分享"还可将课件分享给他人（如图7-8所示）。

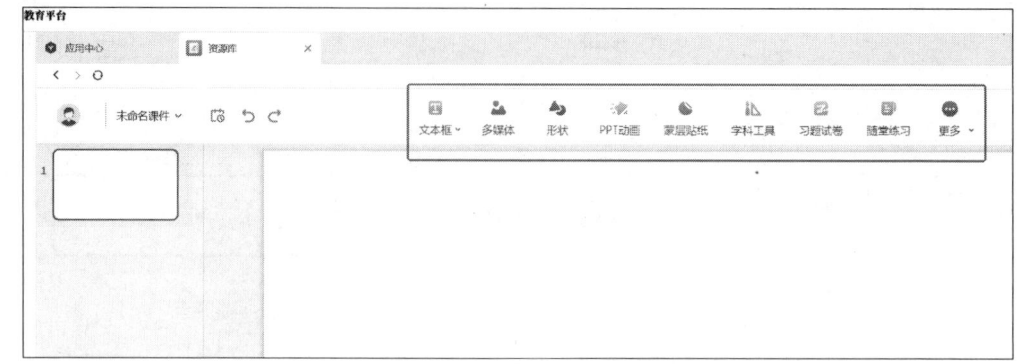

图7-6 课件编辑界面

点击"多媒体"可在课件中插入在"我的资源库"中保存的图片、视频、音频等;点击"多媒体"—"本地选取",可以从本地电脑中选取合适的多媒体资源插入课件中,如图7-9所示。

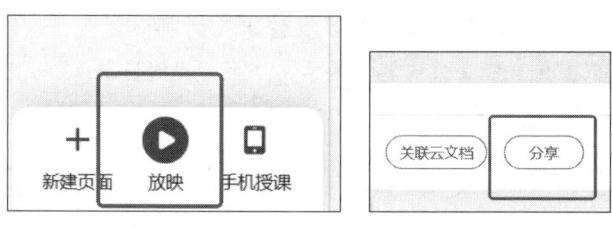

图7-7 "放映"课件　　　　7-8 "分享"课件

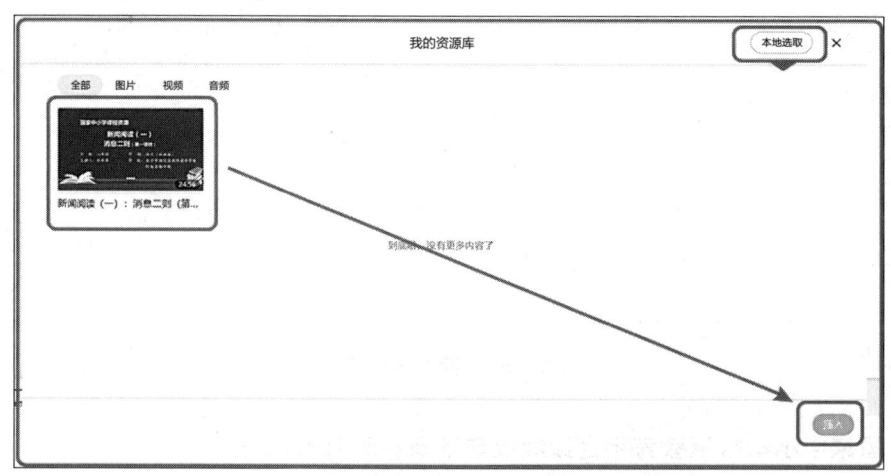

图7-9 插入"我的资源库"中的多媒体资源

若当前课件中有元素需要添加动画效果,可先选中该元素,点击"PPT动画"—"添加动画",在弹出的下拉框中选择合适的动画效果(如图7-10所示),再点击"放映"就可以展示该效果。

点击"学科工具"可在课件中添加不同的工具以辅助学生理解课程中的动态过程或知识点介绍。目前学科工具包含语文、数学、英语等多个科目的工具。点击对应工具下的

"插入"（如图7-11所示）便可将需要的工具放入课件中，再点击"放映"便可展示添加的学科工具内容。

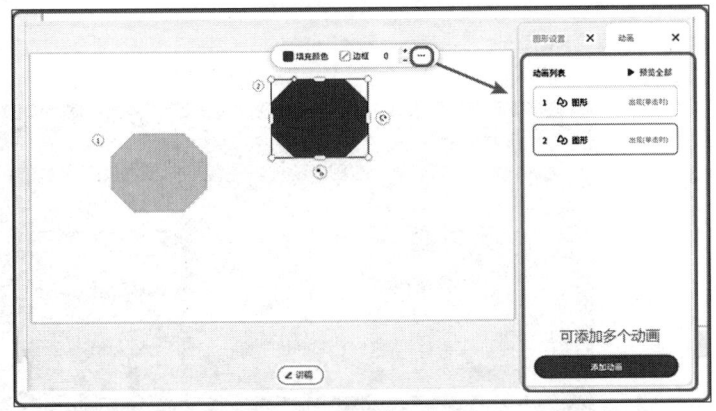

图7-10 "添加动画"界面

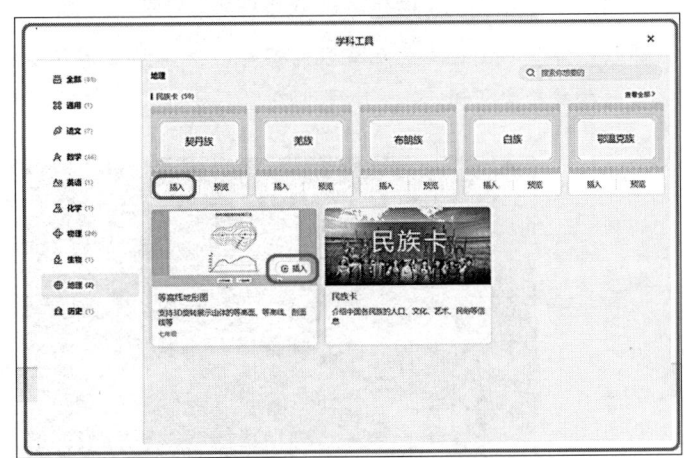

图7-11 "插入"学科工具

在课件制作界面，点击"随堂练习"，进入题型选择界面（如图7-12所示）。在该界面"单选题"模块点击"+创建"，即可进入单选题创建界面。在该界面，教师可以通过点击右下方的"小窍门"获得具体操作提示。在创建过程中，教师可以通过右侧的题干和选项输入框填写习题的具体内容，通过上方的工具栏插入照片、公式等内容，也可以修改习题内容的格式。

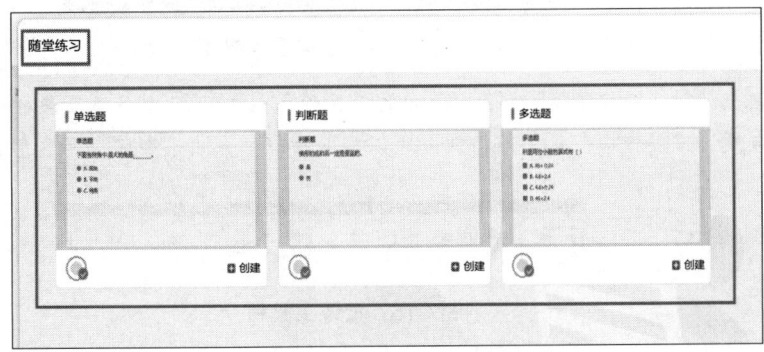

图7-12 "题型选择"界面

步骤三 国家中小学智慧教育平台赋能课中教学：课堂教学

点击左侧菜单栏中的"授课模式"，在该界面的右下角选择需要授课的班级，再点击"课程资源"，如图7-13所示。

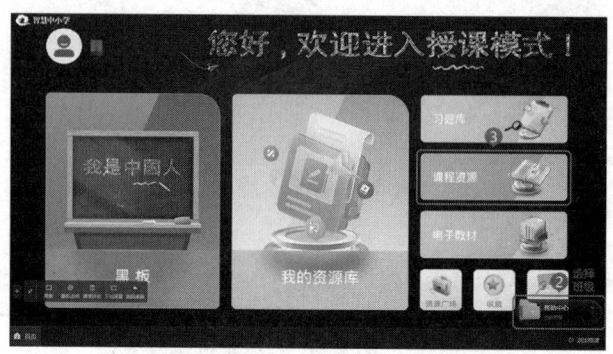

图7-13 "授课模式"界面

打开"课程资源"，按版本选择需要的课程，点击视频右下方的"全屏授课"（如图7-14所示），便可播放授课视频。

图7-14 全屏授课界面

点击"授课视频播放"界面左下角的"放映"，下方会出现授课工具栏（如图7-15所示）。在授课工具栏中，点击"播放"可以播放视频，点击"暂停"可以暂停视频。

图7-15 授课工具栏

可以使用授课工具栏中的"画笔""魔术笔"进行批注（用"魔术笔"做的批注只显示5秒）；使用"橡皮擦"可以擦除不需要的批注。

在授课工具栏中，点击"下拉屏幕"可以把全屏授课界面缩小，点击"恢复屏幕"可以恢复全屏授课的界面，点击"返回桌面"可以回到电脑桌面。

在授课工具栏中，点击"结束放映"可以退出全屏状态。

步骤四　国家中小学智慧教育平台赋能课中授课：课堂互动

进入授课模式，在授课工具栏中，点击"互动工具"—"课堂评价"，可对单个或多个学生在课堂上的表现进行评价；点击"互动工具"—"随机点名"，可随堂对单个或多个学生点名；点击"随机组队"，可以进行小组讨论学习。

教师通过"新建互动课件"中的各种互动工具，如随堂练习、学科工具等，也可便捷地进行课堂互动，此内容在"步骤二"中已详细讲述，本处不再赘述。

步骤五　国家中小学智慧教育平台赋能课后服务：作业批改

点击"应用中心"—"教学应用"—"作业活动"，进入"作业活动"界面。点击"待批改"，选择需要批改的作业活动，即可开始批改作业。

步骤六　国家中小学智慧教育平台赋能课后服务：成绩管理

点击"应用中心"—"教学应用"—"成绩管理"，可进入成绩管理界面（如图7-16所示）。

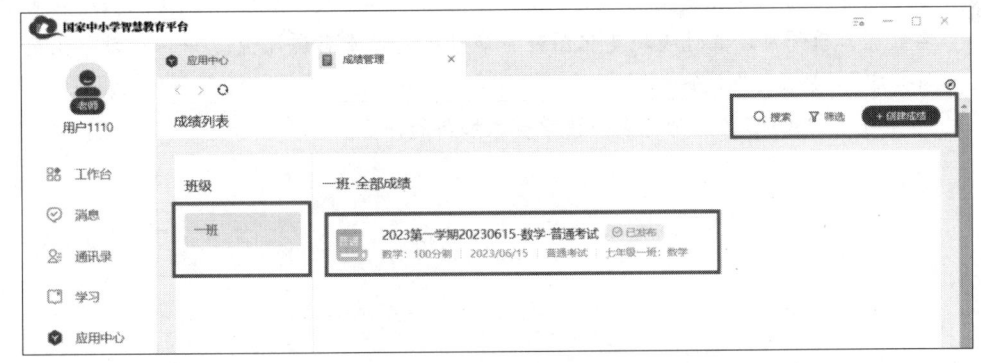

图7-16　"成绩管理"界面

在成绩管理界面，教师可以管理已有班级的学生成绩。在"搜索"框中输入关键词可快速查找某次成绩，也可以通过"筛选"选取不同的"课程""考试日期""成绩来源""成绩类型""成绩模式"等内容来查找某次成绩；点击"创建成绩"可以添加新的学生成绩。在"创建成绩"界面，教师可以按照"填写基本信息""设置成绩模式""录入成绩"的步骤添加某次考试的学生成绩，之后还可以在线编辑成绩的各项信息，方便教师对学生的成绩进行分析及管理。

步骤七 国家中小学智慧教育平台赋能课后服务：学生评价

点击"全部应用"—"教学应用"—"学生评价"，可以对所授课班级的课堂情况进行评价，同时也可以单独选择某位学生进行评价，学生评价界面如图7-17所示。

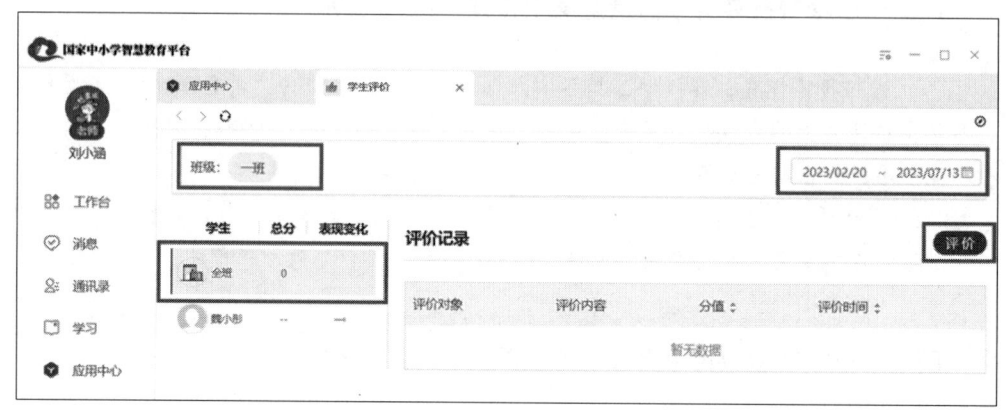

图7-17 "学生评价"界面

教师可以通过学生评价界面上方栏左侧的"班级"进入不同班级的评价界面，同时可以通过上方栏右侧的日期决定填写评价的实际时间。学生评价界面的下方列表展示了可评价班级及学生的名字、总分和表现变化，以及详细评价记录，包括评价对象、评价内容、分值、评价时间。点击"评价"，可以添加新的学生评价，对课堂教学过程中的班级表现或某位学生的表现进行快速记录。

点击学生的姓名，教师可以进入该学生的评价界面（如图7-18所示）。该界面的右侧展示了该学生的"表现变化情况"和"评价记录"。其中，"表现变化情况"可以显示班级排名数据，教师可以通过表现变化图查看该学生的课堂表现评价；"评价记录"主要包括"评价内容""分值""评价时间"。

点击"评价"，教师可以为该学生添加新的评价。

实验七 智能教育系统：人工智能时代的教育平台

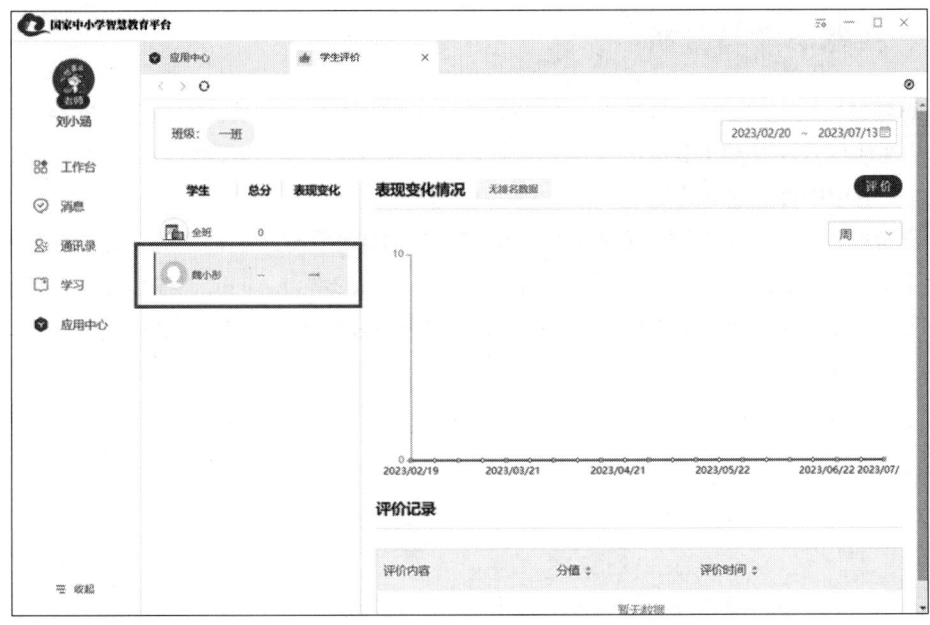

图7-18 "单个学生评价"界面

在完成评价后，教师可以查看刚刚创建的学生评价记录，并在"表现变化"栏中查看学生的表现变化趋势，右侧列表展示了详细的评价记录。当条目增多后，教师可以翻页查看，并通过改变评价时间的升降序快速找到相应记录，如图7-19所示。

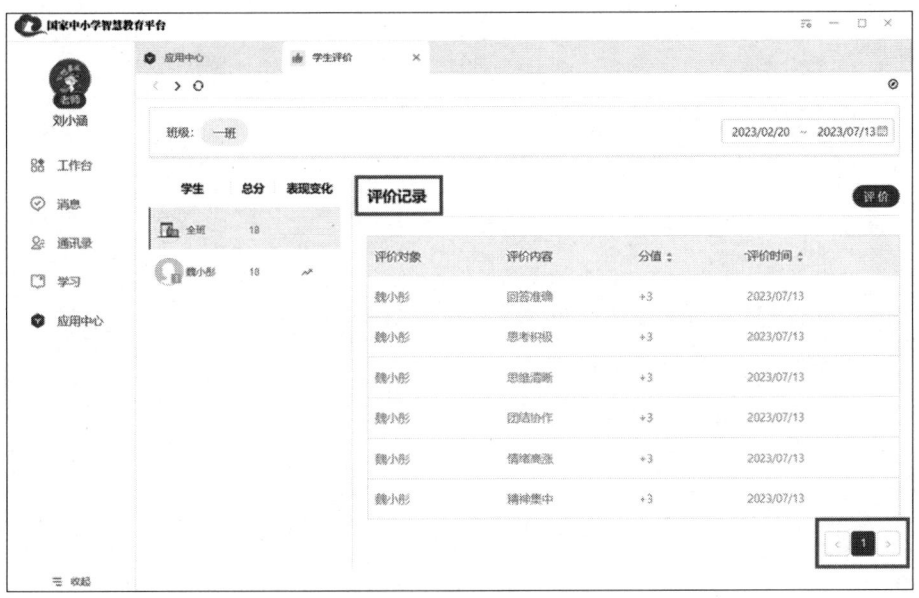

图7-19 "评价记录"界面

八、实验思考与分析

思考题1：在实验中，你参与了平台提供的多种教学互动活动，如提问、投票、讨论等。请分享你在使用这些互动工具时的体验，分析它们对提高课堂参与度和学习效果的作用。同时，思考在实际应用中可能遇到的挑战，并提出解决方案。

思考题2：国家中小学智慧教育平台旨在通过智能化手段促进教育资源的均衡分配。请结合实验体验，分析智慧教育平台在促进教育均衡发展方面的潜力。同时，探讨在实现这一目标过程中可能遇到的挑战，如技术普及、教师培训、网络基础设施等，并提出相应的建议。

实验八
学习行为分析：人工智能时代的课堂评价

一、实验简介

学习行为分析作为评估学生学习效果的主要手段，对于提升教育质量具有重要意义。然而，传统的学习行为分析方法往往依赖于人工记录和分析，效率低下且难以捕捉学生细微的变化。因此，本书编者设计了"学习行为分析：人工智能时代的课堂评价"实验，旨在利用人工智能技术，更精确地分析学生的学习行为，从而提供更有效的教育评价和指导，以优化教学策略和提高学习效果。本实验旨在适应教育现代化的需求，为个性化教学提供科学依据。

本实验应用基于人工智能的学习行为分析系统，将弗兰德斯课堂分析法与光学字符识别、人脸识别、行为识别等多种人工智能技术相结合，通过建立数据分析模型（包含教师的讲授、板书、巡视和师生互动以及学生的举手、听讲、读写、应答、生生互动等多个维度），实现对课堂教学全过程和课堂环境的智能评估。实验的主要内容是收集和分析中小学生在学习过程中的行为数据，如学习时间、学习习惯、学习频率等，并对这些数据进行深入挖掘，以精准评估学生的学习状态，预测学习趋势，并据此调整下一步的教学策略。

二、实验目的

通过本实验，我们预期将达到如下实验目的和成果：

（一）实验目标

知识目标：掌握基于人工智能技术的课堂录制、直播、点播等基本操作方法及其背后的技术原理；了解课堂行为的基本分类，包括听讲、举手、读写、应答、生生互动和师生互动等，以及这些行为在人工智能环境下的识别与分析方法。

能力目标：提升在人工智能时代的技术应用能力，能够熟练使用相关软件和工具；通过参与实验，能够分析课堂行为数据，提取有价值的信息，针对实验中发现的问题提出解决方案，提高解决问题的能力。

素养目标：掌握有效管理和分析学习行为数据的能力，形成数据驱动的思维模式；通过参与数据分析与报告解读，养成数据素养、技术素养及批判性思维，不盲目接受结果，能够独立思考和判断。

价值目标：应树立尊重数据隐私、保障信息安全的责任感；形成辩证看待技术的态度，在利用技术提升教学效率的同时，能关注到技术应用可能带来的风险和挑战。

（二）实验成果

（1）操作人工智能教学平台，进行课堂录制与直播，并运用所学知识分析课堂行为数据，形成案例分析报告，要求深入探讨人工智能在课堂教学中的应用及效果。

（2）提交一篇约1000字的实验报告，总结实验过程和心得。

三、实验原理

实验基于多元评价理论、人工智能与教育深度融合理念，实现对学习行为的全面、多维度分析，为教育评价提供了创新的思路和方法。

多元评价理论强调评价主体的多元化和评价形式的多样化，这种多视角的评价方式除了传统的纸笔测试外，还注重对学习过程、情感态度、团队合作等多方面的综合评价，包括教师的讲授、板书及师生互动，以及学生的听讲、读写、应答等行为，同时结合学生自评、同伴互评等多种评价主体。本实验构建了一个多元化的评价体系，不仅丰富了评价数据，还使得评价结果更加全面和客观，旨在促进教学策略的优化和学生学习效果的提升。

人工智能技术能够高效地捕捉、处理和分析学生在学习过程中的各种行为数据，实现对学生学习行为的全面、多维度分析。从学习时间、学习频率、学习习惯、学习路径到互动情况，每一个环节都能被精准识别与评估，并转化为数据，为教师提供丰富的评价维度。人工智能技术赋能的评价方式，不但能够准确地反映学生的学习状况，还为个性化教育提供科学依据，帮助教师根据学生的不同特点制定差异化的教学策略，促进每位学生的全面发展。

四、实验环境

本实验的开展主要依赖以下硬件设备和软件的支持：

（一）主要硬件

人工智能录播教室的主要硬件设备包含但不限于表8-1所列举的设备。

表 8-1 人工智能录播教室的硬件列表

设备名称	数量 / 台
录播主机	1
高清摄像机	4
跟踪定位器	2
拾音器	4
录播面板	1

（二）主要软件

人工智能录播教室的软件包含但不限于表8-2所列举的软件。

表 8-2 人工智能录播教室的软件列表

软件名称	数量 / 套
课程录播软件	1
自动跟踪系统	1
课程资源管理平台	1
人工智能课堂系统	1

五、预备知识

为达到该实验的目的，作为未来教师，我们应具备以下几点预备知识。

（一）计算机科学基础知识

我们应具备基础的计算机科学常识，包括互联网、云计算、大数据和人工智能等基本概念，以及这些技术在教育领域的应用实例。

（二）人工智能课堂系统的操作技能

我们应熟悉人工智能课堂系统的基本操作，了解课堂录制、直播、点播等技术的基本原理和操作方法。

（三）学习行为评价的知识

我们需掌握学习行为评价的基础知识，了解观察法、问卷调查法、光学字符识别、人脸识别、行为识别、互动分析等多种评价方法，并能根据实际情况选择恰当的评价工具。同时，我们应具备良好的数据分析能力，以便在实验过程中有效提取并解读课堂行为数据。

六、实验内容

（一）人工智能课堂系统的基本功能探索

在本实验中，我们可以实际操作人工智能课堂系统，掌握从登录到初步探索系统功能的全过程。我们先需打开浏览器，输入人工智能课堂系统网址，并登录个人账号。登录成功后，我们可以熟悉系统界面，了解个人中心的功能与布局，包括角色切换、个人设置、消息通知及退出系统等操作。

（二）自主预约课程与观看直播

本环节主要聚焦于自主预约课程及直播观看功能的实践。我们需要进入课表管理界面，创建并预约新课程，同时确保启用录像和人工智能分析功能。预约成功后，我们将学习如何开启设备、进入人工智能录播教室，并在线观看课程直播。

（三）学生课堂行为数据分析

在此环节，我们可以深入探索人工智能课堂系统，并掌握数据分析功能。我们可以浏览课程列表，选择特定课程查看参与度曲线、行为分析及教学分析图；学习如何观看课堂录像回放，利用打点标签快速定位关键内容；分析S-T曲线图、Rt-Ch分析图等，以掌握课堂互动情况，并查看学生表现度、参与度和关注度曲线，了解学生的整体表现；导出并解读详细的行为数据报告，以指导教学改进。

（四）学生课堂行为报告生成

在此环节，我们将进行课堂行为数据的对比分析、查看周期性数据统计，并生成总结报告。我们可以选择两节课程进行对比分析，查看行为差异，并进行个人或集体反思以优化教学方法；也可以设置统计周期，分析周期内每位教师的课堂行为数据统计图表，并利用统计结果指导个体与群体进行教学研究；还可以结合人工智能数据与量表数据生成总结报告，详细阅读该报告并分析教学亮点与改进空间，随后将报告分享给相关人员以促进共同提升。

七、实验步骤

通过实际操作人工智能课堂系统,掌握从登录到生成总结报告的全过程,利用系统提供的结构化数据分析功能,提升教学质量与学生的学习效果。

步骤一 登录系统

(1)打开浏览器:推荐使用谷歌浏览器进行访问,若使用其他浏览器需要切换到极速模式。

(2)输入网址:在浏览器地址栏输入人工智能课堂系统网址,按回车键进入。

(3)登录账号:在登录界面输入用户名和密码,点击"登录"。登录成功后,平台右上角可看到"个人中心"的快捷入口。点击用户"你好,XXXXX"可以展示"角色切换""个人设置""消息""退出"等功能。

步骤二 自主预约课程

(1)进入课表管理:登录后,点击"个人中心"—"我的课表"。

(2)创建预约:点击"新增预约",完善课程信息。检查是否启用了"录像"和"AI分析"功能(如图8-1所示),人工智能录播教室默认会自动开启这两个功能。"直播"和"聊天室"功能可按需求决定是否启用。最后保存设置。预约课程结束后,系统会自动回传本节课的录像及人工智能数据[①]至平台上进行呈现。

图8-1 预约课程

历史直播需要在"录像库"或者"个人中心"—"我的资源"中发布视频后才能看到。

---

① 此处人工智能数据包括教师和学生的课堂行为数据以及平台分析后的数据。

步骤三 观看直播课程

（1）开启设备：课程开始前，需要提前打开人工智能录播教室的智课终端设备，确保设备运行正常、网络正常。

（2）进入教室：按课表安排到人工智能录播教室上课。

（3）在线观看：如果预约课程时开启了直播功能，那么其他用户登录系统后，点击"直播"就可以在线实时观看课程直播内容（如图8-2所示）。

图8-2　在线观看课程直播

步骤四 深入"AI课堂"模块

（1）访问模块：点击导航栏中的"AI课堂"模块。

（2）查看数据：浏览课程列表，选择特定课程查看参与度曲线、行为分析及教学分析图。

（3）观看回放：在如图8-3所示界面，点击视频区域可播放课堂录像，还可以分别查看教师、学生和教师电脑课件画面三路视频，利用打点标签快速定位关键内容。

图8-3　"AI课堂"模块观看视频回放

步骤五 分析课堂行为数据

（1）查看分布图：在"AI课堂"界面可查看九种课堂行为（板书、讲授、师生互动、巡视、读书、举手、听讲、生生互动、应答）分布图（如图8-4所示）。

其中，板书、讲授、师生互动、巡视是教师的课堂行为，读书、举手、听讲、生生互动、应答是学生的学习行为。

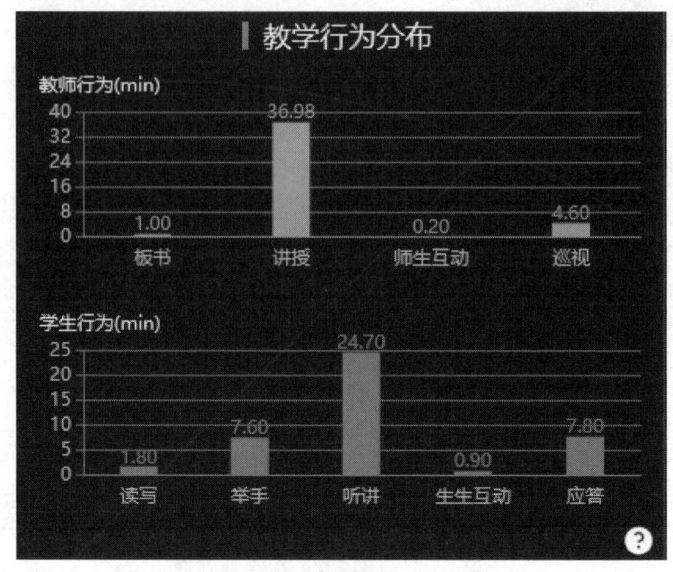

图8-4　九种课堂行为分布图

在教师授课的过程中，平台会自动对课堂教学视频进行精准切片分析，还原并呈现真实的课堂行为时序（如图8-5所示），点击每个时序节点，课堂视频就可以同步定位到课堂实录的对应内容。基于"回顾课堂实录＋智能分析报告"的方式，教师可以随时开展极具针对性的教学反思。

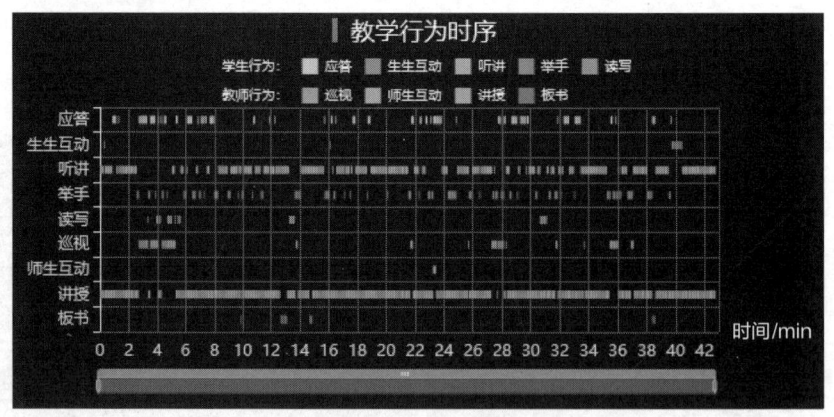

图8-5　课堂行为时序图

（2）查看师生互动：S-T曲线图和Rt-Ch分析图展示了师生课堂互动的情况。

如图8-6所示，S-T曲线图是一种针对教学过程的定量分析方法，反映了学生（S）行为和教师（T）行为随时间变化的情况。

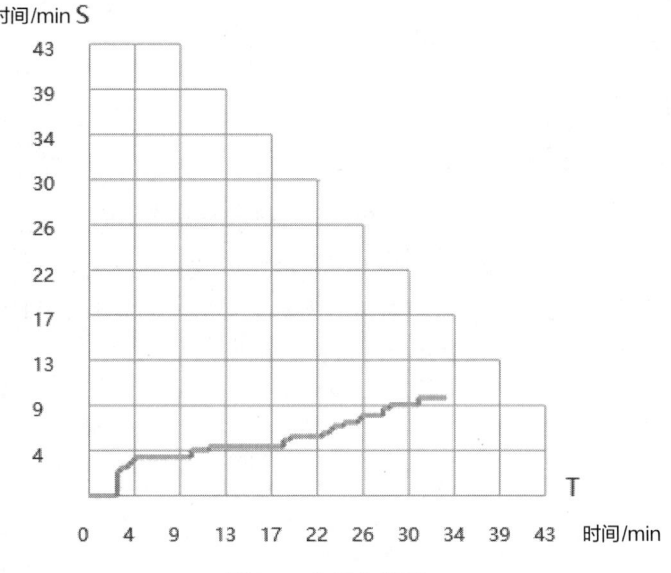

图8-6 S-T曲线图

Rt-Ch分析图（如图8-7所示）是S-T分析法的综合性表现方式，用于描述教学模式、分析教学过程。其中，Rt是指教师行为的占有率，表示教师行为数占总的行为采样数的比例；Ch是指师生行为转换率，表示教学过程中教师行为、学生行为之间的相互转换次数与总的行为采样数之比。

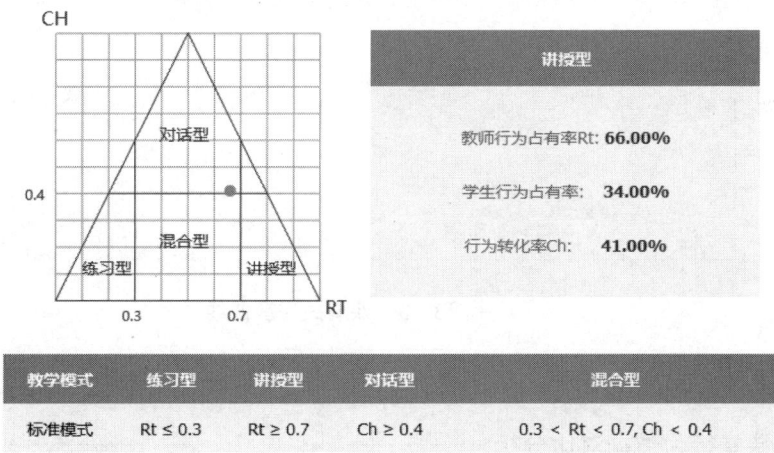

图8-7 Rt-Ch分析图

（3）查看学生表现：课堂表现度曲线、课堂参与度曲线和课堂关注度曲线展示了学生整体表现。

课堂表现度曲线（如图8-8所示）表示在一节完整的课堂教学中，学生整体行为一致性的变化轨迹。曲线坐标数值越高，则表示学生整体行为越一致；相反，曲线坐标数值越低，则表示学生整体行为越不整齐、越零散。

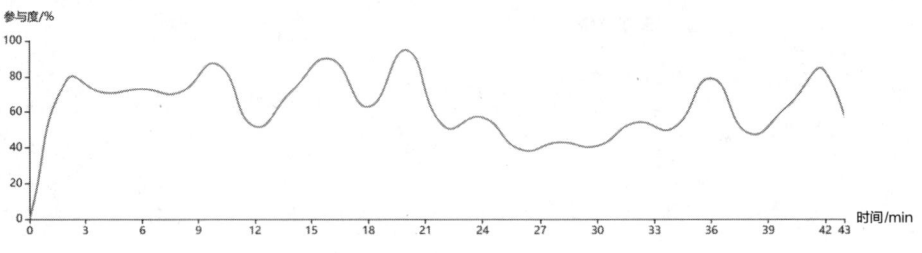

图8-8　课堂表现度曲线

课堂参与度曲线（如图8-9所示）表示在一节完整的课堂教学中，学生参与课堂活动积极性的变化轨迹。曲线坐标数值越高，表示学生参与课堂活动的积极性越高；曲线坐标数值越低，则表示学生参与课堂活动的积极性越低。

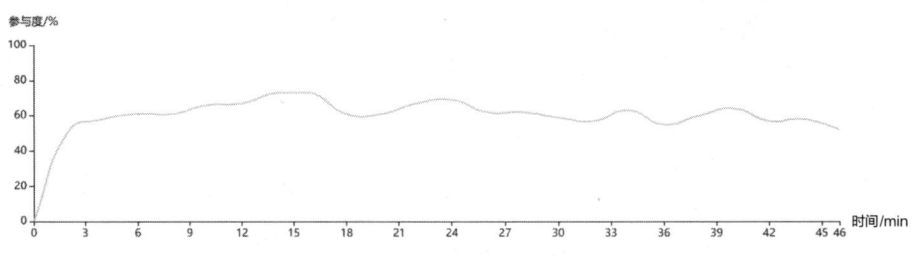

图8-9　课堂参与度曲线

课堂关注度曲线（如图8-10所示）表示在一节完整的课堂教学中，学生关注度的变化轨迹。曲线坐标数值越高，表示教师教学活动越有吸引力；将鼠标放置在曲线上的某一坐标点时，会自动显示该时间节点下学生关注度的百分比数值。

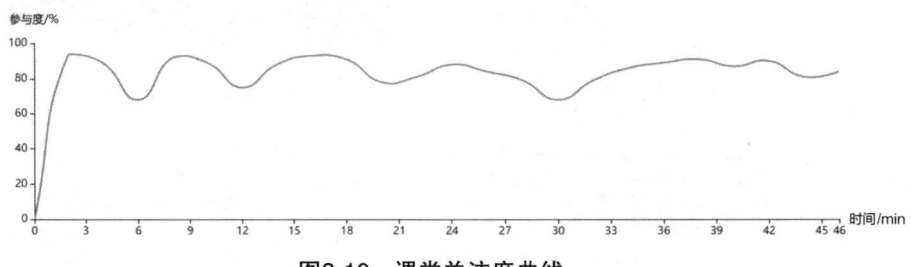

图8-10　课堂关注度曲线

步骤六　进行课堂行为数据对比分析

（1）选择对比课程：在对比分析界面选中两节课程，分析同课同构、同课异构、异课同构课程的差异，如图8-11所示。

（2）执行对比：点击"对比分析"，可查看不同课程间的行为差异，如图8-12所示。

（3）总结反思：基于对比结果，教师进行个人或集体反思，优化教学方法。

实验八　学习行为分析：人工智能时代的课堂评价

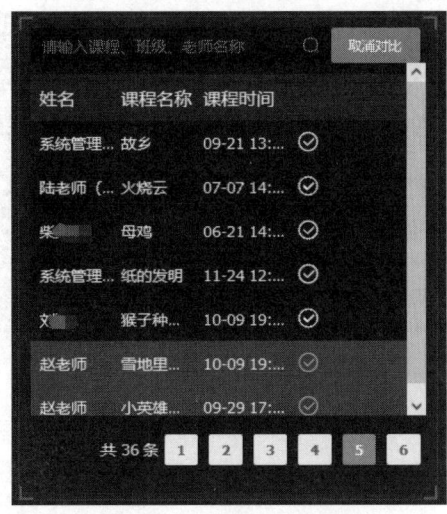

图8-11　选择对比课程

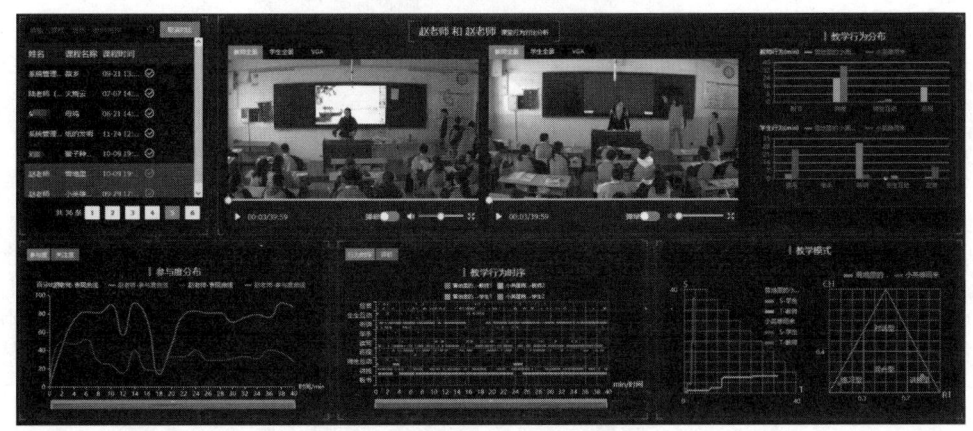

图8-12　课程对比操作界面

步骤七　查看周期性数据统计

（1）设置统计周期：选择周、月、季度或年作为统计周期。

（2）分析数据：查看周期内每位教师的课堂行为数据统计图表，如图8-13所示。

（3）应用数据：利用统计结果指导个体与群体进行教学研究，提升教学质量。周期性数据统计方便学校针对个体周期画像、群体周期画像、学校优秀教师/班级常模等不同维度，进行深入分析与比较研究，从而深度挖掘不同学科内容特征、关键薄弱环节分析和学生平均能力提升曲线，精准解决教师专业发展与课堂教学质量问题。

图8-13　课堂行为数据统计

步骤八　生成并分享总结报告

（1）生成报告：点击"课堂报告"，结合人工智能数据与量表数据生成总结报告。

（2）查看报告：详细阅读报告内容，教师可分析教学亮点与改进空间。

（3）分享报告：教师可通过邮件、会议等形式将报告分享给相关人员，促进共同提升。

八、实验思考与分析

思考题1：请你结合实验，思考人工智能与多元学习评价体系应如何深度融合。

思考题2：人工智能技术在实际应用中仍存在局限性，如算法偏见、忽视个体差异、数据隐私保护及技术伦理等。请你提出如何改进人工智能技术应用于教学中的局限性，并确保技术应用过程中的伦理和隐私安全。

思考题3：请你思考如何促进人机协同，提升教师教学研究的深度与广度。

第二部分

知识点解析

人工智能概述

第一章
人工智能概述

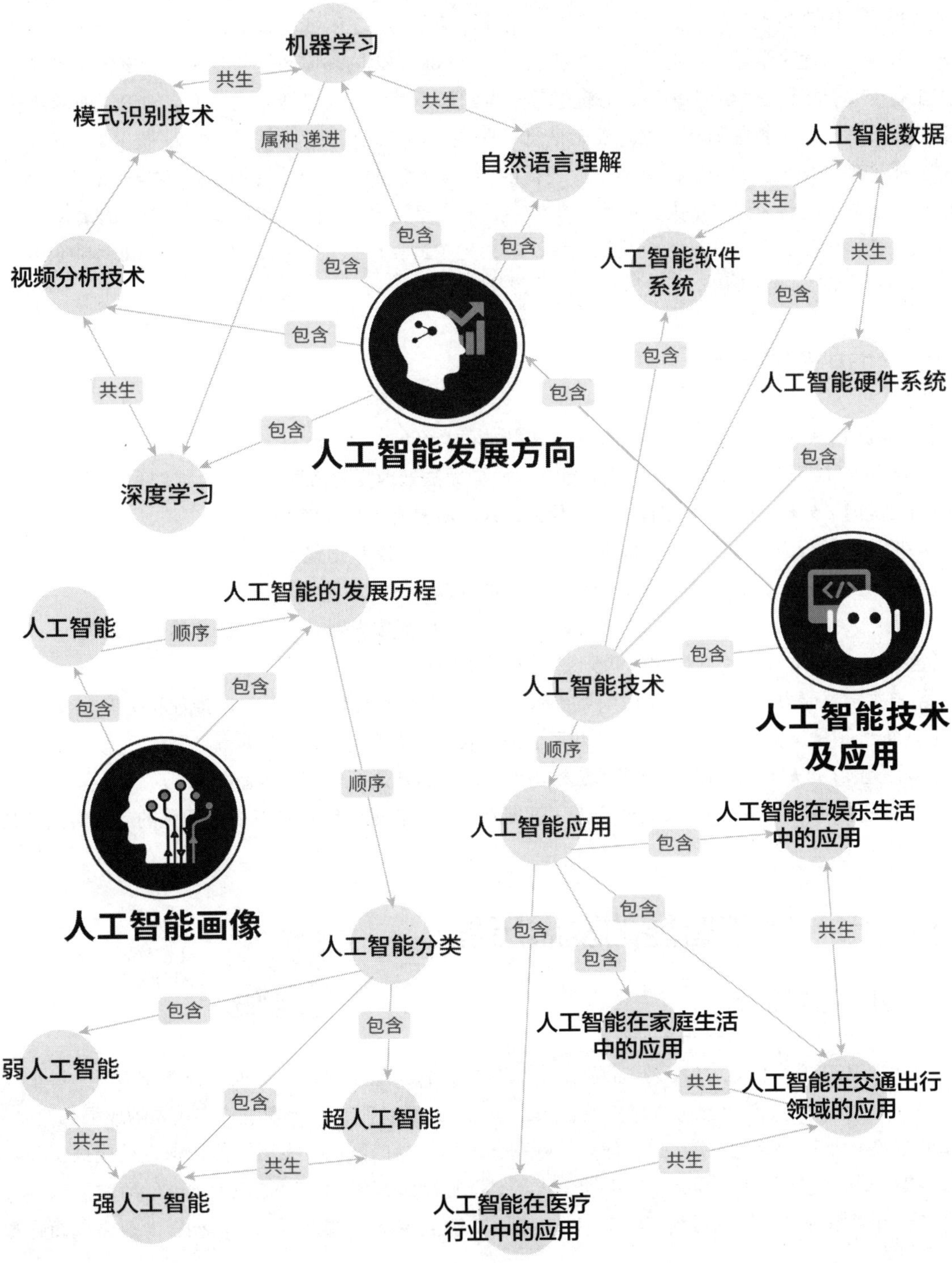

知识点1 人工智能

一、知识点简介

人工智能

人工智能是研究、开发用于模拟、延伸和扩展人的智能的理论、方法、技术及应用系统的一门新的技术科学。人工智能系统能够理解、学习、推理和解决问题，其研究内容广泛涉及机器人、语言识别、图像识别、自然语言处理和专家系统等领域。人工智能的特征包括：①自主学习能力。人工智能能够通过学习不断提升自身的性能，适应不断变化的环境和任务需求。②模仿人类智能。人工智能整合了语言学、生理学、心理学等学科知识，模仿人的思维方式，进行知识层面的处理。③信息处理。人工智能能高效处理复杂信息，保护用户信息，并优化资源共享，提升数据整合能力。④推理和决策。人工智能能够进行逻辑推理，辅助或独立完成决策任务。在自然语言处理领域，智能助手如科大讯飞星火大模型、联想小天个人智能体等，能够理解并执行用户的语音指令，提供便捷的生活服务。在计算机视觉领域，旷视科技Face++人工智能开放平台可以识别照片中的物体、人脸等，广泛应用于安全监控、社交媒体等领域。

二、知识点测试题

1.【单选题】[★★☆☆☆]以下哪项不是人工智能的特征？（　　）
　A.自主学习能力　　　B.模仿人类智能　　　C.无法处理复杂信息　　　D.推理和决策
2.【单选题】[★★★★☆]人工智能通过什么方式不断提升自身性能？（　　）
　A.模仿人类行为　　　B.逻辑推理　　　C.学习　　　D.数据整合
3.【多选题】[★★☆☆☆]人工智能的研究内容涉及以下哪些领域？（　　）
　A.机器人技术　　　B.语言识别　　　C.图像识别　　　D.自然语言处理
4.【多选题】[★★★★☆]以下哪些属于人工智能的特征？（　　）
　A.自主学习能力　　　B.模仿人类智能　　　C.信息处理　　　D.推理和决策
5.【判断题】[★★☆☆☆]人工智能可以完全替代人类的决策。（　　）
6.【判断题】[★★★☆☆]人工智能无法模仿人的思维方式进行知识处理。（　　）
7.【简答题】[★★★★☆]请介绍两个人工智能在自然语言处理和计算机视觉领域的应用实例及其功能。

知识点2 人工智能的发展历程

人工智能的发展历程

一、知识点简介

20世纪四五十年代，人工智能诞生，1956年的达特茅斯会议标志着人工智能作为新学科正式诞生。20世纪50年代中期至60年代中期，人工智能进入黄金时代，出现了许多重要的成果。然而，20世纪70年代末至80年代初，由于计算机处理速度和内存的限制，人工智能遭遇发展瓶颈，进入低谷期。20世纪70年代末至80年代中期，人工智能迎来繁荣时期，以知识为中心的研究取得重大进展，专家系统在各领域得到广泛应用。但到了20世纪80年代中期至90年代初，专家系统面临知识获取困难和推理能力弱等问题，加之计算机处理速度受限，人工智能再次进入寒冬。自20世纪90年代起，计算机和软件技术开始深度融合，人工智能迎来了真正的春天。

在人工智能的发展历程中，值得关注的标志性事件列举如下：

（1）1950年，英国数学家、逻辑学家艾伦·麦席森·图灵提出图灵测试，其用于判断机器是否具备智能。

（2）1956年，在美国达特茅斯学院举行达特茅斯会议，标志着人工智能作为一门新学科正式诞生。

（3）1966年，麻省理工学院开发了世界上第一个聊天程序ELIZA。

（4）1997年，IBM公司的超级计算机"深蓝"战胜国际象棋世界冠军卡斯帕罗夫。

（5）2013年，深度学习算法被广泛运用在产品开发中，如谷歌、百度等成立相关实验室和研究院。

（6）2016年，谷歌的人工智能系统AlphaGo战胜围棋世界冠军李世石，标志着人工智能的新里程碑。

（7）2022年，OpenAI研发的一款聊天机器人程序ChatGPT，引起了全球范围内的广泛关注。同年，我国百度、阿里巴巴、华为等公司都相继推出大模型，形成"百模争鸣"的格局。

（8）2025年，杭州深度求索人工智能基础技术研究有限公司发布DeepSeek-R1模型，以算法和低成本优势快速崛起，打破美国在高端模型领域的垄断。

二、知识点测试题

1.【单选题】[★★☆☆☆]下列哪项不是人工智能在20世纪80年代中期至90年代初遭遇寒冬的原因？（　　）

　　A.专家系统面临知识获取问题　　　　B.计算机处理速度的限制

　　C.专家系统推理能力不足　　　　　　D.人工智能技术应用过于超前

2.【单选题】[★★★★★]下列关于人工智能发展历程的描述，正确的是（　　）。

　　A.在20世纪40年代，人工智能已经成熟

　　B.人工智能从未遭遇过发展瓶颈

　　C.深度学习算法在2013年开始被广泛运用

　　D.谷歌的人工智能系统在2015年战胜了围棋世界冠军

3.【多选题】[★★★☆☆]（　　）不是人工智能发展历程中的标志性事件。

　　A.图灵测试的提出　　B.互联网的普及　　C.达特茅斯会议的召开

　　D.个人电脑的出现　　E.ELIZA聊天程序的开发

4.【判断题】[★★☆☆☆]人工智能在20世纪50年代中期至60年代中期进入黄金时代。（　　）

5.【判断题】[★★★☆☆]深度学习算法是在21世纪初被广泛运用的。（　　）

6.【简答题】[★★★★☆]简述人工智能发展历程中经历的几个重要阶段及其特点。

知识点3　弱人工智能

一、知识点简介

弱人工智能

弱人工智能亦称狭义人工智能，是与强人工智能相对的概念，是指专为处理特定任务而设计的智能系统。① 此类系统不具备自我意识、情感和自主决策能力，其智能化程度仅限于解决既定问题。

弱人工智能的显著特点包括指令依赖、人机可区分性及有限的学习能力。具体来说，这类系统必须依赖人类的明确指令方能执行任务，缺乏独立决策能力；同时，尽管它们可能模拟部分人类行为，但通常易被辨识，因为它们无法通过图灵测试；此外，其学习过程往往需要人类介入和指导，缺乏深度学习和自主创新能力。

典型案例有：中国深圳的无人驾驶公交车"阿尔法巴"，它利用弱人工智能技术实现自动导航和行驶，展示了在复杂环境中的应用实力。IBM的"深蓝"系统曾在1997年成功击败国际象棋世界冠军卡斯帕罗夫，彰显了弱人工智能在特定领域的计算和决策优势；谷歌开发的"AlphaGo"在围棋对弈中战胜了围棋世界冠军李世石，证明了弱人工智能在学习和策略制定上的显著进步。这些实例虽然展示了弱人工智能在不同领域的广泛应用和显著成就，但值得注意的是，它们均依赖于人类的编程和监督，并未具备自我意识和自主决策能力。

二、知识点测试题

1.【单选题】[★★☆☆☆]（　　）不是弱人工智能的特点。
　A.指令依赖　　　B.人机可区分性　　　C.有限的学习能力　　　D.自主创新能力
2.【单选题】[★★★★☆]弱人工智能系统能否通过图灵测试？（　　）
　A.能　　　　　B.不能　　　　　　　C.有时可以　　　　　　D.无法确定
3.【多选题】[★★☆☆☆]（　　）属于弱人工智能的显著特点。
　A.指令依赖　　　　　B.人机可区分性　　　　C.无限的学习能力
　D.自主决策能力　　　E.有限的学习能力
4.【多选题】[★★★☆☆]（　　）属于弱人工智能。
　A."阿尔法巴"无人驾驶公交车　　　　B.谷歌的"AlphaGo"
　C.IBM的"深蓝"系统　　　　　　　　D.机器人
5.【判断题】[★★☆☆☆]弱人工智能系统可以自主决策。（　　）
6.【判断题】[★★★☆☆]弱人工智能的学习过程不需要人类介入和指导。（　　）
7.【简答题】[★★★★☆]简述什么是弱人工智能，并简要说明其在教育中的应用价值。

---

① 孙冲亚.弱人工智能时代的意识形态风险及其纾解[J].云南社会科学，2024（2）：37-46.

知识点4　强人工智能

强人工智能

一、知识点简介

强人工智能是指具备人类认知能力水平的人工智能系统，能跨领域处理复杂任务、自主学习并拥有创造性思维。

强人工智能的核心特征包括通用性（突破单一领域限制）、自主性（自我认知与决策能力）、创造性（生成原创内容）、情感理解（识别并回应人类情绪）和元学习能力（快速掌握新技能）。与弱人工智能相比，强人工智能在任务范围、学习方式、决策逻辑、创造性和社会角色上存在本质差异：前者专注特定领域且依赖大量数据，后者则具备全领域适应性与自主推理能力。由于技术层面存在算法复杂、算力需求大和数据限制，伦理领域面临价值对齐难题、安全控制困境及就业冲击等困境，当前强人工智能尚未真正实现。

二、知识点测试题

1.【单选题】[★☆☆☆☆]强人工智能的研究主要聚焦于（　　）。
　A.认知建模、自适应学习、自主决策和通用智能
　B.机器学习、深度学习、神经网络和图像识别
　C.数据分析、云计算、网络安全和物联网
　D.虚拟现实、增强现实、混合现实和游戏开发

2.【单选题】[★★★★☆]（　　）不是强人工智能的关键特征。
　A.认知建模　　　B.自适应学习　　　C.仅依赖预设规则决策　　　D.通用智能

3.【多选题】[★★★★☆]强人工智能的研究领域包括（　　）。
　A.认知建模　　　B.自适应学习　　　C.自主决策　　　D.特定领域专家系统

4.【判断题】[★★☆☆☆]强人工智能致力于创建能执行复杂任务的智能系统，并寻求在某些领域超越人类。（　　）

5.【判断题】[★★★☆☆]强人工智能已经实现了全面智能，可以应对所有类型的任务。（　　）

6.【简答题】[★★★★☆]简述强人工智能与弱人工智能的主要区别，并举例说明。

知识点5　超人工智能

超人工智能

一、知识点简介

超人工智能是人工智能领域中的一个前沿且深具未来属性的概念。它是指在全方面的认知能力（包括科学创新、通识理解及社交技能等各个层面）上，均显著超越人类最杰出的智慧的人工智能系统。[①]此种智能形态一旦出现，不仅可能触发新的科技革命，更将对社会结构、经济运行及伦理观念产生深刻影响。超人工智能的研究范畴颇为广泛，其定义、技术基石、实现方法及潜

---

① 王晓阳.人工智能能否超越人类智能[J].自然辩证法研究，2015，31（7）：104-110.

在影响均是探究的重点。与当下的人工智能技术相较，超人工智能所涉及的技术更为多元与复杂，涵盖机器学习、神经网络、认知与神经科学等多个学科领域。实现超人工智能，需跨学科整合各类技术，并对人类智能的本质有深入洞察。尽管超人工智能的具体标志性事件尚难以确定（因其发展轨迹漫长且充满变数），但我们可以预见，其最终诞生必将成为科技史上的重要里程碑。如同工业革命与信息时代的开启，超人工智能将重塑人类的生产效率、生活方式乃至整个社会架构。目前，超人工智能仍停留在理论探讨阶段，围绕其发展的不确定性与潜在风险，学界与业界均保持高度关注。特别是关于超人工智能的控制机制、安全保障及伦理道德等问题，已成为当前研究的重中之重。

二、知识点测试题

1.【单选题】[★☆☆☆☆]超人工智能是指（　　）显著超越人类最杰出的智慧的人工智能系统。
　　A.体力　　　　B.认知能力　　　C.情感表达能力　　D.外观形态
2.【单选题】[★★★★★]超人工智能对社会结构、经济运行及伦理观念可能产生的深刻影响，类似于（　　）的开启。
　　A.农业革命　　B.工业革命　　　C.文艺复兴　　　　D.冷战
3.【多选题】[★★☆☆☆]超人工智能相较于当前的人工智能技术，具有（　　）等特点。
　　A.认知能力全方位超越人类　　　B.技术更为多元与复杂
　　C.只涉及机器学习领域　　　　　D.涵盖多个学科领域
4.【多选题】[★★★★☆]目前，关于超人工智能的研究重点包括（　　）。
　　A.控制机制　　B.市场推广策略　C.安全保障　　　　D.伦理道德
5.【判断题】[★★☆☆☆]超人工智能已经在现实中广泛应用，并对社会产生了深远影响。（　　）
6.【判断题】[★★★☆☆]实现超人工智能需要对人类智能的本质有深入洞察。（　　）
7.【简答题】[★★★★☆]简述超人工智能对社会可能产生的深刻影响。

知识点6　人工智能分类

人工智能分类

一、知识点简介

　　人工智能分类是从多个角度对人工智能技术、应用和实例进行科学归类，以更深入地理解人工智能的属性、应用场景及发展趋势。①从技术角度来看，人工智能可分为机器学习、深度学习等，这些技术手段是人工智能的核心。从功能维度来看，人工智能又可根据其具体实现的功能进行分类，如图像识别、自然语言理解等，这展现了人工智能在不同领域的多样化应用。从智能层次来看，人工智能被划分为弱人工智能、强人工智能和超人工智能。这种分类揭示了人工智能在智能程度上的逐步提升，从专注于特定任务的弱人工智能，到具备全面智能的强人工智能，再到超越人类智能的超人工智能，体现了人工智能技术的不断进步。

---

① 薛澜，贾开，赵静.人工智能敏捷治理实践：分类监管思路与政策工具箱构建[J].中国行政管理，2024，40（3）：99-110.

二、知识点测试题

1.【单选题】[★☆☆☆☆]从技术角度来看，（　　）是人工智能的核心技术手段。
　　A.生物学　　　　B.物理学　　　　C.机器学习　　　　D.化学
2.【单选题】[★★☆☆☆]在功能维度上，人工智能可以根据（　　）进行分类。
　　A.编程语言　　B.具体实现的功能　　C.硬件性能　　D.数据结构
3.【单选题】[★★★☆☆]下列哪一项不属于智能层次的人工智能的分类？（　　）
　　A.弱人工智能　　B.强人工智能　　C.超人工智能　　D.应用人工智能
4.【单选题】[★★★★★]自动驾驶汽车集成了哪项技术，实现了对环境的智能感知和自主导航？
（　　）
　　A.机器学习　　　B.深度学习　　　C.计算机视觉和传感器技术　　　D.自然语言处理
5.【多选题】[★★☆☆☆]从技术角度看，人工智能可分为（　　）。
　　A.机器学习　　　B.深度学习　　　C.生物学　　　D.物理学
6.【判断题】[★★☆☆☆]在功能维度上，人工智能可以根据其编程语言进行分类。（　　）
7.【判断题】[★★★☆☆]弱人工智能专注于特定任务，而强人工智能具备全面智能。（　　）
8.【简答题】[★★★★☆]简述人工智能分类的多样性和应用广泛性，并举例说明。

知识点7　人工智能技术

一、知识点简介

人工智能技术

　　人工智能技术是指使计算机或由计算机控制的机器模拟人类智能行为的技术。它包括机器学习、自然语言处理、计算机视觉、机器翻译、专家系统等多个领域。[①]从技术类别来看，人工智能技术可以分为智能硬件、智能软件与智能服务。智能硬件是指具有智能化功能的设备，智能软件是指具有智能化功能的系统，智能服务是指通过智能技术提供的各种服务。

　　人工智能技术的特征包括：①学习能力，即通过学习提升智能水平；②推理能力，通过逻辑推理得出结论；③感知能力，利用传感器获取信息；④自适应能力，根据环境变化自动调整行为；⑤创新能力，推动新知识和技术的发展。人工智能技术在不同领域均展现出广泛影响和应用潜力，例如：在教育领域，人工智能技术可以辅助教师和学生开展教、学、管、评、研等活动；在医疗领域，人工智能可以帮助医生进行疾病诊断，如通过深度学习分析医学影像来识别癌症；在金融领域，人工智能可用于风险评估和欺诈检测；在自动驾驶领域，人工智能技术可以实现车辆的自动导航和决策。

二、知识点测试题

1.【单选题】[★☆☆☆☆]人工智能技术的核心是（　　）。
　　A.赋予计算机类似于人类的认知功能　　　B.提升计算机的运算速度

[①] 申国昌，申慧宁.人工智能赋能高校治理现代化：内涵、愿景与路径[J].现代教育技术，2023，33（10）：5-13.

　　　　C.增加计算机的存储容量　　　　　　　D.使计算机能够自我修复
2.【单选题】[★★★☆]自然语言处理在人工智能技术中属于（　　）。
　　A.智能硬件　　　B.智能软件　　　C.智能服务　　　D.一种核心技术
3.【多选题】[★★☆☆☆]人工智能技术的内涵包括（　　）。
　　A.智能硬件　　　B.智能软件　　　C.智能游戏　　　D.智能服务
4.【多选题】[★★★★☆]（　　）是人工智能技术的主要应用领域。
　　A.机器人技术　　B.语音识别　　　C.航空航天　　　D.自然语言处理
5.【判断题】[★★☆☆☆]人工智能技术不能模拟人类的推理能力。（　　）
6.【判断题】[★★★☆☆]人工智能技术在教育领域的应用仅限于在线教育平台。（　　）
7.【简答题】[★★★☆☆]简述人工智能技术在不同领域的应用及其带来的潜在影响。

知识点8　人工智能硬件系统

人工智能硬件系统

一、知识点简介

　　人工智能硬件系统是人工智能应用的物理基石，由处理器、存储器、传感器和执行器等构成。这些组件协同工作，实现数据处理、计算和任务执行。处理器是核心，负责进行复杂计算；存储器负责存储数据和模型；传感器负责捕获环境信息；执行器负责实施物理任务。优化这些组件的协作对高效应用人工智能至关重要。人工智能硬件系统特点显著：高性能计算能力满足复杂计算需求，大容量存储应对海量数据，高能效设计降低能耗，灵活性和可扩展性适配多样算法与模型并支持未来升级扩展，以及实时性确保系统快速响应。人工智能硬件系统的典型案例包括：英伟达的图形处理器（Graphics Processing Unit，GPU），助力深度学习与并行计算；谷歌的张量处理器（Tensor Processing Unit，TPU）专为机器学习设计，高效快速且能耗低；华为的昇腾芯片在设备端人工智能处理方面表现突出，降低了传输成本与延迟。

二、知识点测试题

1.【单选题】[★☆☆☆☆]在人工智能硬件系统中，（　　）是进行复杂计算的核心部分。
　　A.处理器　　　　　B.存储器　　　　　C.传感器　　　　　D.执行器
2.【单选题】[★★★☆]以下哪项不是人工智能硬件系统的特点？（　　）
　　A.高性能计算能力　B.低存储容量　　　C.能耗高效性　　　D.灵活性和可扩展性
3.【多选题】[★★☆☆☆]人工智能硬件系统主要包括（　　）。
　　A.处理器　　B.存储器　　C.传感器　　D.执行器　　E.显示器
4.【多选题】[★★★★☆]（　　）是人工智能硬件系统的特点。
　　A.低性能计算能力　B.大容量存储　C.高能耗　D.灵活性和可扩展性　E.实时性
5.【判断题】[★★☆☆☆]人工智能硬件系统是人工智能软件应用的物理基石。（　　）
6.【判断题】[★★★☆☆]华为昇腾芯片主要用于云端人工智能处理。（　　）
7.【简答题】[★★★☆☆]简述人工智能硬件系统的主要特点及其在实际应用中的重要性。

知识点9　人工智能软件系统

一、知识点简介

人工智能软件系统

　　人工智能软件系统是指那些在计算机或其他电子设备上运行的，以模拟人类智能行为为目标的程序与算法的集合体。这类系统具备学习、推理、认知和解决复杂问题解决的能力，从而能在决策制定和任务执行方面为人类提供辅助或替代人类。[①]人工智能软件系统的核心特征主要体现在以下几个方面。①学习能力。系统能够运用机器学习算法从庞大数据中分析出规律，进而持续优化系统表现。②推理能力。系统通过逻辑推理来模拟人类的思维过程，进而解决问题。③自适应性。系统可以根据输入的数据或环境的变化自动调整自身的行为和策略。④交互能力。系统能与用户或其他系统进行高效的信息交流，自然语言处理便是其中的一项关键技术。⑤智能决策能力。在决策支持环境中，系统不仅能提供决策建议，还能直接执行决策。

　　商汤科技公司的"商汤教育智慧平台"属于人工智能软件在教育领域的典型应用之一，它基于深度学习框架和多模态人工智能技术，整合人脸识别、情绪分析、语音交互等功能，实现课堂行为分析、智能作业批改、个性化学习推荐等核心应用。2025年迭代的版本新增了虚拟现实教学场景生成功能，辅助教师快速打造沉浸式课堂。

二、知识点测试题

1.【单选题】[★★☆☆☆]（　　）不是人工智能软件系统的核心特征。
　　A.学习能力　　　B.推理能力　　　C.高速运算　　　D.自适应性

2.【单选题】[★★★★★]在人工智能软件系统中，（　　）是实现系统与用户高效信息交流的关键。
　　A.机器学习　　　B.深度学习　　　C.自然语言处理　　D.强化学习

3.【多选题】[★★☆☆☆]人工智能软件系统通常具备（　　）的能力。
　　A.学习　　　B.推理　　　C.认知　　　D.高速计算　　　E.解决复杂问题

4.【多选题】[★★★☆☆]（　　）属于人工智能软件系统。
　　A.AlphaGo　　B.Siri语音助手　　C.自动驾驶汽车　　D.电子表格软件

5.【判断题】[★★☆☆☆]人工智能软件系统不具备自适应性，无法根据环境变化自动调整行为和策略。（　　）

6.【判断题】[★★★☆☆]人工智能软件系统在决策支持环境中只能提供决策建议，不能直接执行决策。（　　）

7.【简答题】[★★★★☆]简述人工智能软件系统的核心特征，并举例说明其中一个特征在实际应用中的作用。

---

① 崔铁军，李莎莎.人和人工智能系统的概念形成过程研究[J].智能系统学报，2022，17（5）：1012-1020.

知识点10　人工智能数据

人工智能数据

一、知识点简介

人工智能数据是指在应用人工智能技术时收集、整理、分析和运用的各类数据。这些数据构成了人工智能算法学习与优化的基石，是实现智能决策、精准预测、目标识别和逻辑推理等高级功能的关键要素。[①]它不仅涵盖了传统的结构化数据，还扩展至非结构化的文本、图像、声音等多元化数据形式。

人工智能数据具有以下几个显著特征：①高维性。这类数据通常包含多重特征维度，例如图像的像素信息或文本的关键词汇。②复杂性。数据内部结构呈现出高复杂性，如同自然语言中的歧义现象或图像中的微细特征识别。③巨量性。得益于数据采集技术的突飞猛进，人工智能所需处理的数据量急剧增长，对计算能力提出了更高要求。④实时性。部分应用场景如自动驾驶、金融市场分析等，对数据的实时处理有着严苛的要求。⑤多模态。数据可能同时融合文本、图像、声音等多种形式，这在多模态医疗影像分析中表现得尤为突出。

人工智能数据的典型案例包括：①智能推荐系统，例如电商平台会利用用户的浏览数据与购买数据来训练推荐算法，从而为用户提供个性化的商品推荐。②智能医疗诊断，它能够通过深入分析患者的医疗记录和影像数据，为医生的疾病诊断提供有力辅助。③自动驾驶，它依赖车辆传感器收集的数据和路况信息来进行环境感知与决策规划，从而实现车辆的自动驾驶功能。

二、知识点测试题

1.【单选题】[★☆☆☆☆]人工智能数据的高维性特征主要体现在以下哪种数据形式中？（　　）
　A.结构化数据　　　　B.文本数据　　　　C.图像的像素信息　　　　D.金融交易记录

2.【单选题】[★★★★☆]对数据的实时性要求最高的应用场景是（　　）。
　A.电商智能推荐　　　B.医疗影像存档　　　C.自动驾驶决策　　　D.用户购买历史分析

3.【多选题】[★★☆☆☆]人工智能数据的显著特征包括（　　）。
　A.高维性　　　B.低复杂性　　　C.巨量性　　　D.多模态　　　E.静态性

4.【多选题】[★★★★☆]（　　）属于人工智能数据应用的教育场景。
　A.智能作业批改（文本分析）　　　　B.课堂行为分析（图像/视频）
　C.个性化学习推荐（用户数据）　　　D.电商商品推荐（消费记录）

5.【判断题】[★★☆☆☆]人工智能数据仅包含结构化数据，如表格和数据库记录。（　　）

6.【判断题】[★★★★☆]智能推荐系统主要依赖用户行为数据。（　　）

7.【简答题】[★★★★☆]结合教育场景，举例说明人工智能数据的"实时性"特征。

[①]　郭方平.以人工智能技术为基础的大数据信息网络探析[J].数字通信世界，2024（6）：106-108.

知识点11　机器学习

机器学习

一、知识点简介

机器学习是人工智能的核心分支，它结合了计算机与统计学的精髓，通过数据驱动赋予计算机学习能力，以持续提升模型性能和准确性。其研究焦点在模型构建、算法设计与优化及实际应用等层面。[①]机器学习具有以下显著特征：①具备自我学习和自动化能力。模型能够从海量数据中自动提炼有用的价值信息，并持续优化。②具备模型的泛化能力。即使面对未曾接触过的数据，模型也能对其进行有效预测或分类。③方法的多样性和应用场景广泛。机器学习涵盖监督学习、无监督学习、强化学习等，且在金融、医疗、自动驾驶等领域均有深入应用。在金融风险控制中，机器学习通过分析客户信用和交易数据，预测贷款违约风险，为银行风险评估提供重要辅助。在医疗影像诊断方面，机器学习可识别影像中的病变区域，显著提升诊断准确性。在自动驾驶领域，机器学习可以用来进行目标检测与识别，即通过摄像头、雷达等传感器实时感知周围环境，识别车辆、行人、交通标志等目标。

二、知识点测试题

1.【单选题】[★★☆☆☆]当机器学习模型面对未曾接触的数据时，（　　）可以使其对这些数据进行有效预测或分类。
　　A.自我学习能力　　B.自动化能力　　C.泛化能力　　D.多样性能力

2.【单选题】[★★★☆☆]在金融风险控制中，机器学习主要应用于（　　）。
　　A.分析市场趋势　　B.预测股票价格　　C.评估贷款违约风险　　D.管理投资组合

3.【多选题】[★★☆☆☆]下列属于机器学习的研究焦点的是（　　）。
　　A.模型构建　　B.算法设计与优化　　C.实际应用　　D.用户体验研究

4.【多选题】[★★★★☆]机器学习在金融领域的应用有（　　）。
　　A.风险评估　　B.股票交易　　C.客户服务　　D.贷款审批

5.【判断题】[★★☆☆☆]机器学习只涉及监督学习一种方法。（　　）

6.【判断题】[★★★☆☆]机器学习模型无法处理大规模数据。（　　）

7.【简答题】[★★★☆☆]描述机器学习在推荐系统中的应用及作用。

知识点12　深度学习

深度学习

一、知识点简介

深度学习的核心思想是通过构建多层的神经网络模型，从数据中自动提取特征，并用于解决各种复杂的任务。深度学习具有以下特征：①多层次的特征提取。深度学习的核心在于其多层的神经网络结构。每一层都可以看作是对输入数据的一种抽象表示，较低层通常捕捉简单的特征

---

① 刘丽艳，朱成全.机器学习在经济学中的应用研究[J].天津师范大学学报（社会科学版），2020（2）：51-58.

（如边缘、纹理），而较高层则能够捕捉更复杂的特征（如物体的形状或语义信息）。②端到端的学习。深度学习模型通常采用端到端的学习方式，即从原始数据输入到最终输出，整个过程都由模型自动完成，无须人工干预。这种特性使得深度学习在处理复杂任务时具有显著优势。③依赖大数据和计算资源。深度学习模型的训练通常需要大量的数据和计算资源。随着数据量的增加，模型的性能往往会显著提升。深度学习在实践中的应用领域已非常广泛，例如：基于深度学习的语音助手（如Siri、Alexa）能够准确识别用户的语音指令，并生成自然的语音回应；百度地图利用深度学习技术进行交通流量预测，为用户提供实时路况信息和出行建议。

二、知识点测试题

1.【单选题】[★☆☆☆☆]深度学习的核心思想是（　　　）。
   A. 通过人工设计特征来解决问题　　B. 通过构建多层的神经网络模型自动提取特征
   C. 依赖少量的数据和计算资源　　　D. 采用简单的算法来解决问题
2.【单选题】[★★☆☆☆]深度学习模型通常采用（　　　）。
   A. 人工干预的学习方式　　　　　　B. 端到端的学习方式
   C. 基于规则的学习方式　　　　　　D. 无监督学习方式
3.【多选题】[★★★☆☆]深度学习的特征包括（　　　）。
   A. 多层次的特征提取　　　　　　　B. 依赖少量数据和计算资源
   C. 端到端的学习　　　　　　　　　D. 传统的手工特征提取
4.【多选题】[★★★★☆]深度学习在实践中的应用领域有（　　　）。
   A. 语音助手　　　　　　　　　　　B. 交通流量预测
   C. 简单的数学计算　　　　　　　　D. 传统的手工特征提取判断题
5.【判断题】[★☆☆☆☆]深度学习模型不需要大量的数据和计算资源。（　　　）
6.【判断题】[★★★★☆]在教育中的应用无须关注数据隐私。（　　　）
7.【简答题】[★★★★★]结合案例说明深度学习如何赋能教育。

知识点13　自然语言理解

自然语言理解

一、知识点简介

自然语言理解是人工智能领域的一项关键技术，它使计算机能够深入理解和生成自然语言文本或语音。这项技术融合了计算机科学、语言学和认知科学等多个学科的知识，旨在让计算机不仅能理解语言的表面意思，更能捕捉语言中的深层含义、情感色彩和上下文关系。① 自然语言理解的典型特征包括语义理解、上下文理解、情感分析、语境理解和生成能力，这些特征共同构成了计算机对自然语言的全面理解能力。其中，语义理解能够深入解析语言的含义；上下文理解使系统能根据语境动态理解语言；情感分析可以识别和解读语言中的情感倾向；语境理解则强调对

---

① 肖娟，李春玲. 基于事件背景驱动的行为完型分析：自然语言理解与人工智能的语篇视野[J]. 长江学术，2021（1）：121-128.

特定语境下语言含义的精准把握；生成能力使系统不仅能理解输入的语言信息，还能生成符合语法和语义规则的语言输出。自然语言理解的应用案例非常广泛，例如：在中央广播电视总台首届《中国科技创新盛典》上，数字人"张腾岳"大放异彩。"他"精准且流畅地在中文、英文、日文间自如切换，仅用三分钟便完成创意内容生成，并进行了高质量播报，这展示了自然语言理解应用的无限可能。现在许多公司的客服热线或在线客服平台都应用了智能客服系统，这也是自然语言理解技术的重要应用场景。

二、知识点测试题

1.【单选题】[★★★☆☆]自然语言理解的（　　）可以使系统根据语境动态理解语言。
   A.语义理解　　　B.上下文理解　　　C.情感分析　　　D.生成能力

2.【单选题】[★★★★☆]自然语言理解的（　　）负责识别和解读语言中的情感倾向。
   A.语义理解　　　B.语境理解　　　C.情感分析　　　D.生成能力

3.【多选题】[★★☆☆☆]下列哪些学科与自然语言理解技术紧密相关？（　　）
   A.计算机科学　　　B.语言学　　　C.物理学　　　D.认知科学

4.【多选题】[★★★☆☆]自然语言理解的典型特征有（　　）。
   A.语义理解　　　B.数据传输　　　C.情感分析　　　D.生成能力

5.【判断题】[★★☆☆☆]自然语言理解旨在让计算机理解语言的表面意思。（　　）

6.【判断题】[★★★☆☆]聊天机器人只能用于娱乐，没有其他实际应用价值。（　　）

7.【简答题】[★★★★☆]简述自然语言理解技术在机器翻译领域的一个应用案例，并说明其重要性。

知识点14　模式识别技术

模式识别技术

一、知识点简介

模式识别技术是计算机科学中的关键分支，专注于教导计算机如何自动识别并分类数据中的特定模式。这些模式普遍存在于图像、声音、文本等数据中，而模式识别的目标就是从这些庞大且多样的数据中提炼有价值的信息，以进行精确的分类或预测。[①]模式识别技术的特性有：①高度自动化。这让计算机在无须人工干预的情况下，从海量数据中自动学习和识别模式。②应用的广泛性。模式识别技术不仅在图像识别、语音识别，还在文本分析等多个领域大放异彩。③处理复杂数据的能力。这让计算机即便面对复杂且高维度的数据集，也能有效提取关键特征。④强大的学习能力。借助先进的机器学习算法，特别是深度学习，模型能不断提升识别的准确性。模式识别技术在现实中的应用已显示出巨大潜力：在安全监控、手机解锁、支付验证等场景中有广泛应用，如智能手机通过识别用户面部特征实现快速解锁；在医疗领域，该技术也帮助医生在医疗图像中精确识别和分类病变，例如从X光片中检测出肺结节，为疾病的早期诊断提供支持；在生物

---

① 邢延，蔡述庭，肖明，等.人工智能类课程产教融合教学模式探索与实践：以广东工业大学-华为智能基座课程"模式识别"为例[J].高等工程教育研究，2024（3）：73-78.

信息学研究中，模式识别技术还被应用于分析基因表达数据，揭示基因表达模式与疾病之间的深层联系。

二、知识点测试题

1.【单选题】[★☆☆☆☆]模式识别技术的主要目标是（　　）。
　　A.从数据中提炼有价值的信息，进行分类或预测　　B.自动生成各种数据模式
　　C.增加数据中的噪声以提高识别难度　　D.减少数据中的特征数量
2.【单选题】[★★★★★]在生物信息学研究中，模式识别技术主要应用于（　　）。
　　A.分析基因序列的长度　　B.揭示基因表达模式与疾病之间的深层联系
　　C.预测蛋白质的结构　　D.提高基因编辑的效率
3.【多选题】[★★☆☆☆]模式识别技术的显著特性有（　　）。
　　A.高度自动化　　B.应用广泛性　　C.处理复杂数据的能力
　　D.依赖于人工干预　　E.有限的学习能力
4.【多选题】[★★★★☆]以下哪些场景是模式识别技术的应用范围？（　　）
　　A.安全监控　　B.手机解锁　　C.支付验证　　D.文学创作
5.【判断题】[★★☆☆☆]模式识别技术不能从图像数据中提炼有价值的信息。（　　）
6.【判断题】[★★★☆☆]深度学习对于提升模式识别的准确性没有帮助。（　　）
7.【简答题】[★★★☆☆]简述模式识别技术在医疗领域的一个应用实例，并说明其意义。

知识点15　人工智能应用

人工智能应用

一、知识点简介

　　人工智能应用是指将先进的人工智能技术实际运用到具体场景中，旨在解决特定问题或达成特定目标。这一过程依托于计算机技术，模拟人类的智能活动，覆盖了自然语言处理、计算机视觉、机器学习等多个领域。[①]它通过模拟、延伸乃至扩展人类的智能，来实现各种任务的自动化以及决策的最优化。人工智能应用具有以下特征：①自动化。它能代替人力，自动执行各项任务；②智能化。它不仅能执行任务，更能提升决策的质量和效率。③学习力。它能通过学习不断改进和优化自身的性能。如今，人工智能已经渗透到教育、医疗等多个领域。在教育领域，大量的"人工智能+教育"智能教学系统已经在基础教育学校得到了广泛应用。例如，在数学教学中，智能辅助教学系统可以根据学生的历史答题记录和成绩，智能推荐适合学生能力水平的练习题，并在学生完成练习后即时提供详细的解题指导和建议。在医疗领域，"人工智能+医疗"的模式正逐渐兴起，它运用深度学习技术，为医生提供疾病诊断的辅助，从而极大地提高了诊断的准确性与效率。这些实例只是人工智能应用的冰山一角，随着智能技术的不断进步，它的应用场景将会更加广阔。

[①] 李欢冬，樊磊."可能"与"不可能"：当前人工智能技术教育价值的再探讨:《高等学校人工智能创新行动计划》解读之一[J].远程教育杂志，2018，36（5）：38-44.

二、知识点测试题

1.【单选题】[★☆☆☆☆]人工智能应用的主要目的是（　　）。
   A.替代所有工作　　B.解决特定问题　　C.增加计算机销量　　D.娱乐大众
2.【单选题】[★★★★☆]人工智能与哪项技术结合时，其应用潜力会得到极大提升？（　　）
   A.蒸汽机技术　　B.电报技术　　C.大数据技术　　D.手工艺技术
3.【多选题】[★★☆☆☆]人工智能应用依托于哪些技术？（　　）
   A.自然语言处理　　B.计算机视觉　　C.机器学习　　D.蒸汽动力
4.【多选题】[★★★☆☆]人工智能应用已经渗透到了下列哪些领域？（　　）
   A.娱乐　　B.军事　　C.制造业　　D.交通运输
5.【判断题】[★★☆☆☆]人工智能应用不能通过学习来改进和优化自身性能。（　　）
6.【判断题】[★★★☆☆]在金融领域，人工智能对信贷评估和风险控制有显著的优化作用。（　　）
7.【简答题】[★★★★☆]简述人工智能应用的三个显著特点，并针对每个特点提供一个实际应用案例。

知识点16　视频分析技术

视频分析技术

一、知识点简介

视频分析技术利用计算机程序深度挖掘视频信息，实现对视频中的物体与场景的精确识别、持续追踪、科学分类及全面理解[①]，其融合了计算机视觉、图像处理及机器学习等多个方面的知识，展现了人工智能在视频领域的深厚实力。视频分析技术的主要特点有：①高度自动化使得视频分析无须人工参与，大幅提升了视频的处理速度和准确度；②依赖于深度学习等算法的高智能化，使其能够处理更为复杂的视频任务，如行为识别和事件检测；③技术的多样性体现在其涵盖的多种算法模型上，如背景减除法、时间差分法等，这些算法能灵活应对各种应用场景；④强稳定性保证了系统在复杂环境下（如光照变化、角度转换等），仍能稳定工作。在智能视频监控中，视频分析技术能够实时监控并分析视频内容，及时发现并追踪异常行为，对于提升公共安全和交通监控效率至关重要。在工业生产监控方面，视频分析技术可实时监控产品质量和生产流程，有助于提高生产效率和产品质量。在体育活动中，视频分析技术可用于精确分析运动员的动作，为训练计划的制订和运动表现的提升提供科学依据。

二、知识点测试题

1.【单选题】[★☆☆☆☆]视频分析技术融合了（　　）的知识。
   A.计算机科学和物理学　　　　B.计算机视觉和图像处理
   C.机器学习和化学分析　　　　D.生物科学和数据处理

---

① 王萍.人工智能在教育视频中的应用分析与设计[J].电化教育研究，2020，41（3）：93-100.

2.【单选题】[★★★☆☆]在智能视频监控中,视频分析技术的主要作用是( )。
　　A.实时监控并分析视频内容　　　　B.提供高清视频画面
　　C.增加视频存储空间　　　　　　　D.提高视频压缩效率
3.【多选题】[★★★☆☆]下列关于视频分析技术的说法中,正确的是( )。
　　A.视频分析技术利用计算机程序挖掘视频信息
　　B.视频分析技术可以完全替代人工监控
　　C.视频分析技术能够实现对视频中物体的精确识别
　　D.视频分析技术涵盖了计算机视觉和图像处理知识
4.【多选题】[★★★★☆]视频分析技术主要应用于( )。
　　A.智能视频监控　　B.工业生产监控　　C.体育活动分析　　D.撰写气象报告
5.【判断题】[★★☆☆☆]视频分析技术不具有多样性特点。( )
6.【判断题】[★★★☆☆]在体育活动中,视频分析技术无法提供科学依据。( )
7.【简答题】[★★★★☆]简述视频分析技术在提升公共安全和交通监控效率方面的重要性。

知识点17　人工智能在家庭生活中的应用

一、知识点简介

　　人工智能在家庭生活中的应用是指借助智能化设备与系统,深度融合人工智能技术,以提升家庭生活的便捷性、舒适度和安全性。其应用涉及智能照明、智能安防、智能家电及智能健康管理等诸多领域,致力于为家庭成员打造个性化、智能化且人性化的居住环境。[1]此类应用具有以下几个典型特征:①可实现智能化控制。用户可通过APP或语音助手对家电设备进行远程控制,实现智能家居的便捷操作。②具备数据分析能力。这些应用能够收集并分析用户的生活习惯与模式,进而为其提供量身定制的服务。③可在预设条件下自动执行任务,如室内温度的自动调节、灯光的智能开关等。④家庭安全管控。结合物联网技术,智能安防系统可实时监控家庭安全状况,对各种潜在威胁作出迅速响应。人工智能在家庭生活中的应用已经非常多,例如:飞利浦Hue智能灯泡,它允许用户通过手机应用或语音指令调整灯光亮度与色温,甚至定制特定氛围。小米智能摄像头是智能安防的典型代表,其高清视频监控与移动侦测报警功能,使用户能够远程监控家中状况,确保家庭安全无虞。在智能健康管理方面,华为智能体脂秤可测量并记录体重、体脂率等关键健康指标,配合APP进行数据分析,助力用户实现更科学的健康管理。

二、知识点测试题

1.【单选题】[★☆☆☆☆]人工智能在家庭生活中运用的主要目的是( )。
　　A.提高家庭娱乐水平　　　　　　　B.提升家庭生活的便捷性、舒适度和安全性
　　C.代替家庭成员进行家务劳动　　　D.优化家庭成员的饮食习惯
2.【单选题】[★★☆☆☆]以下哪一项不是人工智能在家庭生活中的典型特征?( )

---

[1]　郭凯.家电智能化趋势下的AIGC技术应用研究[J].家电科技,2023(S1):439-443.

A.智能化控制　　　B.数据分析能力　　　C.自动执行任务　　　D.仅依赖人工操作
3.【多选题】[★★☆☆☆]人工智能在家庭生活中的应用涉及（　　　　）。
　　A.智能照明　　　　B.智能安防　　　　　C.智能家电　　　　　D.智能健康管理
4.【多选题】[★★★★☆](　　　　)属于人工智能在家庭生活中的典型特征。
　　A.智能化控制　　　B.数据分析能力　　　C.自动执行任务　　　D.依赖大量人工操作
5.【判断题】[★☆☆☆☆]用户可以通过APP或语音助手对家电设备进行远程控制，实现智能家居的便捷操作。(　　　)
6.【判断题】[★★☆☆☆]智能系统只能在用户手动设置的情况下执行任务，不能自动进行任何操作。(　　　)
7.【简答题】[★★★★☆]简述人工智能在家庭生活中的主要应用。

知识点18　人工智能在医疗行业中的应用

一、知识点简介

人工智能在医疗行业中的应用

　　人工智能在医疗行业的应用是指借助机器学习、深度学习及自然语言处理等先进技术，对医疗服务流程进行辅助或优化。其应用范围颇为广泛，覆盖疾病诊断、治疗建议、新药研发、患者监护以及医疗影像分析等多个层面。[①]通过深入剖析海量的医疗数据，人工智能可以提炼出关键信息，从而为临床医生提供更为精准的决策支持，进而提升医疗服务的整体效率与质量。人工智能在医疗行业中的应用具有以下几个的典型特征：①高效性。人工智能能够快速处理庞杂的医疗数据，显著提升诊疗效率。②精准性。借助深度学习技术，人工智能在某些医疗领域的诊断准确率甚至可超越资深专家。③持续学习的能力。人工智能可通过不断吸纳新数据来完善自身性能。需要强调的是，人工智能在医疗决策中主要扮演辅助角色，旨在协助医生而非取而代之。人工智能在医疗行业中的应用案例有：2024年9月，上海交通大学重庆人工智能研究院基于"兆言"大模型开发了"青囊AI医药"系统，为基层药房与诊所提供辅助诊疗、用药推荐及健康管理等服务。2025年2月，湖南省人民医院和浙江省中医院实现了DeepSeek的本地化部署，并将其与医院办公自动系统、电子病历系统及医院信息系统深度融合，让人工智能深度参与临床决策支持等场景。

二、知识点测试题

1.【单选题】[★☆☆☆☆]人工智能在医疗行业中的应用主要依赖于（　　　　）。
　　A.机器学习、深度学习及自然语言处理　　　B.机械设计、电子工程及生物医学
　　C.物理学、化学及生物学　　　　　　　　　D.经济学、管理学及信息科学
2.【单选题】[★★☆☆☆](　　　　)不是人工智能在医疗行业应用的特征。
　　A.精准性　　　　　B.替代性　　　　　C.持续学习能力　　　D.高效性
3.【多选题】[★★☆☆☆]人工智能在医疗行业的应用范围包括（　　　　）。
　　A.疾病诊断　　　　B.治疗建议　　　　C.新药研发　　　　　D.烹饪指导

---

① 王笛，赵靖，金明超，等.人工智能在医疗领域的应用与思考[J].中国医院管理，2021，41（6）：71-74.

4.【多选题】[★★★★☆]以下哪些是人工智能在医疗行业应用中的优势？（　　）
　　A.高效性　　　B.精准性　　　C.替代医生进行所有决策　　　D.持续学习的能力
5.【判断题】[★★☆☆☆]人工智能在某些医疗领域的诊断准确率可以超越资深专家。（　　）
6.【判断题】[★★★☆☆]人工智能在医疗决策中可以替代医生的角色。（　　）
7.【简答题】[★★★☆☆]简述人工智能在医疗行业中的应用及其意义。

知识点19　人工智能在交通出行领域的应用

人工智能在交通
出行领域的应用

一、知识点简介

人工智能在交通出行领域的应用是指利用先进的人工智能技术来提升交通系统的服务和管理效率的一系列方案，它涵盖了智能导航、交通预测、交通优化、智能控制及智能服务等多个方面。通过大数据分析、机器学习、深度学习等技术，此类应用可以精准处理交通数据，预测交通流量，优化路线规划，进而提高交通系统的整体运行效率和安全性。[①]具体来说，在智能导航方面，人工智能通过实时数据分析，为用户提供最优出行路线，有效减少交通拥堵；在交通预测方面，人工智能用历史数据与实时信息，准确预测交通流量和趋势，为交通规划和管理提供有力支持；在交通优化方面，人工智能借助先进算法，不断优化交通网络和运输组织，提升交通效率；在智能交通控制方面，人工智能能够自动调整交通信号，降低交叉口和道路的等待时间；在智能出行服务方面，人工智能可提供个性化的交通出行服务，如制订旅行计划和进行智能停车指引；等等。人工智能在交通出行领域的典型应用案例有：深圳的智能交通信号灯系统通过实时调整信号灯，有效缓解了交通拥堵，提高了道路通行能力；华为的自动驾驶技术，展示了人工智能在环境感知、决策规划和自动操控方面的实力，为用户提供了安全、便捷的出行体验；北京部分地铁线路的智能调度系统通过预测客流需求，优化列车运行间隔，显著提高了运输效率。

二、知识点测试题

1.【单选题】[★★☆☆☆]智能导航的核心功能是（　　）。
　　A.实时调整交通信号　　　　　　B.提供个性化的交通出行服务
　　C.为用户提供最优出行路线　　　D.预测交通流量和趋势
2.【单选题】[★★★☆☆]（　　）展示了人工智能在交通信号灯控制方面的应用。
　　A.华为的自动驾驶汽车　　　　　B.北京部分地铁线路的智能调度系统
　　C.深圳的智能交通信号灯系统　　D.制订旅行计划
3.【多选题】[★★☆☆☆]人工智能在交通出行领域的应用涵盖了（　　）。
　　A.智能导航　　B.交通预测　　C.天气预测　　D.交通优化　　E.智能控制
4.【多选题】[★★★★☆]（　　）展示了人工智能在交通出行中的重要作用。
　　A.深圳的智能交通信号灯系统　　　B.比亚迪的自动驾驶汽车
　　C.北京部分地铁线路的智能调度系统　D.实时路况播报系统

---

① 罗煜.人工智能在城市轨道交通管理中的应用探究[J].城市轨道交通研究，2024，27（3）：彩25-彩26.

5.【判断题】[★☆☆☆☆]在交通优化方面，借助先进算法，人工智能能够不断优化交通网络和运输组织，提升交通效率。（　　）

6.【判断题】[★★☆☆☆]在智能服务方面，人工智能主要提供通用的交通出行服务，不涉及个性化服务。（　　）

7.【简答题】[★★★★☆]简述人工智能在交通出行领域的主要应用及其带来的便利之处。

知识点20　人工智能在娱乐生活中的应用

一、知识点简介

　　人工智能在娱乐生活中的应用是指将人工智能技术融入娱乐生活领域，借助智能化的产品和服务，以增强用户的娱乐体验和效果。此类应用广泛涉及智能推荐、智能交互及智能创作等多个层面，旨在使娱乐内容更加满足用户的个性化需求，提供更为人性化的交互体验，并能在一定程度上辅助内容的创作过程。[①]人工智能在娱乐生活中的应用具有以下特征：①个性化推荐。利用机器学习算法深入剖析用户的兴趣偏好，从而为用户精准推荐符合其需求的娱乐内容。②智能交互。通过自然语言处理等技术，实现与用户之间的沟通，进而提升用户的整体体验。③内容创作。人工智能技术现已能参与到音乐、美术及文学等领域的创作过程中，极大地拓展了娱乐内容的创新边界。人工智能在娱乐生活方面的应用已经随处可见，例如：抖音利用人工智能分析用户的观看时长，以及点赞、评论、分享等行为，为用户推荐个性化的短视频内容。百度推出的小度智能音箱，可以通过语音与用户进行交互，完成播放音乐、设置闹钟、查询信息、控制智能家居等任务。MidJourney等人工智能模型可以根据用户输入的文字描述，自动生成相应的图像。

二、知识点测试题

1.【单选题】[★☆☆☆☆]人工智能在娱乐生活中的应用不包括（　　）。
　　A.个性化推荐　　B.智能交互　　C.自动化生产　　D.内容创作

2.【单选题】[★★★☆☆]实现智能交互的关键是（　　）。
　　A.机器学习　　B.自然语言处理　　C.深度学习　　D.数据挖掘

3.【多选题】[★★☆☆☆]个性化推荐主要依赖（　　）。
　　A.机器学习　　B.数据挖掘　　C.自然语言处理　　D.深度学习

4.【多选题】[★★★★☆]（　　）属于人工智能在娱乐生活中的应用。
　　A.抖音的视频推荐　　　　　　B.淘宝为用户推荐个性化商品
　　C.网易云音乐的个性化歌单　　D.利用MidJourney生成画像

5.【判断题】[★★☆☆☆]通过自然语言处理技术，系统可实现与用户之间的自然语言沟通。（　　）

6.【判断题】[★★★☆☆]人工智能在内容创作方面的应用已经广泛涉及建筑设计领域。（　　）

7.【简答题】[★★★★☆]简述人工智能在娱乐生活中的三个应用及其核心特征。

[①] 王熠.人工智能与数字创意产业：融合、发展与创新[J].上海大学学报（社会科学版），2023，40（3）：100-111.

第二章
人工智能时代的教育

人工智能时代的教育

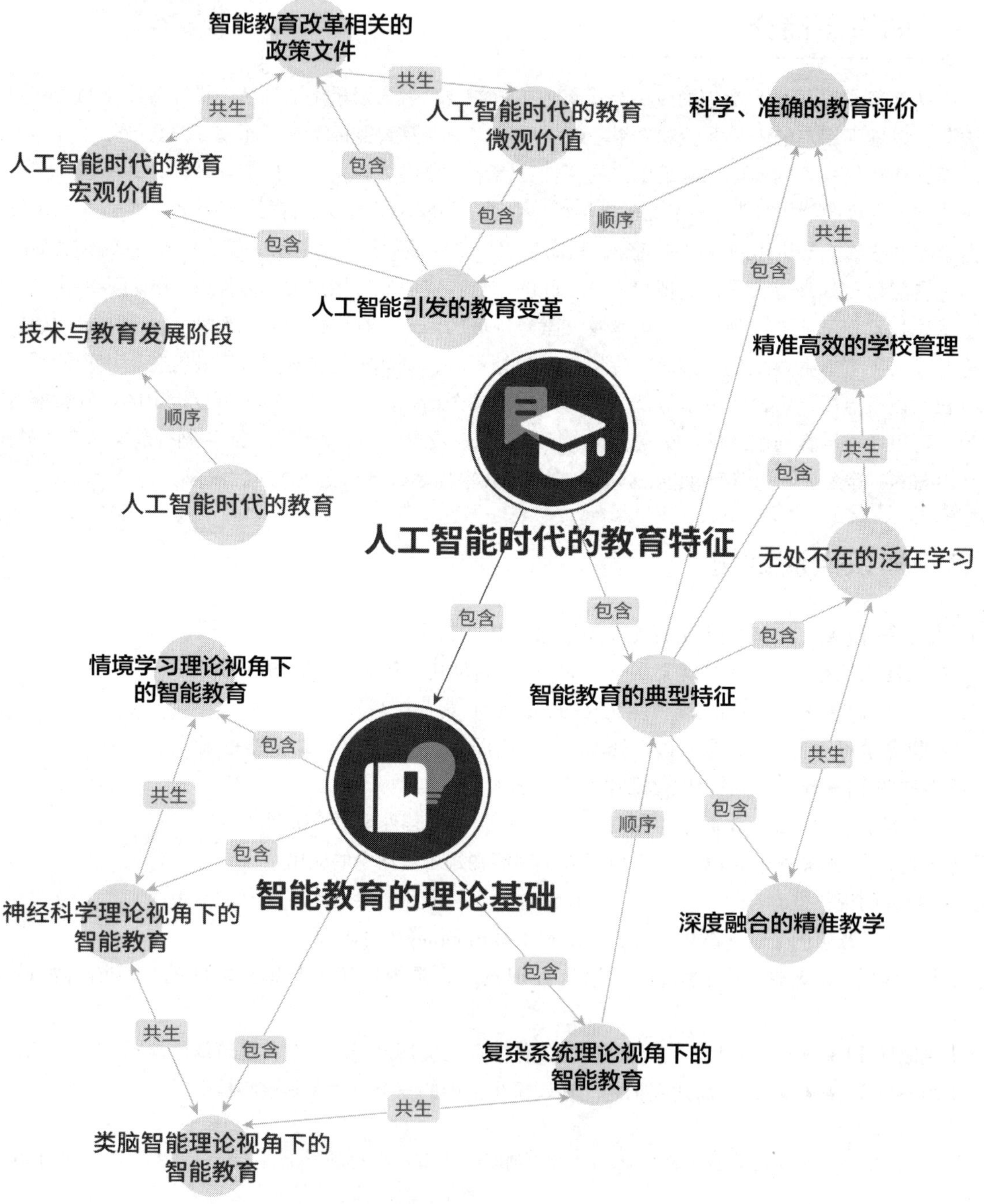

思维导图

- 人工智能引发的教育变革
  - 智能教育改革相关的政策文件（包含）
  - 人工智能时代的教育宏观价值（共生）
  - 人工智能时代的教育微观价值（共生）
  - 顺序 → 人工智能时代的教育特征

- 人工智能时代的教育特征
  - 智能教育的典型特征（包含）
    - 科学、准确的教育评价（共生）
    - 精准高效的学校管理（共生）
    - 无处不在的泛在学习（共生）
    - 深度融合的精准教学（共生）
  - 技术与教育发展阶段
    - 顺序 → 人工智能时代的教育

- 智能教育的理论基础（包含）
  - 情境学习理论视角下的智能教育（共生）
  - 神经科学理论视角下的智能教育（共生）
  - 类脑智能理论视角下的智能教育（共生）
  - 复杂系统理论视角下的智能教育（共生）

知识点21　人工智能时代的教育

人工智能时代的教育

一、知识点简介

在人工智能快速发展的背景下，教育领域正积极探索如何运用先进的人工智能技术及理念来革新传统的教育模式。新时代的教育观聚焦于个性化教学、智能化管理及终身学习三大核心理念，力求借助科技手段，实现教育资源的高效配置，进而提升教育的个性化水平和教学效率。[1]其中，个性化教学体现在利用人工智能技术，精准把握每位学生的学习习惯、能力及兴趣，从而为其量身打造学习内容与教学策略。智能化管理则通过引入大数据分析、机器学习等技术，对学生的学业进展进行实时追踪与深度剖析，确保教学方案能够灵活调整以契合学生的实际需求。终身学习理念倡导激励学生培育自主学习、持续学习的能力，以更好地应对日新月异的知识与技能挑战。

二、知识点测试题

1.【单选题】[★★☆☆☆]新时代的教育观聚焦于（　　）。
　A.传统教学、智能管理、终身学习　　　　B.个性化教学、智能化管理、终身学习
　C.个性化教学、传统管理、阶段学习　　　D.传统教学、传统管理、终身学习

2.【单选题】[★★★★☆]智能化管理通过（　　）对学生的学业进展进行实时追踪与深度剖析。
　A.传统教学技术　　B.大数据分析、机器学习　　C.传统数据分析　　D.传统管理技术

3.【多选题】[★★☆☆☆]新时代的教育观力求借助科技手段实现（　　）。
　A.教育资源的高效配置　　　　　　　　B.提升教育的个性化水平
　C.降低教学效率　　　　　　　　　　　D.提升教学效率

4.【多选题】[★★★★☆]以下哪些是人工智能在教育领域的典型应用？（　　）
　A.个性化学习平台　　B.传统教学模式　　C.智能教育机器人　　D.智能教室

5.【判断题】[★★☆☆☆]个性化教学体现在为所有学生提供统一的学习内容与教学策略上。（　　）

6.【判断题】[★★★☆☆]终身学习理念旨在倡导培养学生自主学习、持续学习的能力。（　　）

7.【简答题】[★★★★★]简述在人工智能时代，教育领域正如何运用人工智能技术来革新传统教育模式，并举例说明。

知识点22　技术与教育发展阶段

技术与教育发展阶段

一、知识点简介

技术与教育发展阶段不仅涵盖教育技术的实际运用，还涉及教育模式的革新及教育理论的不断完善。[2]技术的日新月异，不仅为教育领域带来了新的工具和手段，更在深层次上重塑了教育理念与教育体系。技术与教育发展阶段具有以下典型特征：①技术驱动。每一次技术的突破都为教

---

[1] 柴阳丽,杜华.低龄儿童人工智能启蒙教育框架和实施途径[J].电化教育研究,2022,43(9):89-97.
[2] 张刚要.论教育技术学理论的结构、发展阶段及其动因[J].电化教育研究,2017,38(8):18-23.

育带来了新的可能，催生了教学方法的创新。②教育模式的创新。技术的融入使得在线教育、混合式教学等更为现代和灵活的教育形式开始涌现。③教育理论的发展。随着技术的发展，教育理论也必须与时俱进，从而更好地指导实践，实现自身的完善。

20世纪80年代，计算机技术开始渗透教育领域，如计算机辅助语言学习、数学练习等，这标志着教育技术开始崭露头角。步入21世纪，伴随着互联网的蓬勃发展，Coursera、edX等在线教育平台如雨后春笋般涌现，极大地拓宽了教育资源的获取渠道，为学习者提供了更多元、便捷的学习方式，这代表了教育技术的进一步发展。近年来，随着智能手机、平板电脑等便携设备的广泛普及，移动学习逐渐成为新的趋势，为个性化学习和泛在学习提供了前所未有的便利，这无疑是教育技术发展的又一重要里程碑。

二、知识点测试题

1.【单选题】[★☆☆☆☆]"技术与教育发展阶段"这一概念主要涉及（　　）的变革与进步。
　　A.教育技术、教育模式、教育理论　　　B.教学方法、教育资源、教育政策
　　C.教育理论、教育政策、教育经费　　　D.教育技术、教育环境、教育资源

2.【单选题】[★★★★☆]在20世纪80年代，（　　）的发展标志着教育技术开始崭露头角。
　　A.互联网技术　　　B.计算机技术　　　C.移动通信技术　　　D.人工智能技术

3.【多选题】[★★☆☆☆]以下哪些是"技术与教育发展阶段"这一概念的特征？（　　）
　　A.技术驱动　　　B.教育模式的创新　　　C.教育理论的停滞　　　D.教育理论的发展

4.【多选题】[★★★★☆]以下哪些是在线教育平台兴起的典型代表？（　　）
　　A.Coursera　　　B.edX　　　C.新东方　　　D.腾讯课堂

5.【判断题】[★★☆☆☆]技术的日新月异只在表层上影响了教育领域，没有深层次地重塑教育理念与教育体系。（　　）

6.【判断题】[★★★☆☆]随着技术的发展，教育理论也必须与时俱进，从而更好地指导实践。（　　）

7.【简答题】[★★★★★]简述技术如何驱动教育领域的变革，并举例说明。

知识点23　情境学习理论视角下的智能教育

情境学习理论视角下的智能教育

一、知识点简介

智能教育是应用人工智能、大数据、物联网等先进技术，对教育过程中的教学资源、教学方法、教学过程、学生特征等进行智能化处理和应用，以提高教育教学的效率、效果和个性化水平的教育。①其核心在于通过技术手段实现教育教学的智能化，包括智能教学、智能学习、智能管理、智能评价等多个方面。智能教育的目标是实现教育资源的优化配置、教学过程的个性化定制、学生特征的精准分析和教育效果的最大化提升。

---

① 王一岩，郑永和.基于情境感知的学习者建模：内涵、特征模型与实践框架[J].远程教育杂志，2022，40（2）：66-74.

情境学习理论视角下的智能教育是指在智能教育环境中，依据情境学习理论的原理与方法，设计并实施教育活动，旨在实现教学内容与实际情境的深度融合，进而促进学生的主动学习与实践能力的提升。情境学习理论着重强调知识的实践性和社会性特征，倡导通过模拟或构建具体情境，使学生在真实或近似真实的环境中开展学习，以使其更好地理解和应用所学知识。在情境学习理论的指导下，智能技术如增强现实（Augmented Reality，AR）技术和虚拟现实（Virtual Reality，VR）技术，被广泛应用于创造沉浸式的学习环境。虚拟实验室就是其典型应用，学生可以在虚拟实验室中进行实验模拟，安全地进行实验操作，从而学习新知识。

二、知识点测试题

1.【单选题】[★★☆☆☆]下列哪项技术常用于创建沉浸式的学习环境？（　　）
 A.大数据　　　B.物联网　　　C.虚拟现实　　　D.人工智能算法
2.【单选题】[★★★★★]在智能教育中，增强现实技术和虚拟现实技术主要用于（　　）。
 A.替代教师角色　　　　　　B.创建沉浸式的学习环境
 C.远程教学　　　　　　　　D.替代传统教科书
3.【多选题】[★★☆☆☆]智能教育主要应用于（　　）。
 A.智能教学　　　B.智能学习　　　C.智能管理　　　D.智能娱乐
4.【多选题】[★★★★☆]情境学习理论视角下的智能教育具有（　　）等特点。
 A.强调知识的实践性和社会性　　B.通过模拟或创设具体情境来学习
 C.忽略学生的主动性　　　　　　D.运用人工智能技术优化教学过程
5.【判断题】[★★☆☆☆]智能教育的目标是实现教育资源的优化配置和教学过程的个性化定制。（　　）
6.【判断题】[★★★☆☆]情境学习理论主张学生应在完全脱离实际情境的环境中学习，以便更好地理解和运用知识。（　　）
7.【简答题】[★★★★☆]简述智能教育与情境学习理论结合的优势。

知识点24　神经科学理论视角下的智能教育

神经科学理论视角下的智能教育

一、知识点简介

在神经科学理论视角下，智能教育的核心在于理解大脑是如何编码和处理信息的，以及如何通过适当的教育方法来促进学习。教育神经科学提供了一些关键的原理和发现，如分布式表征、基于证据的学习及超学科性，这些原理可以应用于设计更有效的教育策略和教育工具。①在神经科学理论视角下，智能教育具有以下特征：①注重个性化学习。智能教育强调个性化的学习路径和学习资源，以适应每个学生的特定需求和能力。②注重自主学习能力的培养。智能教育鼓励学生主动探索和学习，以促进对知识的深入理解和长期记忆。③注重跨学科教学。智能教育强调跨学

---

① 李刚，吕立杰，杨曼.教育神经科学在深化教育改革中的应用：以阅读素养提升为例[J].中国教育学刊，2020（6）：83-88.

科的教学方法，以培养学生的综合素质。④注重情感教育。智能教育注重情感教育，认识到情感对学习和记忆的重要影响，以提高学习效果。神经科学理论视角下的智能教育应用可为教育政策制定者提供科学的决策依据，有助于提高教育的科学性和有效性。例如，美国中佛罗里达大学的恩里克·奥里蒂斯博士利用功能近红外成像技术，研究了数学和阅读流利程度测试中的大脑活动，这些研究结果可以帮助我们理解学生在学习过程中大脑的活动模式，从而设计出更符合人类学习习惯的智能教育系统。

二、知识点测试题

1. 【单选题】[★☆☆☆☆]神经科学理论视角下的智能教育的核心是（　　）。
   A. 理解大脑如何编码和处理信息　　B. 如何提高学生的学习兴趣
   C. 如何制定教育政策　　D. 如何进行课程设计
2. 【单选题】[★★★★★]神经科学可以为教育政策制定者提供（　　）。
   A. 新的教学方法　　B. 学生的学习数据　　C. 科学的决策依据　　D. 教育技术工具
3. 【多选题】[★★☆☆☆]智能教育的特征包括（　　）。
   A. 个性化学习　　B. 情感教育　　C. 自主学习能力的培养　　D. 跨学科教学
4. 【多选题】[★★★★☆]神经科学为智能教育提供了哪些关键原理和发现？（　　）
   A. 分布式表征　　B. 基于证据的学习　　C. 标准化测试　　D. 超学科性
5. 【判断题】[★★☆☆☆]神经科学理论视角下的智能教育强调跨学科的教学方法，以培养学生的综合素质。（　　）
6. 【判断题】[★★★☆☆]智能教育不注重情感教育，认为它对学习效果的影响不大。（　　）
7. 【简答题】[★★★★☆]简述神经科学理论视角下的智能教育的核心及其在教育实践中的应用。

知识点25　类脑智能理论视角下的智能教育

类脑智能理论视角下的智能教育

一、知识点简介

类脑智能理论视角下的智能教育是指以类脑智能理论为基础，探索和实施教育活动的新模式。这种教育模式借鉴人脑的认知、学习和解决问题的机制，设计智能教育系统和学习环境，以模拟人脑处理信息的方式，提高学习的效率和质量。通过这种方式，智能教育不仅关注知识的传授，还关注学生的认知发展、情感态度和价值观的培养，从而实现全面而深入的教育目标。[①]类脑智能理论视角下的智能教育主要具有以下特征：①它着重强调自主学习的重要性，鼓励学生主动探索和解决问题，而非仅仅被动接受知识；②它关注学生的个性化发展，尊重每个学生的独特性与差异性，并为此提供多样化的学习路径与方法；③它倡导知识的实际应用，致力于将理论与实践紧密结合，以期提升学生的实践能力；④它强调团队协作与沟通能力的培养，旨在提高学生的社会化技能。在类脑智能理论的指导下，智能教育的实践案例之一便是"类脑计算"在教育领域

---

① 刘春雷，陈睿渊，冯义东.脑科学视角下的教育技术理论与实践[J].开放教育研究，2009，15（3）：40-45.

的创新应用。例如,"基于多重智能算法的个性化学习路径推荐模型"[1],该模型通过模拟人脑的神经网络结构来分析学生的学习习惯和认知特点,为学生提供个性化的学习资源和路径。

二、知识点测试题

1. 【单选题】[★☆☆☆☆]类脑智能理论视角下的智能教育主要借鉴了(　　)来设计智能教育系统和学习环境。
   A.人脑的认知、学习和解决问题的机制　　B.计算机的信息处理机制
   C.动物的行为学习机制　　　　　　　　　D.机器学习的算法机制

2. 【单选题】[★★☆☆☆]下列哪一项不是类脑智能理论视角下的智能教育的特征?(　　)
   A.自主学习　　B.个性化发展　　C.被动接受知识　　D.知识的实际应用

3. 【多选题】[★★☆☆☆]类脑智能理论视角下的智能教育的特征包括(　　)。
   A.强调自主学习　　　　　　　　　　　B.注重学生的个性化发展
   C.强调团队协作和沟通能力的培养　　　D.倡导知识的实际应用

4. 【多选题】[★★★★☆]以下哪些属于类脑智能理论在教育实践中的应用?(　　)
   A.使用传统的教学方法进行课堂教学
   B.通过模拟人脑的神经网络结构来分析学生的学习习惯和认知特点
   C.实施标准化的测试来评估学生的学习成果
   D.设计智能教育系统和学习环境,以模拟人脑处理信息的方式

5. 【判断题】[★★☆☆☆]类脑智能理论视角下的智能教育关注学生情感态度和价值观的培养。(　　)

6. 【判断题】[★★★☆☆]在类脑智能理论视角下的智能教育中,学生主要是被动接受知识。(　　)

7. 【简答题】[★★★★☆]简述类脑智能理论视角下的智能教育的主要特征,并给出一个具体的应用实例。

知识点26　复杂系统理论视角下的智能教育

一、知识点简介

在复杂系统理论视角下,智能教育强调教育系统的复杂性和非线性,认为教育过程中的学习和教学是一个动态演化的复杂系统。这个系统涉及信息、物质和能量的流动与交换,其中信息传递特别重要,因为它是推动系统智能性和演化的关键因素。智能教育倡导使用多样化的教学方法,如启发式学习、探究式学习,以促进学生的主动学习和创造性思维,同时强调教育系统内部各要素之间非线性的相互作用,以适应学习过程的复杂性和个体差异性。这种教育模式旨在培养学生的综合能力和创新精神,符合复杂系统理论对系统演化和智能性的强调。[2]复杂系统科学理论视角

---

[1] 申云凤.基于多重智能算法的个性化学习路径推荐模型[J].中国电化教育,2019(11):66-72.
[2] 时龙.复杂系统研究的基本思想及教育反思[J].教育科学研究,2013(7):13-20.

下的智能教育主要具有以下特征：①整体性与动态性，即强调教育系统内部各要素的交互影响及个体的动态演变；②自组织与自适应，借助智能技术使教育系统能够在无外部指令的情况下实现自我优化；③开放性与多样性，这体现在系统能够与外界进行有效交互，同时尊重每位学生的个性和需求；④创新性与可持续性，不仅追求教育方法的创新，而且注重教育的长远发展。复杂系统理论视角下的智能教育已有许多典型的案例，例如，智慧教室利用物联网、大数据等技术实现环境智能化与教学辅助；个性化学习平台通过人工智能技术为每位学生定制学习路径；大规模开放在线课程（MOOCS）则运用云计算和大数据分析，实现了知识的广泛共享与深入理解。

二、知识点测试题

1. 【单选题】[★★★☆☆]智能教育倡导使用（　　）来促进学生的主动学习和创造性思维。
   A.讲授式教学　　B.启发式学习、探究式学习　　C.标准化测试　　D.被动式听讲
2. 【单选题】[★★★★★]复杂系统理论视角下的智能教育的（　　）强调教育系统能够在无外部指令的情况下实现自我优化。
   A.整体性与动态性　　B.自组织与自适应　　C.开放性与多样性　　D.创新性与可持续性
3. 【多选题】[★★☆☆☆]以下哪项属于复杂系统理论视角下的智能教育的典型特征？（　　）
   A.整体性与动态性　　B.封闭性与单一性　　C.自组织与自适应
   D.开放性与多样性　　E.创新性与可持续性
4. 【多选题】[★★★★☆]以下哪些属于复杂系统理论视角下的智能教育的实际应用案例？（　　）
   A.智慧教室　　B.个性化学习平台　　C.传统纸质教材　　D.大规模在线开放课程
5. 【判断题】[★★☆☆☆]复杂系统理论视角下的智能教育认为，教育过程中的学习和教学是一个静态的系统。（　　）
6. 【判断题】[★★★☆☆]复杂系统理论视角下的智能教育倡导使用多样化的教学方法，以促进学生的主动学习和创造性思维。（　　）
7. 【简答题】[★★★★☆]简述复杂系统理论视角的智能教育的典型特征，并给出一个具体的应用案例。

知识点27　智能教育的典型特征

智能教育典型特征

一、知识点简介

智能教育是在21世纪信息技术快速发展下形成的新型教育形态，它利用物联网、云计算、大数据等先进技术，打造出一个物联化、智能化、感知化、泛在化的教育环境。其目标是提升现有数字教育系统的智慧化水平，实现信息技术与教育主流业务的深度融合，以促进教育利益相关者的智慧养成与可持续发展。①智能教育主要包括以下特征：①有利于个性化学习。智能教育系统通过大数据分析技术，可深入洞察学生的学习习惯、能力层次及兴趣偏好，为每位学生量身定制学习方案和配置资源。②可进行实时反馈。智能教育系统利用信息技术可实时追踪学生的学习进度

---

① 杨现民.信息时代智慧教育的内涵与特征[J].中国电化教育，2014（1）：29-34.

和理解程度，并根据实际情况为他们提供及时的反馈和建议。③强调互动性。智能教育系统通过网络平台和社交媒体增强师生间及学生间的互动交流，提高学习的参与度和合作性。④实现优质教育资源的广泛共享。智能教育系统借助云计算等技术打破地域和学校限制，推动教育资源的均衡配置。智能教育的典型案例有：杭州外国语学校通过创新实施混合式教学，深度融合信息技术，利用在线平台为学生提供多元化的学习资源与实时互动渠道。学生可依托"学习通"等教学系统，自主获取与课程紧密相关的资料，完成作业与测试，实现知识的即时内化。该校采用大数据分析，系统分析学生在线学习数据，如行为、进度及成绩等，以便教师精准把握每位学生的学习特质及遇到的难题，进而提供针对性的指导。

二、知识点测试题

1.【单选题】[★★☆☆]以下哪一项不属于智能教育的典型特征？（　　）
A.个性化学习　　B.实时反馈　　C.传统授课　　D.互动性

2.【单选题】[★★★★★]以下哪一项不是智能教育借助云计算等技术实现的目标？（　　）
A.广泛共享优质教育资源　　　　B.打破地域和学校限制
C.阻止教育资源的均衡配置　　　D.推动教育利益相关者的智慧养成与可持续发展

3.【多选题】[★★☆☆☆]以下哪些属于智能教育的典型特征？（　　）
A.个性化学习　　B.实时反馈　　C.传统授课方式
D.互动性　　　　E.教育资源不均衡

4.【多选题】[★★★★☆]杭州外国语学校在混合式教学中（　　）。
A.利用在线平台提供多元化的学习资源　　B.通过大数据分析系统分析学生在线学习数据
C.仅使用纸质教材　　　　　　　　　　　D.教师根据学生的数据提供针对性指导

5.【判断题】[★★☆☆☆]智能教育强调利用信息技术实现教育资源的均衡配置。（　　）

6.【判断题】[★★★☆☆]智能教育的目标是降低现有数字教育系统的智慧化水平。（　　）

7.【简答题】[★★★★☆]简述智能教育的四大典型特征，并举例说明其中一个特征在实际教学中的应用。

知识点28　深度融合的精准教学

深度融合的
精准教学

一、知识点简介

精准教学是一种以数据为基石的教学方法，它借助对学生学习表现的细致测量和深度分析来引导教学进程。[①]此方法源于20世纪60年代，以行为学习理论为支撑，力图借助精确的评估手段来优化教学成果。精准教学着重运用流畅度与频率两大指标来评判学生的学习进程。流畅度糅合了准确与速度，而频率则记录了学习行为的正误次数。通过日常实践与测评，教师可持续跟踪学生的学习进展，并据此灵活调整教学策略，以实现个性化和精准化教学。信息技术的进步使得精准教学模式得以进一步提升，从而助力教师更专注于教学设计与个性化指导，为学生提供更高质量

---

① 祝智庭，彭红超.信息技术支持的高效知识教学：激发精准教学的活力[J].中国电化教育，2016（1）：18-25.

的学习体验。精准教学的主要特征包括数据驱动、个性化教学、教学策略的及时调整以及信息技术的应用。数据驱动是指利用数据来指导教学决策，帮助教师准确了解学生的状况；个性化教学是指根据学生的个体差异设计教学活动，以最大限度地促进学生的发展；教学策略的及时调整是指通过对教学过程的持续监控，教师能及时调整教学策略以适应学生的变化；信息技术的应用是指利用人工智能、大数据、学习管理分析系统等技术，为学校和教师提供详尽的数据支持，从而提高教学效果和教学效率。深度融合的精准教学实践案例有：利用大数据和人工智能技术为学生规划个性化学习路径，通过分析学习习惯和能力，为其推荐适合的学习资源和任务；众多课堂智慧教学平台都能即时收集并分析学生学习数据，并为其提供针对性的教学建议。

二、知识点测试题

1.【单选题】[★☆☆☆☆]精准教学主要基于（　　）。
 A.行为学习理论　　B.认知发展理论　　C.建构主义理论　　D.人本主义理论

2.【单选题】[★★★★☆]以下哪项是精准教学实践的典型案例？（　　）
 A.教师采用传统的教学模式，按照固定教案授课
 B.利用大数据、人工智能技术为学生规划个性化学习路径
 C.学生自学，无教师指导
 D.教学内容完全由学生兴趣决定，无系统性规划

3.【多选题】[★★☆☆☆]以下哪些属于精准教学的主要特征？（　　）
 A.数据驱动　　　　B.集体化教学　　　　C.教学策略的及时调整
 D.信息技术的应用　E.忽视学生个体差异

4.【多选题】[★★★★☆]以下哪些是精准教学实践可能带来的好处？（　　）
 A.提高教学效率　　B.增强学生的自主学习能力　　C.忽略学生的个体差异
 D.提供更为精良的学习体验　　E.教师能更专注于教学设计与个性化指导

5.【判断题】[★★☆☆☆]精准教学强调利用数据来指导教学决策，帮助教师准确了解学生状况。（　　）

6.【判断题】[★★★☆☆]在精准教学中，教学策略是固定不变的，不需要根据学生的学习进展进行调整。（　　）

7.【简答题】[★★★★☆]简述精准教学的主要特征，并介绍一个精准教学的实践案例。

知识点29　无处不在的泛在学习

无处不在的泛在学习

一、知识点简介

泛在学习亦称普适学习，倡导借助信息技术，在任何时空背景下，通过各类设备，达成学习活动的自然融入。①泛在学习不仅革新了学习方式，更塑造了一种全新的教育生态，覆盖学习环境构建、技术应用深化、学习资源设计与共享等层面。其核心目的在于冲破传统学习场所的物理限

---

① 潘基鑫，雷要曾，程璐璐，等.泛在学习理论研究综述[J].远程教育杂志，2010，28（2）：93-98.

制，利用技术实现学习内容的个性化定制、学习过程的灵活调整及学习体验的多元化。信息技术的迅猛发展，尤其是移动设备及无线通信技术的广泛普及，极大地增强了泛在学习的可行性，为学生提供了更为灵活便捷的学习路径选择。泛在学习的兴起，标志着传统学习模式的深刻变革，其便捷性与即时性日益受到广泛关注与重视。泛在学习的核心特征包括泛在性、易获取性、即时性、交互性、教学活动的真实性及适应性，这些特征共同确保了学习资源的广泛覆盖、便捷获取、即时利用、多元互动、实景融合及灵活调整，显著提升了学习的实用价值与效果。在实践应用层面，诸多知名学术机构组织或平台已开展有益尝试。例如，超星学习通平台作为集在线学习、交流与分享功能于一体的高等教育学习平台，提供多学科领域的丰富在线课程资源，并支持多样化的学习活动，如讨论、问答、小测试等，有效实现了泛在学习。

二、知识点测试题

1.【单选题】[★☆☆☆☆]泛在学习又称（　　）。
　A.集体学习　　　B.限定学习　　　C.普适学习　　　D.书本学习
2.【单选题】[★★☆☆☆]泛在学习的核心目的是（　　）。
　A.限制学习内容的传播　　　　B.冲破传统学习场所的物理限制
　C.推广传统教育模式　　　　　D.减少学习资源的共享
3.【多选题】[★★☆☆☆]泛在学习主要在（　　）层面进行了革新。
　A.学习环境构建　　　　　　　B.技术应用深化
　C.学习资源设计与共享　　　　D.传统教育模式的强化
4.【多选题】[★★★★☆]泛在学习模式的特征如何确保学习的实用价值与效果？（　　）
　A.学习资源的广泛覆盖　　　　B.学习资源的便捷获取
　C.学习资源的限制使用　　　　D.学习资源的实景融合
5.【判断题】[★☆☆☆☆]泛在学习的便捷性与即时性日益受到广泛关注与重视。（　　）
6.【判断题】[★★★☆☆]泛在学习的推进离不开传统印刷技术及有线通信技术的支撑。（　　）
7.【简答题】[★★★☆☆]简述泛在学习的核心特征，并介绍一个泛在学习的实践实例。

知识点30　精准高效的学校管理

一、知识点简介

学校管理是在信息技术的支持下，通过精准高效地组织、调配教育资源，运用科学的组织管理策略来达成教育目标的过程。学校管理要实现精准高效，网络媒体和现代科技的应用不可或缺，它们为建立资源共享的信息平台、消除空间隔阂、打造开放管理环境提供了有力支持。管理实践中倡导教师与管理层的互动交流，尊重并体现教师的价值追求，通过民主手段推动管理文化的形成；同时，在执行管理时，坚持法理与情感的平衡，从教师的视角出发，助力其专业发展。精准高效的学校管理的典型特征包括多元参与、目标导向、资源优化及策略性。多元参与是指学校管理不仅是校长或管理层的责任，还涉及教师、学生、家长及教育行政部门的广泛参与。目标导向是指每项管理活动都应服务于实现学校的教育目标和发展规划。资源优化则强调对学校的人、财、物等资源的高效利用，以提升教育质量。策略性要求学校管理根据教育环境的不断变化，灵活制定和调整管理策略。智慧校园的建设正是精准高效的学校管理的具体实践，它通过人工智能技术，将学校的教学、科研、管理及生活服务等各个方面进行数字化，旨在提升学校管理效率、优化教育资源分配，为师生提供更便捷的服务等。

二、知识点测试题

1.【单选题】[★☆☆☆☆]以下哪项是学校管理的重要过程？（　　）
　A.实现教育目标
　B.分配教育资源
　C.设计学校视觉识别系统
　D.通过有效组织和调配教育资源，运用科学的组织管理策略来达成教育目标

2.【单选题】[★★★☆]下列哪项不是精准高效的学校管理的特征？（　　）
　A.多元参与　　　B.目标导向　　　C.忽视教师价值追求　　　D.资源优化

3.【单选题】[★★★★]以下哪个选项不是学校管理中资源优化的重点？（　　）
　A.提升教育质量　　　　B.高效利用学校的人、财、物等资源
　C.强调资源的平均分配　　　D.服务于实现学校的教育目标和发展规划

4.【多选题】[★★★★☆]在学校管理中，以下哪些方面的应用对于建立资源共享的信息平台和消除空间隔阂是不可或缺的？（　　）
　A.网络媒体　　　B.现代科技　　　C.传统教学方法　　　D.纸质文档管理

5.【判断题】[★☆☆☆☆]在学校管理中，网络媒体和现代科技的应用是不必要的。（　　）

6.【判断题】[★★★☆☆]学校管理的每项活动都应服务于实现学校的教育目标和发展规划，这体现了目标导向的特征。（　　）

7.【简答题】[★★★☆☆]简述人工智能技术如何助力精准高效的学校管理。

知识点31　科学、准确的教育评价

科学、准确的教育评价

一、知识点简介

科学、准确的教育评价是指基于大数据，教育工作者运用先进的数据分析技术和工具，对教育活动的质量和效果进行系统评估。① 其注重数据的深度挖掘与分析，追求评价的科学性、精确性和即时性，同时重视保护评价对象的个人隐私，尊重教育的内在价值和人的主体性，避免数据的简单化和表面化解读。科学、准确的教育评价关注数据，但更重视教育本质和个体发展的复杂性与无限可能性，旨在为评价对象提供公平、公正的评价结果和发展机会，进而促进教育的持续改进和个体的全面发展。科学、准确的教育评价具备以下核心特征：①数据驱动。评价过程根植于广泛的教育数据，而非仅仅依赖主观经验或局部信息。②全面性。评价内容覆盖教育活动的所有

---

① 伍远岳，武艺菲.大数据时代的教育评价：特征、风险与破解之道[J].中国考试，2023（10）：9-16.

关键维度，确保评价的全方位视角。③过程与结果并重。评价不仅关注最终结果，还聚焦活动过程，动态追踪活动的进展与发展趋势。④客观性。借助数据分析工具与模型，减少人为因素的干扰，提升评价的客观性与科学性。⑤实时性。利用现代信息技术手段，实现对教育数据的即时收集与分析，提供及时的评价反馈。在实践中，科学、准确的教育评价已涌现出众多典型案例，如学生综合素质评价系统、教师教学质量监控平台及教育资源配置优化分析。这些案例通过整合多维度数据，构建出全面评价学生综合素质的框架，深度分析教师的教学方法与效果，以及为教育资源的合理配置提供科学的决策支持。

二、知识点测试题

1.【单选题】[★☆☆☆☆]在大数据时代，科学、准确的教育评价强调（　　）。
　A.依赖主观经验　　　　　　　　B.数据的简单解读
　C.数据分析技术和工具的运用　　D.局部信息的收集

2.【单选题】[★★★☆☆]科学、准确的教育评价关注（　　）的平衡。
　A.结果与过程　　B.数据与经验　　C.局部与整体　　D.即时与滞后

3.【多选题】[★★☆☆☆]科学、准确的教育评价具备（　　）等核心特征。
　A.数据驱动　　B.主观经验依赖　　C.全面性　　D.过程与结果并重　　E.滞后性

4.【多选题】[★★★★☆]以下哪些是科学、准确的教育评价在实践中涌现出的典型案例？（　　）
　A.学生综合素质评价系统　　B.传统教学管理系统　　C.教师教学质量监控平台
　D.教育资源配置优化分析　　E.局部教学成效评估工具

5.【判断题】[★☆☆☆☆]科学、准确的教育评价追求评价的科学性、精确性和即时性。（　　）

6.【判断题】[★★★☆☆]科学、准确的教育评价只关注最终结果，不关注活动过程。（　　）

7.【简答题】[★★★★☆]简述科学、准确的教育评价在实践中涌现出的典型案例及其对教育评价领域的影响。

知识点32　智能教育改革相关的政策文件

一、知识点简介

智能教育改革相关政策文件是指国家以正式文件、规划、方案及法规等形式，对智能教育的发展进行全面部署与安排。这些政策的核心目标是促进智能技术与教育教学的深度融合，从而构建创新型教育体系，并通过智能化教学、管理与服务平台，实现教育质量和效率的双重提升。[①]这些政策文件展现出若干典型特征，具体包括目标导向性、系统性与全面性、实施策略性以及动态调整性。它们清晰地提出了改革的目标和预期成果，为整个改革进程指明了方向；同时，其内容全面覆盖了智能教育的各个关键方面，例如技术应用、课程改革以及教师培训，从而确保了改革的全面性和系统性。

在我国智能教育改革过程中，较为重要的政策文件有：2017年7月，国务院发布的《新一代

---

① 唐玉溪，何伟光.智能教育政策变迁的中国模式[J].教育研究与实验，2020（1）：40-46.

人工智能发展规划》，该规划将人工智能提升至国家发展战略的高度，并明确提出在中小学阶段设置与人工智能相关的课程，同时逐步推广编程教育，这为智能教育的广泛推广奠定了坚实的政策基础。2019年2月，《中国教育现代化2035》强调信息技术与教育教学的深度融合，要求充分利用现代信息技术，丰富并创新课程形式，加快信息化时代教育变革。具体包括以下措施：①建设智能化校园，统筹建设一体化智能化教学、管理与服务平台。②探索新型教学方式。利用现代技术加快推动人才培养模式改革，实现规模化教育与个性化培养的有机结合。③创新教育服务业态，建立数字教育资源共建共享机制，完善利益分配机制、知识产权保护制度和新型教育服务监管制度。④推进教育治理方式变革，加快形成现代化的教育管理与监测体系，推进管理精准化和决策科学化。2024年11月，教育部办公厅发布的《关于加强中小学人工智能教育的通知》，明确人工智能教育的总体要求，强调要以人工智能引领构建以人为本的创新教育生态，服务引导学生正确处理人与技术、社会的关系，促进思维发展，培养创新精神，提高解决实际问题的能力。

二、知识点测试题

1.【单选题】[★☆☆☆☆]智能教育改革相关政策文件的核心目标是（　　）。
　　A.提升教师的信息技术能力　　　　B.促进智能技术与教育教学的深度融合
　　C.增加学校的硬件设备　　　　　　D.扩大学校的规模

2.【单选题】[★★★★☆]根据智能教育改革相关政策文件，（　　）不属于教育治理方式变革的内容。
　　A.建设一体化智能化教学、管理与服务平台　　B.加快形成现代化的教育管理与监测体系
　　C.增加学生的课外辅导时间　　　　　　　　　D.推进管理精准化和决策科学化

3.【多选题】[★★☆☆☆]智能教育改革相关政策文件的内容涵盖（　　）。
　　A.技术应用　　B.课程改革　　C.教师培训　　D.学校规模扩大

4.【多选题】[★★★★☆]根据《中国教育现代化2035》这一文件，以下哪些是推进教育治理方式变革的措施？（　　）
　　A.建设智能化校园　　　　　　B.加快形成现代化的教育管理与监测体系
　　C.推广编程教育　　　　　　　D.推进管理精准化和决策科学化

5.【判断题】[★☆☆☆☆]智能教育改革相关政策文件是由政府部门主导，通过持续完善和优化来响应智能技术的进步和教育需求的变化。（　　）

6.【判断题】[★★★☆☆]智能教育改革相关政策文件只关注技术应用，不涉及课程改革和教师培训。（　　）

7.【简答题】[★★★☆☆]简述智能教育改革相关政策文件的核心目标及其对教育现代化的影响。

知识点33　人工智能引发的教育变革

人工智能引发的教育变革

一、知识点简介

人工智能引发的教育变革是指人工智能技术为教育领域带来的深远影响及挑战，并涉及教育与技术的融合应用，其目标是培育能适应未来社会需求的复合型创新人才。[①]随着人工智能技术的进步，教育模式、教学内容、教师角色及学习方式均将迎来重大改变。人工智能技术有助于个性化教学的实现，其以智能化手段辅助传统教学，从而摒弃"一刀切"的教学模式。学校也需更新课程体系，以适应人工智能时代对人才的新需求，其中数据素养与创新思维等能力的培养变得至关重要。同时，教师应从单一的传授者转变为学生学习及情感的引导者。人工智能时代的教育变革展现出以下典型特征：①个性化教学。利用人工智能技术，学校和教师能够根据学生的学习习惯和能力水平，为他们量身打造独特的学习资源和教学方案。②教学组织形式的多样化。互联网和移动终端的广泛应用使得线上教学成为可能，这不仅消除了时空限制，还为学生提供了更加灵活自主的学习模式。③教学评价的革新。通过人工智能技术，学校和教师能够更加科学、多元和精确地进行教学评价，从而提升评价效率和质量。

二、知识点测试题

1.【单选题】[★☆☆☆☆]以下哪项不是人工智能引发的教育变革的典型特征？（　　）

　　A.个性化教学　　B.教学组织形式的单一化　　C.教学评价的革新　　D.教师角色的转变

2.【单选题】[★★★★★]下列哪个不是人工智能技术在教育领域中的应用实例？（　　）

　　A.智慧课堂实时监测学生的学习状态

　　B.根据学生的学习习惯和能力水平定制教学资源

　　C.用人工智能完全替代教师进行课堂教学

　　D.通过人工智能技术进行更加科学、多元和精确的教学评价

3.【多选题】[★★☆☆☆]人工智能引发的教育变革涉及（　　）。

　　A.教育模式的改变　　　　B.教师角色的转变

　　C.学习方式的革新　　　　D.无须关注数据素养与创新思维的培养

4.【多选题】[★★★★☆]教学组织形式的多样化得益于哪些技术的发展？（　　）

　　A.人工智能　　B.互联网　　C.移动终端　　D.印刷技术

5.【判断题】[★☆☆☆☆]在人工智能时代，学校需要更新课程体系，以适应社会对人才的新需求。（　　）

6.【判断题】[★★★☆☆]个性化教学意味着每个学生都将接受完全相同的教学内容。（　　）

7.【简答题】[★★★☆☆]简述人工智能时代教育变革的核心目标及其实现途径。

---

①　任增元，刘军男.人工智能时代高校人才培养变革的思考[J].大学教育科学，2019（4）：114-121.

知识点34　人工智能时代的教育微观价值

人工智能时代的教育微观价值

一、知识点简介

在人工智能时代，教育的微观价值主要体现在为每位学生量身定制个性化学习路径，在技术支持下通过即时反馈与精准诊断，推动全人教育理想的达成。[1]在人工智能时代，借助先进的人工智能、大数据等技术，可为学生提供针对性的学习资源与教学方案，因材施教成为可能；实时的学习监控与反馈系统助力教师动态调整教学方法，进而提升学习效果；同时，教育系统重视对学生情感、态度及价值观的培育，以全面促进学生的综合发展，达成全人教育的宏伟目标。教育的微观价值具体体现在多个方面：①推动个性化学习。借助人工智能技术，教育实现了个性化学习，即根据学生的学习特性和能力，量身打造独特的学习路径，从而提升学习效果。②提升教学效率。人工智能辅助教学也大幅提升了教学效率，教师利用人工智能工具可以更高效地规划课程、评估学生以及提供个性化反馈。③优化教育资源分配。人工智能助力学校更精准地分配教育资源，既保障了教育公平，又提升了教育质量。④助力家校关系。例如，许多学校利用智能平台举办线上家长会、教育讲座等活动，邀请家长共同参与孩子的教育规划，显著提升了家校共育的质量。家长通过智能教育平台，能够实时获取孩子在学校的学习情况、作业完成度及课堂表现等多维度数据，这不仅有助于家长更全面地了解孩子的学习状态，还能为他们提供个性化的辅导建议，与学校形成教育合力。

二、知识点测试题

1.【单选题】[★☆☆☆☆]下面哪项是个性化学习在人工智能教育背景下的主要目的？（　　）
　　A.减轻教师负担　　　　　　　　　　B.提升学习成绩
　　C.为每位学生量身定制学习路径　　　D.优化教育资源分配

2.【单选题】[★★☆☆☆]以下哪项是智能教育平台为家长带来的主要益处？（　　）
　　A.减轻家长的经济负担　　　　　　　B.替代家长的角色对孩子进行教育
　　C.帮助家长更全面地了解孩子的学习状态　　D.减少家长与学校的沟通

3.【多选题】[★★☆☆☆]在人工智能时代下，教育微观价值具体体现在（　　）。
　　A.推动个性化学习　　B.提升教学效率　　C.优化教育资源分配　　D.助力家校共育

4.【多选题】[★★★☆☆]以下哪些是人工智能在教育领域的应用案例？（　　）
　　A.松鼠AI　　　　B.小i机器人　　　C.ClassIn　　　D.传统黑板教学

5.【判断题】[★☆☆☆☆]在人工智能时代下，教育的目标是达成全人教育的宏伟目标。（　　）

6.【判断题】[★★☆☆☆]人工智能辅助教学可以完全替代教师在教学中的角色。（　　）

7.【简答题】[★★★☆☆]列举人工智能技术在教育领域的应用，并介绍其教育微观价值。

---

[1] 于海波.人工智能教育的价值困境与突破路径[J].湖南师范大学教育科学学报，2020，19（4）：56-62.

知识点35 人工智能时代的教育宏观价值

人工智能时代的教育宏观价值

一、知识点简介

人工智能时代的教育宏观价值主要体现在人工智能技术与教育深度融合所带来的变革上，具体表现为教育质量的显著提升、教育公平的积极促进以及全民信息素养的全面提高。人工智能技术与教育深度融合所带来的变革具有以下典型特征：①智能化成为推动教育质量提升的新引擎。通过教学模式的系统性创新与优质资源的全域化覆盖，智能教育技术实现了教学过程的精准化与个性化。基于学习行为数据的智能分析系统，能够动态调整教学策略，显著提升知识传递效率，形成因材施教的智慧化教育新生态。②人工智能技术成为促进教育均衡发展的有力工具。它能够打破地域和经济限制，让更多人享受优质的教育资源，从而有效改善教育资源分配不均的现象。③信息素养的内涵得到拓展。在人工智能时代，信息素养以人工智能素养为核心，形成了人机共存且虚实并行的全方位综合素养，以适应四元世界的新要求。

以下典型案例印证了人工智能时代的教育宏观价值：①智能课堂应用。通过普及新型教学方式和基于大数据的智能应用，智能课堂可显著提升教学质量和学习效果。②国家数字教育资源公共服务体系的建立。利用互联网和人工智能技术，国家数字教育资源公共服务体系可将优质教育资源迅速、高效、低成本地辐射到偏远地区，有效促进了教育均衡发展。③信息素养教育的革新。人工智能素养的培养被纳入教育体系，虚拟仿真实验平台被逐步引入，旨在培养学生在人机协同环境中的创新实践能力。

二、知识点测试题

1.【单选题】[★☆☆☆☆]人工智能时代的教育宏观价值主要体现在（   ）。
　A.教育质量的显著提升　　　　　　B.教育均衡的积极促进
　C.全民信息素养的全面提高　　　　D.A、B、C选项都是

2.【单选题】[★★★★☆]国家数字教育资源公共服务体系通过（   ）来促进教育均衡发展。
　A.创新教学方式来实现
　B.打破地域和经济限制，将优质教育资源辐射到偏远地区
　C.培养学生的创新思维和技能
　D.提高全民的信息素养水平

3.【多选题】[★★☆☆☆]人工智能时代教育变革的典型特征包括（   ）。
　A.智能化成为推动教育质量提升的新引擎
　B.人工智能技术阻碍了教育均衡发展
　C.信息素养的内涵得到拓展
　D.形成了人机共存且虚实并行的全方位综合素养

4.【多选题】[★★★★☆]以下哪些项是人工智能时代教育的典型案例？（   ）
　A.智能课堂的应用　　　　　　B.国家数字教育资源公共服务体系的建立
　C.信息素养教育的革新　　　　D.传统教学方式的普及

5.【判断题】[★☆☆☆☆]智能化教育推动了教育的个性化发展,使得教学更加精准、高效。(   )

6.【判断题】[★★★☆☆]信息素养在人工智能时代的内涵得到了拓展,形成了以人工智能素养为核心的全方位综合素养。(   )

7.【简答题】[★★★★★]简述人工智能时代教育宏观价值的具体表现,并举例说明其如何影响现代教育。

第三章

人工智能时代的学校

人工智能时代的学校

知识点36 数字经济社会的发展对人才的新要求

一、知识点简介

数字经济社会的发展对人才的新要求是指在数字技术日新月异的背景下，社会对人才在专业技能、知识结构、创新能力及学习适应性等方面的新期望，尤其重视人才对技术与多元知识融合的能力，以及对数据分析、云计算、人工智能等前沿科技的掌握和运用。[1]

符合数字经济社会发展需求的人才的典型特征如下：①具备跨学科的知识整合能力，即能将计算机科学、数据分析等多领域知识融合运用。②具备技术应用与创新能力，即能将理论知识转化为实践，并解决现实问题，进而推动创新。③具备持续学习与适应环境的能力，即面对技术的快速更新，能够迅速掌握新知识并适应变化。例如，在零售业中，分析师需整合统计学、计算机科学等知识，通过深入分析消费者数据来优化库存和营销策略；在医疗领域，人工智能工程师需结合机器学习与医学知识，开发辅助诊疗的智能系统。总之，数字经济时代对人才的要求是多维度的，不仅需要其具备深厚的专业知识，还需其具备跨学科知识整合、技术应用与创新、持续学习及适应环境等综合能力。这些要求反映了数字经济社会对人才全面发展的新期待，也是培养和选拔人才的重要标准。

二、知识点测试题

1.【单选题】[★★☆☆☆]下列哪项不是数字经济时代对人才的要求？（   ）
   A.跨学科的知识整合   B.技术应用与创新能力
   C.传统手工技能的精进   D.持续学习与适应环境的能力

2.【单选题】[★★★★★]数字经济时代对人才的新要求反映了（   ）。
   A.对人才单一技能的需求   B.对人才全面发展的新期待
   C.对传统行业知识的固守   D.人才无需适应环境的能力

3.【多选题】[★★☆☆☆]数字经济时代对人才的新要求包括（   ）。
   A.深厚的技术功底   B.跨学科知识整合
   C.技术应用与创新能力   D.持续学习与适应环境的能力

4.【多选题】[★★★★☆]下列哪些领域体现了数字经济时代技术与多元知识的融合应用？（   ）
   A.零售业大数据分析优化库存   B.医疗领域人工智能工程师开发智能系统
   C.传统手工业的精进   D.教育行业利用云计算提升教学效率

5.【判断题】[★★☆☆☆]数字经济时代对人才的要求仅限于深厚的技术功底。（   ）

6.【判断题】[★★★☆☆]在数字经济时代，持续学习能力与适应环境的能力对人才来说不再重要。
   （   ）

7.【简答题】[★★★★★]简述数字经济时代对人才的新要求，并举例说明。

---

[1] 王翔，余霄.体制压力对地方政府数字人才诉求的结构化影响：基于政府数字化转型的背景[J].电子政务，2023（8）：10-21.

知识点37　学校人才培养目标

学校人才培养目标

一、知识点简介

学校人才培养目标作为教育机构在一定教育理念和理论指导下的产物，是根据社会需求及学校自身发展定位而精心设定的。学校人才培养目标具体阐述了对学生在知识、能力和素质方面的期望与要求，不仅深刻反映了学校的办学理念和独特特色，更构成了教育活动的核心基点和终极归宿。简而言之，学校人才培养对教育实践起着至关重要的指导和检验作用。[1]学校人才培养目标具备以下几个典型特征：①导向性。学校人才培养目标为教育活动指明方向，是教学改革和课程设置的关键指引。②层次性。目标设置需与学校的发展阶段和定位相吻合，从而体现出教育的不同层次。③激励性。学校人才培养目标蕴含的理想和愿景能够有效激发教职工与学生的积极性和潜能。④教育性。学校人才培养目标应围绕学生的全面发展，着重强调人文素质和价值观的培养。⑤系统性。一个科学合理、内在相关且完整的目标网络是确保教育质量的关键。

二、知识点测试题

1.【单选题】[★☆☆☆☆]学校人才培养目标主要根据（　　）设定。
　A.学生兴趣　　　　B.社会需求及学校自身发展定位　　　C.家长意愿　　　　D.教育部门规定
2.【单选题】[★★★★★]下列哪一项是学校人才培养目标中"层次性"特征的体现？（　　）
　A.目标设置需与学校的发展阶段和定位相吻合　　　B.目标强调学生应具备国际视野
　C.目标围绕学生的全面发展　　　　　　　　　　　D.目标为教育活动指明方向
3.【多选题】[★★☆☆☆]以下哪项是学校人才培养目标对教育实践的作用？（　　）
　A.提供指导和检验作用　B.设定教育改革的方向　C.促进学生全面发展　D.确定课程设置
4.【多选题】[★★★★☆]以下哪些是学校人才培养目标的特征？（　　）
　A.导向性　　　　　B.娱乐性　　　　　C.激励性　　　　　D.系统性
5.【判断题】[★★☆☆☆]学校人才培养目标仅反映学校的办学理念，与社会需求无关。（　　）
6.【判断题】[★★★☆☆]学校人才培养目标的"教育性"特征强调围绕学生的全面发展，着重于人文素质和正确价值观的培养。（　　）
7.【简答题】[★★★★☆]简述学校人才培养目标的重要性，并举例说明。

知识点38　人工智能时代的学校发展路径

人工智能时代的学校发展路径

一、知识点简介

人工智能时代的学校发展路径主要关注在人工智能技术快速发展的背景下，学校如何调整自身的发展战略，以适应新的教育需求和技术变革，从而提高教育质量和学生的综合素质。[2]人工智

---

[1] 王严淞.论我国一流大学本科人才培养目标[J].中国高教研究，2016（8）：13-19，41.
[2] 蔡慧英，董海霞，陈旭，等.如何建设未来学校：基于智能教育治理场景的前瞻与审思[J].华东师范大学学报（教育科学版），2022，40（9）：45-54.

能时代的学校发展路径应具备以下典型特征：①实现个性化教学。借助人工智能，学校可根据学生的个性、能力提供定制化学习资源，实现因材施教。②以数据驱动决策。依据学生学习数据的分析结果，学校可以更科学地调整课程设置和教学方法。③借助技术优化资源配置。借助人工智能，学校可以实现高效管理、合理分配教育资源，从而提高教学质量。

二、知识点测试题

1.【单选题】[★☆☆☆☆]人工智能时代的学校发展路径主要关注的是（　　）。
 A.扩大校园规模　　　　　　　　B.适应新的教育需求和技术变革
 C.增加学生数量　　　　　　　　D.提高教师薪资
2.【单选题】[★★★★☆]下列哪一项不是人工智能时代学校发展路径的典型特征？（　　）
 A.个性化教学　　B.数据驱动决策　　C.传统资源配置方式　　D.优化资源配置
3.【多选题】[★★☆☆☆]人工智能时代的学校发展路径主要包括（　　）。
 A.个性化教学　　B.数据驱动决策　　C.扩大校园面积　　D.优化资源配置
4.【多选题】[★★★★☆]以下哪些是学校在人工智能时代取得显著成效的实践？（　　）
 A.引入智能教室和学习管理系统　　　　B.缩减教育预算
 C.利用人工智能全面分析学生的学习过程　D.增加传统教学方法的使用
5.【判断题】[★★☆☆☆]在人工智能时代，学校不需要调整自身的发展战略以适应新的教育需求和技术变革。（　　）
6.【判断题】[★★★☆☆]通过分析学生学习数据，学校可以更科学地调整课程设置和教学方法，这是数据驱动决策在学校管理中的应用。（　　）
7.【简答题】[★★★★★]简述人工智能时代学校发展路径的三个主要特征，并举例说明其中一个特征的具体应用。

知识点39　人工智能时代的学校存亡

人工智能时代的学校存亡

一、知识点简介

在人工智能时代，"人工智能时代的学校存亡"这一议题备受瞩目，其聚焦于学校教育系统如何适应技术革新，以保持其在培养学生综合素质和创新能力上的核心作用，并有效应对技术替代所带来的种种挑战。技术的发展为学校带来了诸多显著优势，如实现个性化教学、丰富了教学资源、缩小教育资源的不均衡等。然而，技术变革也给学校发展带来了不容忽视的挑战：①教师角色重构。教师需要从传统的"知识传授者"角色转变为"学习引导者"。②评价体系范式转换。教育评价标准需从单一的分数导向转向对学生综合能力和创新能力的全面评估。③数据伦理治理困局。学生学习数据的收集和使用引发了关于数据隐私和数据安全等隐患。从以下这些典型案例中，我们可以进一步窥见技术发展给学校教育带来的挑战：美国得克萨斯州奥斯汀的一所K-12学校引入人工智能作为"导师"后，提升了学生的学习成效，但是学校的教师面临角色转换的挑战，同时传统的评价方式也无法适应这种新的教学模式。新加坡的"未来学校"计划利用信息技术为学生创造独特且具有创新性的学习环境,但这使得教师需要接受再培训,同时整个教育系统都需要进行调整。在未来,学校的存在不是"独存",而是顺应时代的发展变化而作出相应调整与变革的"共存"。

二、知识点测试题

1.【单选题】[★☆☆☆☆]以下哪一项是技术发展为学校带来的优势?(　　)
 A.实现个性化教学　　　　　　　　　B.更好的师资力量
 C.更方便对学生进行统一管理　　　　D.教育经费增加

2.【单选题】[★★☆☆☆]以下哪一项不是人工智能为学校带来的显著优势?(　　)
 A.实现个性化教学　B.丰富的教学资源　C.缩小教育资源差距　D.增加教师工作量

3.【多选题】[★★☆☆☆]人工智能为学校带来的显著优势有(　　)。
 A.实现个性化教学　B.提高学生学习效率　C.丰富教学资源　D.缩小教育资源差距

4.【多选题】[★★★★☆]在人工智能时代,学校教育系统面临的挑战有(　　)。
 A.教师角色需要转变　　　　　　　　　B.教育评价标准需调整
 C.学生学习数据收集和使用的隐私和安全问题　D.教学资源过于丰富导致选择困难

5.【判断题】[★★☆☆☆]在人工智能时代,学校教育系统不需要适应技术革新,因为传统的教学方式已经足够好。(　　)

6.【判断题】[★★★☆☆]学校采用人工智能辅助教学,不会面临任何挑战和问题。(　　)

7.【简答题】[★★★★★]简述人工智能在教育中的应用,并举例说明其带来的优势和挑战。

知识点40　人工智能时代的学校特征

人工智能时代的学校特征

一、知识点简介

　　智能技术与学校建设的融合,将使学校呈现教育环境智能化、课程资源多样化、教育教学智慧化、教育评价多元化、校园管理数字化等特征。具体如下:①教育环境智能化。人工智能等技术为学校教育教学提供了智能化环境保障,为教育教学活动实现人机智能交互提供了支持。学校可以利用扩展现实技术实现现实空间和虚拟空间的无缝融合,同时以人工智能技术作为智能学习引擎,提升支持多样化学习需求的智能感知能力和服务能力,实现以知识泛在性、社会性、情境性、适应性、连接性等特征为主要核心功能的泛在智能学习。②课程资源多样化。在人工智能时代,学校大部分的课程资源都是可以通过数字化方式实现存储的。学校的课程、教材,以及其他配套资源空前丰富,形式更加多样化,包括复杂的、系统的和标准的资源,都将被纳入课程中,以智能化的、可接受的形式传授给学生。③教育教学智慧化。学校的教学环境可以应用虚拟现实技术,建立虚拟实验室,开展沉浸式教学;通过大数据分析,教师可以了解每位学生的具体学习情况,并根据不同学生的特点,开展教学设计,实现对每位学生的个性化指导;人工智能可以将教师从繁杂的日常工作中解放出来,从而更好地进行教学。④教育评价多元化。人工智能时代的教育评价在技术的支持下,逐步实现动态评价与静态评价、过程性评价与终结性评价相结合。基于大数据的学生综合素质评价,可以实现学生自评、同伴互评、教师助评、家长参评等多元评价主体参与,通过定性评价与定量评价相结合,提高评价的信度和效度,使教育评价更加科学、客观、全面。⑤校园管理数字化。在人工智能时代，数字校园基本建成，校园管理智能平台将学校的固定资产、财务、学生、教师、安全、课程等管理流程进行优化，并将其转化为一套完整的数据，从而实现校园管理的一体化，极大提升了管理的效率。

二、知识点测试题

1.【单选题】[★☆☆☆☆]在智能技术与学校建设的融合中，以下哪项技术被提及用于实现现实空间和虚拟空间的无缝融合？（   ）
    A. 大数据分析   B. 扩展现实技术   C. 云计算   D. 区块链技术
2.【单选题】[★★☆☆☆]在人工智能时代，学校的课程资源多样化主要体现在（   ）。
    A. 课程资源仅限于纸质教材   B. 课程资源可以通过数字化方式存储
    C. 课程资源形式单一化   D. 课程资源无法适应多样化需求
3.【多选题】[★★★☆☆]在人工智能时代，教育评价多元化的主要表现包括（   ）。
    A. 动态评价与静态评价相结合   B. 仅依赖教师评价
    C. 学生、同伴、教师、家长等多评价主体 D. 定性评价与定量评价相结合
4.【多选题】[★★★☆☆]在教育教学智慧化中，运用了以下哪些技术？（   ）
    A. 虚拟现实技术   B. 大数据分析   C. 人工智能   D. 区块链技术
5.【判断题】[★☆☆☆☆]在人工智能时代，学校的教育评价仅依赖于教师的评价。（   ）
6.【判断题】[★★☆☆☆]校园管理数字化意味着学校的固定资产、财务、学生、教师、安全、课程等管理流程被优化并转化为一套完整的数据。（   ）
7.【简答题】[★★★☆☆]简述在人工智能时代，学校教育教学智慧化的主要表现。

知识点41　人工智能时代的学校形态

人工智能时代的学校形态

一、知识点简介

人工智能时代的学校形态是指通过人工智能技术的深度融合，学校在教育时空、组织结构、教学服务等方面发生根本性变革的新型教育模式。这种形态打破了传统学校的物理边界，形成了虚实交融的泛在时空，实现了人机融合的协同系统，并为学生提供了个性化学习的服务形态。

人工智能时代学校形态的特征如下：①虚实交融的泛在时空。未来的学校将是一个虚拟与现实相结合的泛在空间。虚拟学校作为社会基础设施，承担知识教育的主体责任，支持个性化学习和继续教育；实体学校则通过创意空间布局和智能化设计，成为培养学生高阶思维能力的重要平台。两者灵活结合，形成适合每位学生的泛在学校。②人机融合的协同系统。未来学校以人机融合为核心，构建教师、学生、人工智能和学习内容之间的协同系统。人工智能不仅能提升人类认知能力，还能通过大数据支持个性化教学。学校成为人类与人工智能共同学习的场所，持续优化教育服务。③个性化学习的服务形态。未来学校将基于大数据和人工智能技术，为学生提供丰富的学习资源和个性化服务。课程设置从统一转向个体创生，学生可自由选择全球优质课程。教学方式结合线上与线下，实现深度学习与多元互动。师生关系从以教师为主导转向以学生为主导，智能教师与实体教师协同支持学生的高阶学习。

人工智能时代学校的典型应用案例有：美国的AltSchool学校和法国的Ecole42学校通过在线平台提供全方位教育服务，支持个性化学习和继续教育。瑞典的Vittra Telefonplan学校，通过创意空间设计和智能化技术，将传统教室转变为多功能学习场所，满足学生的个性化需求。

二、知识点测试题

1. 【单选题】[★☆☆☆☆]在人工智能时代的学校形态中，虚拟学校主要承担的责任是（　　）。
   A. 提供体育设施　　　　　　B. 承担知识教育的主体责任
   C. 管理学校行政事务　　　　D. 组织课外活动

2. 【单选题】[★★★☆]在未来学校中，人机融合的协同系统主要涉及的角色是（　　）。
   A. 教师、学生、家长　　　　B. 教师、学生、人工智能、学习内容
   C. 学生、人工智能、家长　　D. 教师、家长、学习内容

3. 【多选题】[★★☆☆☆]人工智能时代的学校形态主要的特征有（　　）。
   A. 虚实交融的泛在时空　　　B. 人机融合的协同系统
   C. 个性化学习的服务形态　　D. 传统教室被完全取代

4. 【多选题】[★★★☆☆]在未来学校中，个性化学习的服务形态可能包括（　　）。
   A. 学生自由选择全球优质课程　B. 教学方式结合线上与线下
   C. 师生关系以教师为主导　　　D. 课程设置从统一转向个体创生

5. 【判断题】[★★☆☆☆]未来学校的实体学校将完全被虚拟学校取代。（　　）

6. 【判断题】[★★☆☆☆]在人工智能时代的学校形态中，智能教师与实体教师将协同支持学生的高阶学习。（　　）

7. 【简答题】[★★★☆☆]简述人工智能时代学校形态的三大特征，并举例说明其中一个特征在实际中的应用。

知识点42　智慧校园

智慧校园

一、知识点简介

智慧校园是指借助物联网、云计算及大数据等现代信息技术，打造的一种创新型教育教学环境。它不仅能全面感知校园环境，实现网络的无缝互通，还营造了开放的学习氛围，并为师生提供个性化的服务。①其核心在于利用技术手段推进校园的智能化管理与服务，从而显著提升教育教学的效率与质量。智慧校园具备以下显著特征：①环境的全面感知。通过多样化的传感器与监控设施，能够实时捕获校园内的各类信息，涵盖人员流动、安全保障及环境质量等诸多方面。②网络无缝互通保障了校园内外信息的迅速流通，构筑了稳定高效的网络交互环境。③开放的学习环境汇聚了丰富的学习资源，支持线上线下学习的有机融合，有效促进了知识的共享与传递。④针对师生的个性化需求，智慧校园能够提供量身定制的教育与生活服务。目前，不少高校开始进行智慧校园建设，例如：浙江大学在其信息化发展规划中明确了智慧校园的建设方向，要借助

---

① 于长虹，王运武，马武.智慧校园建设的现状、问题与对策[J].教学与管理，2015（6）：48-51.

云计算、物联网等先进技术，营造智能化的教育与生活环境。同济大学在智慧校园的建设过程中，强调技术与教育教学的深度结合，通过智能化教学工具与管理平台，显著优化了教学流程及学生的学习体验。成都大学通过智慧校园实现了资源的全面感知与智能管理，为校园内的每一位成员提供了便捷高效的服务。

二、知识点测试题

1. 【单选题】[★★☆☆☆]建设智慧校园的核心目的是（　　）。
   A. 提高校园美观度　　　　B. 推广先进技术
   C. 减少师生数量　　　　　D. 推进校园的智能化管理与服务，提升教育教学的效率与质量

2. 【单选题】[★★★☆☆]智慧校园的（　　）确保了校园内外信息的迅速流通。
   A. 环境的全面感知　　B. 网络无缝互通　　C. 开放的学习环境　　D. 个性化的服务

3. 【多选题】[★★☆☆☆]智慧校园通过（　　）等方式显著提升了教育教学的效率与质量。
   A. 环境的全面感知　　B. 网络无缝互通　　C. 传统的教学模式　　D. 个性化的服务

4. 【多选题】[★★★★☆]以下哪些是智慧校园建设中的成功案例？（　　）
   A. 浙江大学营造了智能化的教育与生活环境
   B. 同济大学通过智能化教学工具与管理平台显著优化了教学流程及学生的学习体验
   C. 清华大学采用线上线下融合教学
   D. 成都大学实现了资源的全面感知与智能管理

5. 【判断题】[★★☆☆☆]智慧校园能够实时捕获校园内的各类信息，包括人员流动、安全保障及环境质量等。（　　）

6. 【判断题】[★★★☆☆]智慧校园主要关注硬件设施的建设，对教育教学过程的影响有限。（　　）

7. 【简答题】[★★★★☆]简述智慧校园的主要特征，并举例说明其在实际应用中的优势。

知识点43　智慧教室

智慧教室

一、知识点简介

　　智慧教室是借助物联网、大数据、人工智能等现代信息技术所打造的智能化、个性化和多元化教学环境。它不仅强化了师生互动，还能提供定制化的教学服务，从而显著提升教学质量与效率。智慧教室不仅代表了技术层面的革新，更反映了教学理念的转变，凸显了学生在教学中的主体地位，并鼓励他们进行主动和创造性学习。[①]智慧教室的典型特征包括：①教学内容的多媒体化。智慧教室可通过丰富多样的学习材料来优化教学效果。②资源充分共享。智慧教室打破了传统课堂的边界，实现了信息资源的广泛共享。③教学方式的多样化。通过交互式界面推动以学生为中心的教学模式。④高度网络化的连接。智慧教室凭借发达的网络技术，确保通信畅通，为信息服务提供了坚实基础。⑤智能化设备管理，以及通过可视化界面实现设备的智能管控。

---

① 姜丛雯，傅树京.我国智慧课堂研究现状述评[J].教学与管理，2020（6）：1-4.

二、知识点测试题

1.【单选题】[★☆☆☆☆]智慧教室主要借助（　　）来打造智能化教学环境。
   A.传统教学工具　　　B.物联网、大数据、人工智能　　　C.纸质教材　　　D.黑板与粉笔
2.【单选题】[★★★☆☆]以下哪个不是智慧教室的典型特征？（　　）
   A.教学内容的多媒体化　　B.传统的教学模式　　C.资源充分共享　　D.智能化设备管理
3.【单选题】[★★★★★]智慧教室主要整合（　　）来提供沉浸式学习体验。
   A.物联网技术和智能调节教室环境　　　B.可穿戴设备和增强现实技术
   C.平板电脑和互动白板　　　　　　　　D.传统教学工具和多媒体材料
4.【多选题】[★★☆☆☆]智慧教室相比于传统教室，其优势主要体现在（　　）。
   A.强化了师生互动　　　　　　　B.提供定制化的教学服务
   C.显著提高教学质量与教学效率　　D.凸显了学生在教学中的主体地位
5.【判断题】[★☆☆☆☆]智慧教室代表了技术层面的革新，同时也反映了教学理念的转变。（　　）
6.【判断题】[★★★☆☆]智慧教室的典型特征之一是教学方式的高度统一化，通过标准化界面推动教师中心的教学模式。（　　）
7.【简答题】[★★★★★]简述智慧教室的主要特征，并举例说明其在实际教学中的应用优势。

知识点44　智慧实验室

智慧实验室

一、知识点简介

智慧实验室作为一种依托云计算、物联网、大数据分析等新一代信息技术构建的新型实验室管理模式，旨在通过智能化改造，全面提升实验室在管理、实验教学及科研工作方面的效率。其核心目标在于借助科技手段，显著增强实验室的管理效能、教学质量及科研水平。智慧实验室具备以下显著特征：①智能化管理。高度智能化的系统可对实验室资源进行精细化、动态化管理，实现资源的高效配置与利用。②教学过程可视化。借助信息技术，智慧实验室可对教学过程进行全面记录与深度分析，为持续提升教学质量提供坚实的数据支撑。③资源共享化。通过网络平台，打破教学与科研资源的壁垒，实现资源的高效共享与流通。④注重安全与环保。智慧实验室具有精准的环境监测系统和智能控制系统，确保实验室的安全运行，同时实现能源的有效管理与节能减排。在全球范围内，众多知名学府在智慧实验室建设方面已取得显著成果，例如：中国科学技术大学打造的"智慧化学实验室"，实现了化学实验全流程的智能化管理，从实验预约、试剂调配到实验操作、数据记录与分析，均可通过智能化系统高效完成。美国斯坦福大学的生物科学大楼，其实验室自动化系统能够自动记录实验数据，并智能调度实验设备，极大地提升了实验效率与安全性，减少了人为误差。新加坡国立大学的"智慧实验室"借助物联网技术，实现了实验室设备的远程操控与实时监控，不仅提高了实验室的运作效率，还提升了安全管理标准，确保实验室在无人值守时也能安全、稳定地运行。

二、知识点测试题

1.【单选题】[★★☆☆☆]智慧实验室的核心目的是（　　　）。
　　A.降低实验室的运行成本　　　　　　　　　　B.增加实验室的设备数量
　　C.提高实验室的管理效能、教学质量及科研水平　　D.减少实验室的人员配备
2.【单选题】[★★★★☆]智慧实验室的教学过程可视化是通过（　　　）实现的。
　　A.视频监控　　　B.数据分析　　　C.信息记录系统　　　D.交互式白板
3.【多选题】[★★☆☆☆]智慧实验室的特点包括（　　　）。
　　A.智能化管理　　B.教学过程可视化　　C.资源共享化　　D.忽视安全与环保
4.【多选题】[★★★☆☆]智慧实验室通过以下哪些方式提升教学质量？（　　　）
　　A.提供丰富的在线教学资源　　B.实现教学过程的可视化与数据分析
　　C.减少教师与学生的互动　　　D.提供个性化的学习路径推荐
5.【判断题】[★☆☆☆☆]智慧实验室是一种利用传统技术对实验室进行改造的管理模式。（　　　）
6.【判断题】[★★☆☆☆]智慧实验室不重视环保与安全。（　　　）
7.【简答题】[★★★☆☆]简述智慧实验室如何借助新一代信息技术提高实验室的管理、教学和科研工作效率。

知识点45　智慧图书馆

智慧图书馆

一、知识点简介

　　智慧图书馆是指通过云计算、物联网等技术，实现资源数字化、服务智能化及共享最大化，为读者提供更便捷、个性化的阅读体验，并最终运用智能技术提升图书馆服务与管理效率的创新模式。智慧服务是智慧图书馆的核心，即基于智能技术支持，面向用户提供智能知识服务[①]。智慧图书馆具有三大特点：①智慧互联，实现信息的全面感知、人−馆−书的立体互联、图书馆−馆员−读者之间的共享协同，实现馆馆相连、网网相连、库库相连、人物相连；②智能高效，实现馆建、藏书等方面的节能低碳，实现感知和应对危机的灵敏便捷，实现跨应用、跨区域、跨平台的整合集群；③快捷便利，实现无线泛在的借阅服务，实现同一空间一体化的阅读学习，实现图书馆−馆员−读者之间的个性化、智能化互动。典型的智慧图书馆案例有：中国国家图书馆利用大数据、云计算等技术，构建了数字资源库和在线服务平台，为读者提供远程和个性化信息服务。上海图书馆引入自助借还机、智能导览系统等，为读者带来了更为丰富和便捷的阅读体验。日本东京都立图书馆通过引入自助服务系统和射频识别技术，极大提升了服务的便捷性与智能化。

二、知识点测试题

1.【单选题】[★★☆☆☆]智慧图书馆的核心是（　　　）。
　　A.智能技术　　　B.数字化资源　　　C.智慧服务　　　D.共享最大化

---

① 吴丹，呼小可，杨馨梅.我国智慧图书馆信息服务的智慧化特征识别研究[J].图书馆建设，2024（2）：9-20.

2.【单选题】[★★★☆☆]智慧图书馆能够为读者提供最突出的便利是（　　）。
　　A.快速检索图书资源　　　　B.个性化阅读推荐
　　C.在线阅读和学习资源　　　D.自动化的图书归类和整理

3.【多选题】[★★☆☆☆]智慧图书馆能够带来哪些方面的优化？（　　）
　　A.读者体验　　B.管理效率　　C.资源利用　　D.图书采购

4.【多选题】[★★★☆☆]在智慧图书馆的建设中，需要重点考虑的因素有（　　）。
　　A.技术的先进性和稳定性　　B.图书馆员的培训和管理
　　C.读者的使用习惯和反馈　　D.图书馆的装饰风格和设计理念

5.【判断题】[★☆☆☆☆]智慧图书馆完全取代了传统图书馆的功能和服务。（　　）

6.【判断题】[★★☆☆☆]智慧图书馆不关注读者的个性化阅读需求。（　　）

7.【简答题】[★★★☆☆]你认为智慧图书馆在未来的发展中可能会面临哪些挑战？应如何应对这些挑战？

知识点46　元宇宙校园

元宇宙校园

一、知识点简介

　　元宇宙校园是一种运用虚拟现实技术与增强现实技术构建的数字化学习空间，它消除了物理空间的限制，为学生提供了沉浸式的学习环境。在此环境中，学生可以自由互动、听课并参与多元活动，还可以根据个人需求定制独特且个性化的学习路径。结合去中心化自治组织（Decentralized Autonomous Organization，DAO）和区块链技术，元宇宙校园不仅可以提升教育的普遍惠及性、透明度和自主性，还可以深化学生与教育资源之间的连接。这一教育模式标志着未来教育将朝着更为灵活、开放及包容的方向发展。元宇宙校园包括以下典型特征：①沉浸式体验，即通过高度仿真的虚拟环境，还原真实场景的临场感。②开放性与个性化，允许学生根据需求自定义学习内容、学习环境。③学习路径及交互性和社交化，通过实时协作工具，促进了师生之间、学生之间的实时互动和知识共享。④虚实融合，利用数字孪生技术，构建物理空间与虚拟空间双向映射的全新教育生态系统。元宇宙校园作为教育领域的新兴概念，通过引入尖端技术，打造了一个沉浸式、自由化、交互式的学习环境，预示着传统校园教育的深刻变革。

二、知识点测试题

1.【单选题】[★☆☆☆☆]元宇宙校园主要运用了（　　）构建数字化学习空间。
　　A.人工智能与机器学习　　B.虚拟现实与增强现实　　C.物联网与大数据　　D.5G与云计算

2.【单选题】[★★★★★]元宇宙校园预示着传统校园教育将朝着（　　）的方向发展。
　　A.更为封闭和集中　　　　B.更为灵活、开放及包容
　　C.减少个性化学习路径　　D.降低教育的透明度

3.【多选题】[★★☆☆☆]元宇宙校园中的学生可以进行的活动有（　　）。
　　A.自由互动　　B.听课　　C.参与多元活动　　D.仅限于预设的学习路径

4.【多选题】[★★★☆☆]元宇宙校园在教育领域的应用，可能带来的变革有（　　）。

A.教学模式的创新与多样化　　B.教育资源的更高效利用与共享
C.学生学习自主性的提升　　　D.传统校园设施的全面废弃

5.【判断题】[★☆☆☆☆]元宇宙校园消除了物理空间的限制,为学生提供了沉浸式的教育环境。(　　)

6.【判断题】[★★☆☆☆]元宇宙校园融合了现实与虚拟的元素,构建了一个全新的教育生态系统。(　　)

7.【简答题】[★★★☆☆]简述元宇宙校园的典型特征,并介绍一个在教育实践中的应用案例。

第四章
人工智能时代的教师

人工智能时代的教师

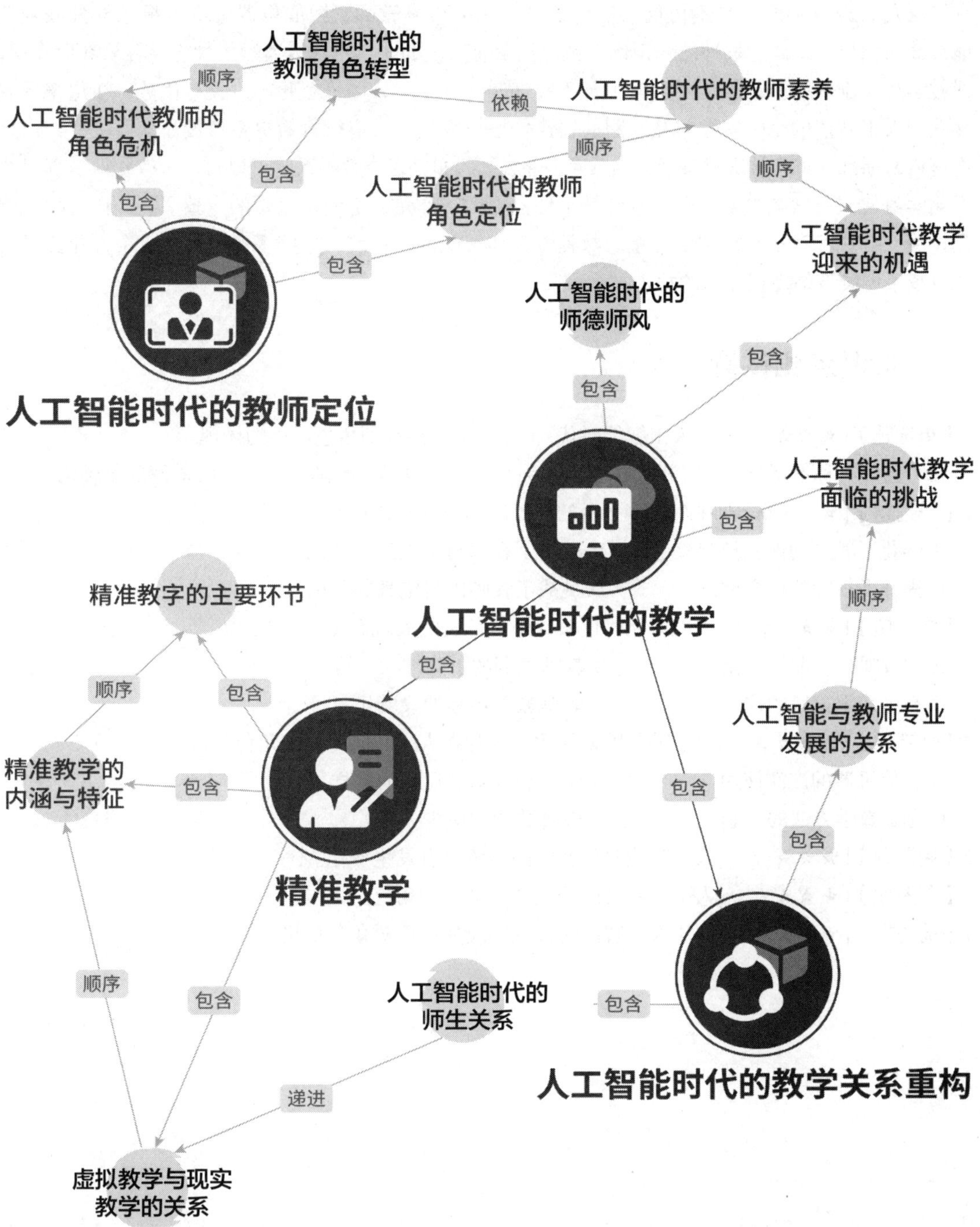

知识点47　人工智能时代教师的角色危机

人工智能时代教师的角色危机

一、知识点简介

人工智能时代教师角色危机是指在人工智能技术广泛应用的背景下，教师原有的知识传授者、技能指导者等角色受到挑战，部分功能或角色可能被人工智能替代，导致教师职业价值和社会角色的重新定位。因此，人工智能时代教师的角色危机主要体现在以下四个方面：①"教师"称谓泛化，即教师的定义不再局限于传统意义上的人类教师，智能机器等也可承担部分教师功能；②知识权威式微，教师的知识优势被海量信息所削弱，学生可以通过多种途径轻易获取知识；③教学经验削弱，循证教学要求教师基于数据和证据教学，传统经验不再具有优势；④道德形象矮化，人工智能的全时监控与互联网的快速传播使得教师的道德行为更容易被公众所关注，一旦有违道德标准，将直接影响其形象与教育效果。[①] 例如，智能教学系统可以自动批改作业、提供个性化学习建议，这减少了教师在基础教学任务上的工作量，也使得教师的"教书匠"传统角色受到挑战。在线教育平台提供了丰富的课程资源和智能推荐系统，这些平台的高效、个性化教学方式挑战了传统教师传授知识的角色。

二、知识点测试题

1.【单选题】[★☆☆☆☆]在人工智能时代，（　　）不是教师角色危机的体现。
　　A."教师"称谓泛化　　　B.知识权威加强　　　C.教学经验削弱　　　D.道德形象矮化

2.【单选题】[★★★★★]在线教育平台的广泛应用对教师角色的影响是（　　）。
　　A.强化了教师的课堂控制权　　　B.减少了教师与学生的互动机会
　　C.提升了教师的社会地位　　　　D.挑战了教师因材施教的角色

3.【多选题】[★★☆☆☆]人工智能时代教师角色危机的表现有（　　）。
　　A."教师"称谓的泛化　　　B.教师工资的下降
　　C.教师知识权威的式微　　D.教师教学经验的衰弱

4.【多选题】[★★★★☆]以下哪些因素导致了教师在人工智能时代的角色危机？（　　）
　　A.智能机器的广泛使用　　　B.学生获取知识途径的多样化
　　C.循证教学方法的兴起　　　D.教师数量的减少

5.【判断题】[★★☆☆☆]人工智能时代教师的角色没有发生变化。（　　）

6.【判断题】[★★★☆☆]人工智能可以完全替代教师的角色。（　　）

7.【简答题】[★★★☆☆]简述人工智能时代教师应如何应对角色危机。

---

① 邹太龙，康锐，谭平.人工智能时代教师的角色危机及其重塑[J].当代教育科学，2021（6）：88-95.

知识点48 人工智能时代的教师角色转型

人工智能时代的教师角色转型

一、知识点简介

在人工智能时代,教师角色的转型已成为教育领域的重要议题。人工智能时代的教师角色转型是指教师需从传统的知识传授者转变为学生个性化学习的引导者和服务者。[①]这一转型要求教师不仅应更新传统的教学方式、方法,还需积极提升自身的智能化教学能力。人工智能时代的教师角色转型具有以下四大特征:时代性、智能性、创新性和适应性。时代性强调教师必须紧跟人工智能时代的教育发展趋势;智能性要求教师应掌握并灵活运用人工智能技术,将其融入日常教学;创新性鼓励教师勇于尝试新颖的教学方式,以培养学生的创新思维;适应性强调教师应根据学生的个体差异和学习需求,灵活调整教学策略。例如,高中数学教师可以利用智学网平台,实时收集学生的学习数据,根据这些数据为每位学生提供个性化的学习路径和习题。通过这种方式,教师能够更精准地了解学生的学习进度、学习难点,为学生提供更有针对性的辅导,从而成功实现从知识传授者到个性化学习引导者和服务者的转型。

二、知识点测试题

1.【单选题】[★★☆☆☆]下列哪一项不属于教师角色转型的特征?(　　)
　A.时代性　　B.稳定性　　C.创新性　　D.适应性

2.【单选题】[★★★★☆]教师在转型过程中需要强调适应性的原因是(　　)。
　A.为了更好地管理课堂　　　　　　　B.为了提高学生的考试成绩
　C.为了根据学生的个体差异灵活调整教学策略　　D.为了增加教学的趣味性

3.【多选题】[★★☆☆☆]人工智能时代教师角色转型需要教师具备的能力有(　　)。
　A.更新教学方式和方法　　　B.提升自身的智能化教学能力
　C.熟练掌握传统的板书技巧　　D.激发学生的学习兴趣和创新能力

4.【多选题】[★★★★☆]在人工智能时代,教师如何更好地适应新角色?(　　)
　A.忽视新技术的发展　　　　B.紧跟教育发展趋势
　C.坚持传统的教学方式　　　D.根据学生需求灵活调整教学策略

5.【判断题】[★☆☆☆☆]在人工智能时代,教师的角色没有发生变化。(　　)

6.【判断题】[★★☆☆☆]人工智能可以帮助教师更精准地了解学生的学习进度。(　　)

7.【简答题】[★★★☆☆]简述在人工智能时代,教师角色转型的必要性及其可能面临的挑战。

---

① 杨志玲,苏媛.人工智能时代教师角色的转变与重塑策略[J].中国成人教育,2023(4):73-76.

知识点49　人工智能时代的教师角色定位

一、知识点简介

人工智能时代的教师角色定位

人工智能时代的教师角色定位强调教师的多重身份和职能，要求教师不仅要有扎实的专业知识，还需要具备相应的技术素养、创新能力、服务意识和伦理观念，以适应教育的新变革和挑战。[①]教师角色定位主要具有以下四方面的特征：①从批量标准化的教学者到精准个性化的教学者。借助人工智能技术，教师可以采集并分析学生的学习数据，为其提供个性化的学习资源和反馈，从而实现教学的精准化和个性化。②从单一的主导者转变为与智能机器协同的工作者。在人工智能的辅助下，教师可以与智能机器共同承担教学任务，形成高效的人机协作模式。③从数字化学习环境的使用者到智慧学习环境的使用者和构建者。利用智慧感知、数据资源推送等方式，教师可以构建出更加生动、真实的教学场景，以辅助教学活动的开展。④从知识性教学角色到育人角色。教师需要不断深化育人内涵，成为学生成长道路上的引路人和生命教育者。例如，教师可以利用松鼠AI智能学习平台，根据学生的学习特点和掌握情况，提供定制化的学习内容和辅导，以实现精准教学。同时，借助畅言智慧课堂等工具，教师可以更高效地完成学生作业的批改和学习进度的跟踪，从而有更多时间和精力专注于教学设计和学生的个别辅导。

二、知识点测试题

1.【单选题】[★★★☆☆]在人工智能辅助下，教师可以利用（　　）构建更生动、真实的教学场景。

　　A.虚拟仿真技术　　　　B.智慧感知和数据资源推送　　　　C.3D打印技术　　　　D.无线网络技术

2.【单选题】[★★★★★]在人工智能时代，教师角色的哪个方面转变最能够体现其育人角色的增强？（　　）

　　A.利用智能技术分析学生的学习数据　　　　B.与智能机器共同承担教学任务

　　C.构建智慧学习环境　　　　D.深化育人内涵，成为学生成长的引路人

3.【多选题】[★★☆☆☆]在人工智能时代，教师的角色定位的主要转变有（　　）。

　　A.从批量标准化教学到精准个性化教学

　　B.从主导者到旁观者

　　C.从数字化学习环境的使用者到智慧学习环境的使用者和构建者

　　D.从知识性教学到更注重育人

4.【多选题】[★★★★☆]以下哪些工具或平台可以帮助教师在人工智能时代更好地履行其角色？（　　）

　　A.松鼠AI智能学习平台　　　　B.畅言智慧课堂

　　C.传统的黑板和粉笔　　　　D.智能化教学管理系统

5.【判断题】[★☆☆☆☆]在人工智能时代，教师的角色没有发生显著变化。（　　）

6.【判断题】[★★☆☆☆]教师可以利用人工智能技术来提高教学效率，但无法实现个性化

[①] 郭炯，郝建江.智能时代的教师角色定位及素养框架[J].中国电化教育，2021（6）：121-127.

教学。（　　）

7.【简答题】[★★★☆☆]简述在人工智能时代，教师的角色定位发生了哪些主要转变。

知识点50　人工智能时代的教师素养

人工智能时代的教师素养

一、知识点简介

　　教师素养是教师在从事教育行业、担当育人职责时必须具备的专业修养。在人工智能时代，教师素养被赋予了新的内涵，即教师应具备适应智能教育发展需求的素养。这些素养不仅包括传统的教育教学能力，还涉及知识素养、智能素养及人格素养等层面。[①]人工智能时代的教师素养具有以下显著的特征：①技术融合性。它要求教师能够将先进的人工智能技术融入传统教学实践中，从而提升教学的效率与品质。②个性化教学。通过人工智能技术，教师可以根据学生的个体差异，设计出更具针对性的教学方案。③持续性学习。面对日新月异的教育科技环境，教师需要不断更新知识库，掌握最新的人工智能技术和教育理念。④创新导向性。教师应具备创新思维，利用人工智能技术推动教学方法的革新，进而培育学生的创新思维和实践操作能力。例如，在教学实践中，教师可以通过智能学习软件为每位学生规划个性化的学习路径，软件能根据学生的实际学习进度和理解情况动态调整教学内容和难度，确保每位学生都能获得量身定制的学习体验。此外，教师利用机器学习工具预测学生的学习成效，为他们提供精准的学习资源和建议，从而激发学生主动学习的意愿，促进深度学习的发生。

二、知识点测试题

1.【单选题】[★☆☆☆☆]教师素养是指教师在从事教育行业时应具备的（　　）。
　　A.专业能力　　　B.社交能力　　　C.经济能力　　　D.政治能力
2.【单选题】[★★☆☆☆]在人工智能时代，以下哪项不是教师素养的新内涵？（　　）
　　A.知识素养　　　B.社交礼仪　　　C.智能素养　　　D.人格素养
3.【多选题】[★★☆☆☆]人工智能时代的教师素养的特征有（　　）。
　　A.技术融合性　　B.个性化教学　　C.短暂性学习　　D.创新导向性
4.【多选题】[★★★★☆]以下哪些是教师可以利用人工智能技术实现的？（　　）
　　A.为学生规划个性化学习路径　　　　B.预测天气变化
　　C.激发学生的学习意愿　　　　　　　D.促进学生深度学习
5.【判断题】[★★☆☆☆]教师素养不包括知识素养和智能素养。（　　）
6.【判断题】[★★★☆☆]在人工智能时代，教师不需要持续性学习。（　　）
7.【简答题】[★★★☆☆]简述人工智能时代的教师素养的新内涵及特征。

[①]　文星，刘晶晶.人工智能时代新教师素养培育研究初探[J].生活教育，2019（5）：42-46.

知识点51 人工智能时代教学迎来的机遇

人工智能时代教学迎来的机遇

一、知识点简介

人工智能时代教学迎来的机遇是指在人工智能技术快速发展的背景下，教学方式、教学内容、教学评价等方面面临的新机遇。①这些机遇具体表现在：①教学效率的显著提升。得益于教育数据挖掘、知识计算引擎及学生行为建模等先进技术的运用，教学过程得到了实质性优化。②教学目标设计的精准性增强。通过深入的数据分析，教师能够全面把握学生的学习状况与能力特点，进而制定更贴近学生实际的教学目标。③学习路径的个性化选择成为现实。人工智能为每位学生量身打造学习内容与学习路径，从而极大地优化了个人学习过程。④学习情境的构建更为真实。借助虚拟技术，教学中的学习情境变得更为逼真，可为学生提供更为丰富的直接经验。例如，学生现在可以通过网易公开课、Coursera、edX等平台，根据个人兴趣和需求灵活选择在线课程，并参与全球范围内的在线讨论与交流，实现高度个性化的学习体验。同时，教师也能利用谷歌的Expeditions等户外仿真软件系统，营造近乎真实的户外学习场景，从而极大地增强学生的学习体验和兴趣。

二、知识点测试题

1.【单选题】[★★☆☆☆]在人工智能时代，教师可以通过（　　）更精准地设计教学目标。
　　A.学习教学大纲　　　　　　　　B.自身的经验
　　C.深入的数据分析　　　　　　　D.参考其他教师的教学目标

2.【单选题】[★★★★☆]在人工智能时代，以下哪项不是教学过程中的新机遇？（　　）
　　A.教学效率的显著提升　　　　　B.教学目标设计的精准性增强
　　C.教师可以完全依赖人工智能进行教学　　D.学习情境的构建更为真实

3.【多选题】[★★☆☆☆]在人工智能时代，教学面临的机遇有（　　）。
　　A.教学效率显著提升　　　　　　B.教学目标设计更精准
　　C.学习路径个性化选择　　　　　D.教学内容更加复杂

4.【多选题】[★★★☆☆]以下哪些平台或技术可以帮助学生实现个性化的学习体验？（　　）
　　A.Coursera　　　B.网易公开课　　　C.谷歌的Expeditions　　　D.社交媒体平台

5.【判断题】[★☆☆☆☆]在人工智能时代，教学过程没有发生实质性变化。（　　）

6.【判断题】[★★☆☆☆]教师可以通过教育数据挖掘全面把握学生的学习状况。（　　）

7.【简答题】[★★★☆☆]简述人工智能时代教学面临的四大机遇。

---

① 辛继湘.当教学遇上人工智能：机遇、挑战与应对[J].课程.教材.教法，2018，38（9）：62-67.

知识点52　人工智能时代教学面临的挑战

人工智能时代教学面临的挑战

一、知识点简介

人工智能时代教学面临的挑战是指在智能技术快速发展的背景下，师生在教与学的过程中可能面临的教学价值取向、教师知识权威、学生能力培养、个人信息安全等方面的挑战。①这些挑战表现为：①教学缺乏人文关怀。人工智能的应用可能导致教学理念过于重视技术导向，忽视对学生情感、价值观的培养，从而导致教育缺少"人情味"。②教师的权威危机。人工智能技术对教师的专业水平和技术素养提出更高要求，传统的教师权威可能受到挑战，同时教师可能面临被技术"奴役"的威胁。③学生能力遇到挑战。虚拟教学情境可能带来双重效应，限制学生的自由选择权，并且不利于拓展学生的人际交往能力。④个人信息面临泄露风险。人工智能技术的应用需要大量数据的支持，这可能带来个人信息泄露的风险。

二、知识点测试题

1.【单选题】[★☆☆☆☆]在人工智能时代，以下哪一项不是教学面临的挑战？（　　）
　A.教学缺乏人文关怀　　B.教师的权威危机　　C.学生能力显著提升　　D.个人信息面临泄露

2.【单选题】[★★★★★]在利用智能教学软件进行个性化教学时，以下哪项不是教师面临的挑战？（　　）
　A.技术操作应用　　B.学生个性化需求理解　　C.提升教学质量　　D.保护学生个人信息

3.【多选题】[★★☆☆☆]人工智能时代教学面临的挑战有（　　）。
　A.教学价值取向转变　　　　B.教师知识权威受挑战
　C.学生学业负担减轻　　　　D.个人信息安全问题

4.【多选题】[★★★☆☆]人工智能技术的应用可能带来的影响有（　　）。
　A.提高教学效率　　　　　　B.忽视学生情感培养
　C.增强教师权威　　　　　　D.带来个人信息泄露风险

5.【判断题】[★☆☆☆☆]人工智能时代的教学变革仅带来积极影响，没有挑战。（　　）

4.【判断题】[★★☆☆☆]在智能教学中，学生的自由选择权不会受到限制。（　　）

7.【简答题】[★★★☆☆]请简述人工智能时代教学面临的四大挑战。

知识点53　人工智能与教师专业发展的关系

人工智能与教师专业发展的关系

一、知识点简介

教师专业发展即教师在职业生涯进程中不断提升自身的专业知识、专业能力、专业精神，并逐渐符合专业特性的动态过程。②在专业知识方面，教师需要掌握学科知识、通识知识和教育知识；

---

① 周美云.机遇、挑战与对策：人工智能时代的教学变革[J].现代教育管理，2020（3）：110-116.
② 罗生全，吴开兵.教育家精神融入大学教师专业发展的价值意蕴、内在机理与实践进路[J].大学教育科学，2024（3）：12-21.

在专业能力方面，教师应提升教学能力、教研能力、教育能力及交流合作能力；在道德修养方面，教师应具备良好的师德修养和职业态度，并树立明确的发展意识和先进的职业理念。随着人工智能技术的崛起，其对教育领域产生了深远的影响，尤其是在教师专业发展方面。人工智能不仅为教师提供了智能教学软件、在线教育平台等新型工具，协助教师更好地进行教学，还对教师的专业素养提出了新的要求，如信息技术应用能力和数据分析能力等。因此，教师需要持续学习和适应由人工智能引领的教育变革，以便实现个人的专业成长。例如，利用智能教学系统，教师可以获得个性化的教学反馈和建议，从而精准地改进教学策略，提升学生的学习成效；利用在线教育平台，教师也可以不断更新自己的人工智能知识储备，以应对技术变革对教学实践的深远影响。

二、知识点测试题

1.【单选题】[★☆☆☆☆]教师专业发展不包括（　　）。
　A.专业知识　　　B.专业能力　　　C.个人兴趣　　　D.专业精神
2.【单选题】[★★★☆☆]人工智能在教育领域的应用，对教师角色产生的影响是（　　）。
　A.使教师转变为单纯的知识传授者　　　　B.减少了教师的个性化教学需求
　C.推动了教师从知识传授者向学习设计师的转变　　D.降低了教师对教学技能的要求
3.【多选题】[★★☆☆☆]人工智能对教师专业发展的影响有（　　）。
　A.提供了新型教学工具　　　　B.降低了教学效果
　C.推动了教师角色的转型　　　D.对教师专业素养提出了新要求
4.【多选题】[★★★☆☆]教师在面对人工智能引领的教育变革时，应该采取的措施有（　　）。
　A.拒绝使用任何人工智能技术　　　B.持续学习和适应教育变革
　C.利用智能教学系统改进教学策略　　D.不断更新人工智能知识储备
5.【判断题】[★☆☆☆☆]教师专业发展是一个静态的过程。（　　）
6.【判断题】[★★☆☆☆]在人工智能时代，教师的信息技术应用能力和数据分析能力变得不再重要。（　　）
7.【简答题】[★★★☆☆]简述教师专业发展的含义及其在人工智能时代的重要性。

知识点54　人工智能时代的师生关系

一、知识点简介

在人工智能时代，师生关系正经历着深刻的转变。从教学层面来看，教师与智能机器的协同工作已成为新常态，师生间逐渐构建起一种智慧学伴的关系。从伦理层面来看，随着学习环境的智能化，师生间的交往也日趋虚拟化。在人工智能融入教学后，师生关系呈现以下特征：在目标上，师生关系更加注重人的本性的培养。在内容上，强调与生活世界的紧密联系，致力于培养学生的完整人格，打破了传统师生交往的局限。在方法上，双向互动成为主流，师生之间的交流变得更加动态和互相影响。在情感上，尊重、接受与关爱成为师生关系的新基石。例如，当前许多高校师生借助人工智能教学助手来完成教学任务，这不仅改变了传统的教学方式，也重塑了师生关系。教师角色从单纯的知识传授者转变为学生的引导者和辅导者。同时，智能技术如自动推送，能根据学生的个体差异为其定制学习路径，优化学习过程，有时甚至无须教师直接参与。这使得原本单一的师生关系演变为教师、学生和机器之间的三元关系。

二、知识点测试题

1.【单选题】[★★★☆☆]人工智能融入教学后，师生关系的目标更加注重（　　）。
　A.知识的灌输　　　B.技能的培养　　　C.人本性的培养　　　D.科技的运用
2.【单选题】[★★★★☆]在人工智能教学助手的帮助下，教师的角色发生的变化是（　　）。
　A.从引导者变为传授者　　　　　　B.从辅导者变为旁观者
　C.从传授者变为引导者和辅导者　　D.从引导者和辅导者变为传授者
3.【多选题】[★★★★☆]在人工智能时代，师生关系的转变主要体现在（　　）。
　A.教学方式从单向传授转变为双向互动
　B.教师角色从知识传授者转变为学生的引导者和辅导者
　C.学生完全依赖智能机器，不再需要教师
　D.师生关系完全虚拟化，不再有面对面交流
4.【多选题】[★★★☆☆]人工智能融入教学后，师生关系表现出的新特征有（　　）。
　A.目标上注重人的本性的培养　　　B.内容上与生活紧密联系
　C.方法上双向互动成为主流　　　　D.情感上更加冷漠和疏远
5.【判断题】[★☆☆☆☆]人工智能的融入没有改变传统的师生关系。（　　）
6.【判断题】[★★☆☆☆]在人工智能的辅助下，教师可以完全脱离教学过程。（　　）
7.【简答题】[★★★★☆]描述在人工智能时代，师生关系发生的主要变化及其对教学方式的影响。

知识点55　虚拟教学与现实教学的关系

虚拟教学与现实教学的关系

一、知识点简介

在人工智能时代，教学活动不再局限于传统的物理空间。虚拟世界通过数字化方式为教学提供了新的拓展空间。现实教学与虚拟教学相互渗透、相互影响，形成了教学活动的"虚实二重性"。虚拟教学可以模拟现实情境，扩展现实教学的边界，而现实教学则为虚拟教学提供了基础和反馈，两者相辅相成，共同促进教育的发展和学生的全面成长。[①]虚拟教学与现实教学的关系主要体现在以下几个方面：①虚拟教学是现实教学的有力补充与丰富。对于那些在现实教学中难以实现或重现的场景，如历史事件的模拟、宇宙科学的实验演示等，都可以通过虚拟教学完成，这极大地丰富了教学内容与教学形式。②虚拟教学对现实教学的教学空间进行了有效拓展与延伸。借助虚拟技术，学生能够超越时空限制，进行更广泛、更深入的学习探索。③虚拟世界带来的高度互动性与沉浸感，不仅激发了学生的学习兴趣，还显著提升了学习效率与质量。例如，在理科实验教学中，利用虚拟现实技术模拟的实验环境可让学生在安全的情况下进行实验操作，进而深化

---

① 罗儒国，吴青.论教学活动的虚实二重性[J].山西大学学报（哲学社会科学版），2018，41（1）：130-137.

对实验原理的理解；在历史学科中，重现历史事件可让学生在虚拟环境中亲身体验历史，为历史学习增添趣味性与真实感。

二、知识点测试题

1.【单选题】[★☆☆☆☆]虚拟教学能为现实教学提供（　　　）。
　A.有限的补充　　　　B.全新的教学内容　　　　C.有力的补充与丰富　　　　D.替代现实世界
2.【单选题】[★★★☆☆]在历史学科中，虚拟现实技术可以（　　　）。
　A.用来进行真实的实验操作　　　　B.重现历史事件，增加学习趣味
　C.限制学生对历史的了解　　　　D.替代传统的历史教学方法
3.【多选题】[★★☆☆☆]以下哪些对虚拟教学的描述是正确的？（　　　）
　A.虚拟教学可以模拟科学实验　　　　B.虚拟教学限制了学生的学习范围
　C.虚拟教学能帮助学生超越时空限制进行学习　　　　D.虚拟教学完全取代了传统教学方法
4.【多选题】[★★★★★]在理科实验教学中，使用虚拟现实技术的好处有（　　　）。
　A.增加实验的危险性　　　　B.让学生在安全环境下进行实验操作
　C.深化学生对实验原理的理解　　　　D.完全替代真实的实验操作
5.【判断题】[★★☆☆☆]虚拟教学能够完全替代现实教学。（　　　）
6.【判断题】[★★★☆☆]利用虚拟技术模拟实验环境，可以提高学生的学习兴趣和效率。（　　　）
7.【简答题】[★★★☆☆]简述虚拟教学与现实教学的关系，并给出至少两个具体的应用场景。

知识点56　精准教学的内涵与特征

一、知识点简介

精准教学是指在大数据的支持下，以学生学习为中心，通过对学生学习状况的精准分析，进而精准确定教学目标、开发教学资源、设计教学活动、实施教学干预、进行教学评价，最终帮助教师精准作出教学决策的教学方法。①因此，精准教学有如下特征：①教学目标的"精"。这是指学生能够聚焦学习资源和认知能力发展，借助高阶思维能力全面深入解决一些复杂问题。②教学实践的"准"。这是指为学生提供"准"的知识应用环境，让学生用学到的知识解决实际问题。③教学交互的"互动性"。这有助于师生之间精准的教学交互和教学干预。④教学评价的"精准性"。这是指对学生进行全员、全过程和全方位的实时性和精准性评价。

二、知识点测试题

1.【单选题】[★★☆☆☆]在精准教学中，哪个特征强调学生能够聚焦学习资源和认知能力发展？（　　　）

---

① 赵静华，潘巧明，王志临.希沃教学平台在小学语文核心素养精准教学中的应用研究[J].丽水学院学报，2020，42（1）：99-103.

A.教学目标的"精" B.教学实践的"准"
C.教学交互的"互动性" D.教学评价的"精准性"

2.【单选题】[★★★★☆]精准教学中的"精准性"评价是指（　　）。
A.对部分学习者进行阶段性评价 B.对学生进行全员、全过程和全方位的实时性评价
C.仅对学生进行期末总结性评价 D.忽视学生的学习过程，只注重结果评价

3.【多选题】[★★☆☆☆]精准教学的特征有（　　）。
A.教学目标的"精" B.教学内容的"多"
C.教学实践的"准" D.教学交互的"互动性"和教学评价的"精准性"

4.【多选题】[★★★☆☆]精准教学借助信息技术可以实现的目标有（　　）。
A.精准设计教学目标 B.忽视教学内容的选择
C.精准测绘学习表现 D.实现班级内授课的统一化教学

5.【判断题】[★★☆☆☆]精准教学不依赖于信息技术的发展。（　　）

6.【判断题】[★★★☆☆]精准教学中的"精准性"评价是对部分学生进行的非实时性评价。（　　）

7.【简答题】[★★★★☆]精准教学与传统教学模式相比有哪些显著优势？请详细阐述。

知识点57　精准教学的主要环节

一、知识点简介

精准教学的主要环节包括教学目标的设定、教学内容的选择、教学方法的应用、教学过程的实施、教学评价的反馈等。在教学目标设定环节，教师需根据课程标准和学生的实际情况，明确教学目标。在教学内容选择环节，要求教师精准选择与教学目标相符的内容。在教学方法应用环节，教师要根据教学内容和学生特点，选择合适的教学方法。在教学过程实施环节，教师要科学构建教学结构，细化教学流程，确保教学目标与教学结果高度吻合。在教学评价反馈环节，通过对学生学习效果的评价，为教学提供反馈，以便进行调整和改进。例如，在进行初中英语阅读教学的精准教学案例中，教师首先根据英语课程标准和学生的英语水平，设定了明确的阅读学习教学目标。其次，教师选择了与"环保"相关的英文素材文章作为教学内容，该教学素材既贴近学生生活，又符合教师教学需求。在教学过程中，教师运用分组合作与讨论交流相结合的教学方法，引导学生深入理解文章内容。教师通过科学的教学过程实施，确保学生充分参与到阅读学习中并掌握相关的英文阅读技巧。最后，教师通过小测验评价学生学习效果，为后续教学提供反馈。

二、知识点测试题

1.【单选题】[★☆☆☆☆]精准教学的首要环节是（　　）。
A.教学方法的应用 B.教学目标的设定 C.教学过程的实施 D.教学评价的反馈

2.【单选题】[★★★★☆]在精准教学中，哪个环节涉及对学生学习效果的评价？（　　）
A.教学目标设定 B.教学内容选择 C.教学方法应用 D.教学评价反馈

3.【多选题】[★★☆☆☆]精准教学的主要环节包括（　　）。
A.教学目标的设定 B.教学内容的选择 C.教学方法的应用 D.教学评价的反馈

4.【多选题】[★★★★☆]关于精准教学中的教学评价反馈环节，以下哪些描述是正确的？（　　）

A.该环节是精准教学的最后一个环节　　B.该环节旨在评价教师的教学水平
C.通过该环节可以为学生提供学习反馈　　D.该环节有助于调整和改进教学方法

5.【判断题】[★★☆☆☆]在精准教学中，教学评价反馈环节不重要，可以省略。（　　）

6.【判断题】[★★★☆☆]在精准教学中，教师应根据学生的实际情况和课程标准来明确教学目标。（　　）

7.【简答题】[★★★☆☆]请简述精准教学中"教学评价反馈环节"的重要性和作用。

知识点58　人工智能时代的师德师风

人工智能时代的师德师风

一、知识点简介

师德是教师从事教育劳动时应遵循的行为规范和道德品质。人工智能时代的师德教育旨在培育"爱、责任、智慧"等多重意蕴的师德观，提高"学科整合、信息洞察、人机协作"等专业能力，涵养"终身学习、扎根实践、勇于创新"等师德精神。①在人工智能时代，师德师风的特征体现在教师的道德素养和专业能力的双重提升上。教师不仅要在道德和伦理层面上保持对学生的关爱与责任心，还要在专业知识和技术应用上不断更新，以适应智能技术的应用。师德教育强调教育"爱、责任、智慧"的三维向度，即教师不仅要关心学生，还要有责任感和智慧去面对教育中的挑战。同时，师德教育也要求教师掌握跨学科的整合能力、信息洞察能力和人机协作能力，以科学、系统、高效的专业维度进行教学，实现知行合一的师德实践。此外，人工智能时代的师德教育还需培养教师的终身学习精神和创新能力，以适应快速变化的教育环境和需求。

二、知识点测试题

1.【单选题】[★★☆☆☆]在人工智能时代，师德教育主要培育哪三个方面的师德观？（　　）
　　A.爱心、智慧和勇气　　B.公平、公正和公开　　C.爱、责任和智慧　　D.尊重、理解和包容

2.【单选题】[★★★★★]教师利用人工智能技术可以实时关注学生的全面发展，这主要体现了人工智能在（　　）方面的应用。
　　A.娱乐和游戏　　B.购物和消费　　C.教育的个性化指导　　D.旅游和导航

3.【多选题】[★★☆☆☆]以下哪些选项是人工智能时代师德精神的体现？（　　）
　　A.终身学习　　B.勇于创新　　C.扎根实践　　D.积极向上

4.【多选题】[★★★★☆]在人工智能的辅助下，教师可以（　　）。
　　A.实时关注学生的全面发展　　B.完全替代学生的自主学习
　　C.及时发现学生的学习困难并提供个性化指导　　D.与学生家长及时在线沟通

5.【判断题】[★★☆☆☆]在人工智能时代，教师只需关注道德素养，无须更新专业知识和技术应用。（　　）

6.【判断题】[★★★☆☆]师德教育只强调教师的道德素养，不涉及专业能力的提升。（　　）

7.【简答题】[★★★☆☆]简述人工智能时代师德教育的主要目标。

---

① 肖菊梅，周婷.人工智能时代师德教育的困境与突围[J].当代教育科学，2021（5）：39-47.

人工智能时代的学生

第五章

人工智能时代的学生

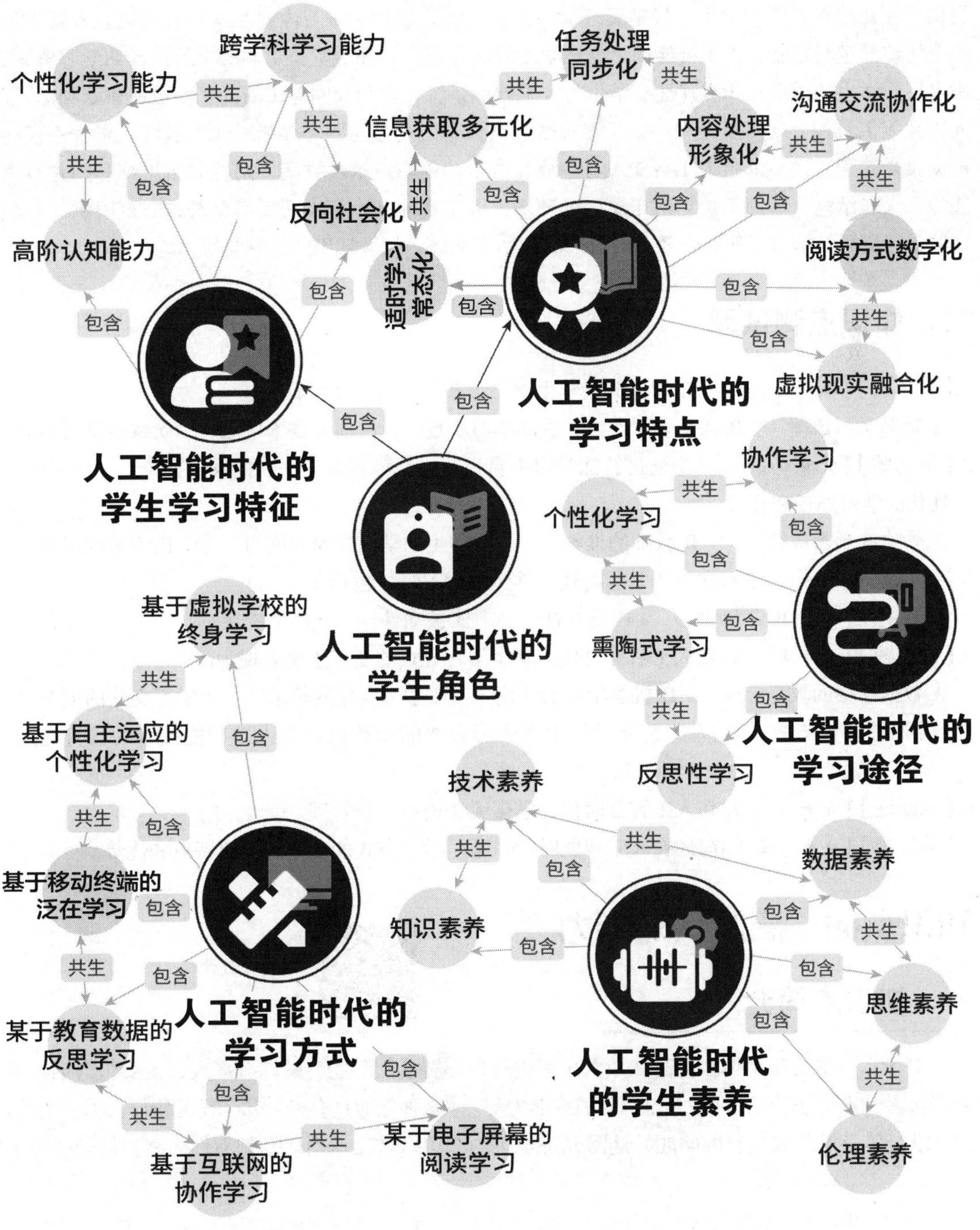

知识点59　人工智能时代的学生学习特征

一、知识点简介

"回归学习本质、提高学习质量"是人工智能时代学生学习方式变革的目标。在人工智能时代，学生的学习特征呈现出自主性、定制性、交互性、生成性和联结性等特点。①自主性。学生在人工智能时代能够根据个人兴趣和学习进度自主选择学习内容和学习节奏，人工智能工具可以提供个性化建议，帮助学生更好地管理学习过程。②定制性。学习内容和学习方式可以根据学生的个体差异进行定制，人工智能通过分析学生的学习数据，提供量身定制的学习路径和学习资源，满足不同学生的需求。③交互性。学生与人工智能系统、教师及同伴之间的互动更加频繁和深入，人工智能工具能够实时反馈和调整学习策略，增强学习的参与感和效果。④生成性。学生不仅能被动接受知识，还能通过人工智能工具生成新的学习内容或解决方案，培养创新思维和问题解决能力。⑤联结性。学习不再局限于单一的环境，人工智能技术可以帮助学生跨越时空限制，与全球的学习资源及学习者建立联系，形成广泛的学习网络，促进知识的共享与协作。

二、知识点测试题

1.【单选题】[★☆☆☆☆]人工智能时代学生学习方式变革的主要目标是（　　）。
　　A.提高学习成绩　　B.回归学习本质、提高学习质量　　C.加强技术应用　　D.减少学习时间
2.【单选题】[★★☆☆☆]学生通过智能学习平台进行在线学习时，平台能够根据（　　）提供个性化的学习路径和资源。
　　A.学生的学习成绩　　B.教师的推荐　　C.学生的学习习惯和能力　　D.家长的反馈
3.【多选题】[★★☆☆☆]在人工智能时代，学生的学习特征包括（　　）。
　　A.自主性　　B.定制性　　C.交互性　　D.被动性　　E.生成性
4.【多选题】[★★★☆☆]在人工智能时代，学生学习方式的变革主要表现为（　　）。
　　A.数据挖掘的教育应用　　B.机器学习的使用　　C.学习文化的传承　　D.学习文化的创新
5.【判断题】[★☆☆☆☆]人工智能时代学生学习方式的变革仅仅是人工智能技术的教育应用。（　　）
6.【判断题】[★★☆☆☆]在人工智能时代，学生无法进行自我管理。（　　）
7.【简答题】[★★★★☆]简述在人工智能时代，学生学习方式的变革的主要特点和优势。

知识点60　高阶认知能力

一、知识点简介

高阶认知能力是个体在较高认知水平上进行的心智活动和能力的综合体现，主要包含创新能力、问题求解能力、决策能力及批判性思维能力等。[①]这种能力具有以下几个显著特征：①复杂性。它要求个体能够驾驭繁复的问题，这需要跨学科的知识融合与运用。②创新性。高阶认知能力不

---

① 王祖浩，田艳.数字信息时代高阶思维能力：要素、关系、测评及培养[J].教育科学研究，2024（2）：5-12.

仅局限于知识的简单运用，更侧重于思维的创新。③批判性与评价性。它强调在知识的运用与创新过程中，应对信息和解决方案进行深刻的批判性分析和评价。④自我调节性。这要求个体在学习过程中能够实现自我监控和调整。例如，学生在深入阅读和剖析文学作品后进行的创意性写作或批判性评论，便充分展现了理解、分析、评价和创造的高阶认知能力。又如，学生在科学实验设计中，通过数据分析与科学推理来求解问题，也体现了分析、综合及创造的高阶认知能力。

二、知识点测试题

1.【单选题】[★☆☆☆☆]高阶认知能力不包括（   ）。
   A.创新能力　　　　B.记忆力　　　　C.决策力　　　　D.问题求解能力
2.【单选题】[★★★★☆]学生在科学实验设计中通过数据分析求解问题，这最能体现哪种高阶认知能力？（   ）
   A.批判性思维　　　B.情感智力　　　C.问题求解能力　　D.社交能力
3.【多选题】[★★☆☆☆]以下哪些是高阶认知能力的特征？（   ）
   A.复杂性　　　　　B.创新性　　　　C.批判性与评价性　D.自我调节性
4.【多选题】[★★★★☆]以下哪些活动能够体现学生的高阶认知能力？（   ）
   A.进行简单的数学计算　　　　　　　B.对历史事件进行批判性分析
   C.在科学实验中设计并实施新的实验方案　D.创作一首表达个人情感的诗歌
5.【判断题】[★★☆☆☆]高阶认知能力仅仅局限于知识的简单运用。（   ）
6.【判断题】[★★★☆☆]批判性思维不属于高阶认知能力。（   ）
7.【简答题】[★★★★☆]简述高阶认知能力包括哪些内容，并举例说明如何在学习或工作中培养这些能力。

知识点61　个性化学习能力

个性化学习能力

一、知识点简介

个性化学习能力是指学生能够借助智能教育工具和资源，综合考虑个人的知识结构、认知风格、情感态度、学习动机等多方面因素，展现出自我驱动、自我规划、自我监控、自我评价、自我反思和调节学习的能力。①个性化学习能力是建立在学生自我认知的基础上的，要求学生能够清晰地识别自己的学习需求和学习目标，并能够灵活选择和调整学习策略，以确保与自身的学习风格和进度相匹配。在人工智能时代，学生的个性化学习能力凸显出以下四个方面的特征：①学生能够依据个人的学习数据和反馈，自主规划学习路径和目标，进而提升学习的自我效能感；②学生可以根据自己的兴趣和需求，灵活选择学习内容和方式，并决定如何有效地展示学习成果；③借助先进的智能工具，学生可以获得连续的形成性评价，这不仅有助于师生双方清晰地了解知识掌握的薄弱之处，还能准确地衡量学科进步水平；④学生能够依据个人经验和偏好，选择最适合

---

① 王一岩，郑永和.智能时代个性化学习的现实困境、意蕴重构与模型构建[J].电化教育研究，2023，44（3）：28-35.

自己的智能工具来辅助学习。例如，Coursera、edX等在线教育平台通过精准分析用户的学习历史和行为，为用户推荐最符合其需求的课程和学习路径。学生除了在在线教育平台进行学习，还可以根据自身的需求，选择性地加入在线课程中的各类学习社区，积极参与讨论和项目实践，从而实现真正意义上的个性化学习。

二、知识点测试题

1.【单选题】[★★☆☆☆]在个性化学习中，学生如何确定学习目标？（　　）
　A.根据教师的建议　　　　　　　　B.依据家长的要求
　C.自主选定适合的目标　　　　　　D.遵循固定的教学大纲

2.【单选题】[★★★★☆]Coursera、edX等在线教育平台如何帮助学生实现个性化学习？（　　）
　A.提供统一的课程安排　　　　　　B.强制学生按照固定进度学习
　C.精准分析用户学习历史并推荐课程　D.减少学生的自主选择权

3.【多选题】[★★☆☆☆]个性化学习能力的特征包括（　　）。
　A.学生自主规划学习路径和目标　　B.学生灵活选择学习内容和方式
　C.借助智能工具获得连续的形成性评价　D.学生使用统一的教材和教辅

4.【多选题】[★★★☆☆]在线学习平台如何辅助个性化学习？（　　）
　A.提供固定的学习路径　　　　　　B.精准分析用户学习历史
　C.为用户推荐符合需求的课程　　　D.限制用户的学习选择

5.【判断题】[★★☆☆☆]个性化学习能力不要求学生具备自我认知能力。（　　）

6.【判断题】[★★★☆☆]在个性化学习中，学生不能选择适合自己的智能工具来辅助学习。（　　）

7.【简答题】[★★★★☆]简述在人工智能时代，个性化学习能力的重要性及其对学习者的益处。

知识点62　跨学科学习能力

跨学科学习能力

一、知识点简介

跨学科学习能力是指学生能够跨越不同学科界限，整合多学科知识、方法和观念，形成综合性认知并解决实际问题的能力。学生只有具备多元思维，能够灵活运用不同学科的知识和方法，发现各学科之间的联系和共同点，才有可能提升跨学科学习能力。通过跨学科学习，学生可以培养创新思维、批判性思维和解决问题的能力，提升对未来职业和社会发展的适应能力。跨学科学习不仅是一种学习方式，更是一种思维方式，有助于学生在复杂多变的世界中更好地应对挑战和把握机遇。因此，在教育领域，越来越多的教育者开始重视跨学科学习能力的培养，并将其作为提升学生综合素质的重要途径之一。

二、知识点测试题

1.【单选题】[★★☆☆☆]跨学科学习的核心目的是（　　）。
　A.提高考试成绩　　　　　　　　　B.培养创新思维和解决实际问题的能力

C.学习更多学科知识　　　　　　　D.增加学习负担

2.【单选题】[★☆☆☆]在进行跨学科学习时,以下哪项不是有效的学习方法?(　　)

　A.整合不同学科的学习资源　　　　　B.与同学、教师进行交流和合作

　C.只关注自己感兴趣的学科,忽略其他学科　　D.将所学知识应用到实际问题中

3.【多选题】[★★★☆☆]在解决一个涉及环境保护的社会问题时,你需要运用哪些学科的知识?(　　)

　A.生物学　　　B.地理学　　　C.经济学　　　D.历史学

4.【多选题】[★★☆☆]跨学科学习有助于培养以下哪些能力?(　　)

　A.创新思维　　B.批判性思维　　C.问题解决能力　　D.记忆能力

5.【判断题】[★☆☆☆]跨学科学习意味着要放弃某一学科的深入学习,转而广泛涉猎多个学科。(　　)

6.【判断题】[★☆☆☆]跨学科学习有助于学生形成全面、综合的认知,更好地应对复杂问题。(　　)

7.【简答题】[★★★☆]你认为如何有效地进行跨学科学习?请给出至少两点建议。

知识点63　反向社会化

一、知识点简介

反向社会化

　　反向社会化是指年轻一代影响并传授知识给年长一代的现象,它凸显了社会化的双向性和个体的能动作用。随着现代社会变迁,特别是电子媒介的普及,年轻人更快地适应和接纳新事物,进而在家庭和社区中影响长辈。这种趋势改变了传统的教学和家庭互动模式,推动了平等与合作的关系。然而,反向社会化并非削弱年长者的地位,他们的经验仍极具价值。反向社会化是现代社会不可避免的趋势,它促进了代际间的交流与理解,推动了社会的整体进步与发展。总结来说,反向社会化揭示了年轻一代在社会化过程中的新角色和影响力,为教育和社会互动带来了新的挑战与机遇。

二、知识点测试题

1.【单选题】[★★☆☆]反向社会化主要描述的是(　　)之间的互动影响。

　A.同龄人　　　B.教师与学生　　　C.年轻一代与年长一代　　　D.邻居

2.【单选题】[★☆☆☆]反向社会化现象在(　　)方面尤为明显。

　A.农业生产　　B.工业生产　　C.信息科技　　D.传统手工艺

3.【多选题】[★★★☆]反向社会化的出现主要是因为(　　)。

　A.电子媒介技术的普及　　　　　B.社会经济的快速发展

　C.年轻一代的创新能力　　　　　D.年长一代的保守态度

4.【多选题】[★★★☆]反向社会化在教育领域的重要影响有(　　)。

　A.促进了教师与学生之间的平等关系　　B.削弱了教师的权威地位

　C.推动了教育模式的创新　　　　　D.提升了学生的学习效率

5.【判断题】[★☆☆☆☆]反向社会化意味着年长一代的知识和经验变得不再重要。(　　)
6.【判断题】[★☆☆☆☆]网络的普及为反向社会化提供了更加便捷的途径。(　　)
7.【简答题】[★★★☆☆]举例说明反向社会化在家庭教育和社区教育中的具体表现。

知识点64　人工智能时代的学习方式

人工智能时代的学习方式

一、知识点简介

学习方式是指学生在学习过程中采取的方法与策略,包括情境引入、自主探究、合作学习、交流讨论及展示分享等环节的可视化展现,以及沉浸式学习环境、智能问答机器人等智能技术的应用,以实现个性化、高效率的学习。①人工智能时代的学习方式是指在智能技术的支持下,学生开展学习活动的方式和方法。人工智能时代的学习方式强调个性化、自主性和合作性,强调学生创新能力和实践能力的培养。相应的学习组织形式包括:学生自身、学生与学生、学生与智能机器人以及多个学生与智能机器人组成的复合体。与此对应的有四种学习方式:自主定制学习、社群互动学习、人机协同学习及多人机间多元学习。②智能时代的学生学习方式特征表现为:①自主化。学生通过智能学习系统进行自我学习,系统能根据学生的学习进度和理解程度提供个性化的学习路径和资源。②个性化。人工智能技术可以对学生的学习习惯、知识掌握情况进行分析,提供定制化的学习内容和方法。③综合化。学生的学习不再局限于单一知识领域,而是通过跨学科的学习平台,整合不同领域的知识和技能。例如,智慧树平台在线课程利用人工智能技术,为学生提供个性化的学习路径和资源推荐,学生可以根据自己的时间安排和学习需求进行自主学习。

二、知识点测试题

1.【单选题】[★☆☆☆☆]学习方式是由(　　)组成的完整学习系统。
　　A.教师、学生和教材　　　　　　B.学习主体、学习客体和学习中介
　　C.教室、黑板和粉笔　　　　　　D.课程、作业和考试
2.【单选题】[★★★☆☆]以下哪种是人工智能时代学生学习方式的特征?(　　)
　　A.完全依赖教师指导　　　　　　B.学习内容固定不变
　　C.学生通过智能学习系统进行自我学习　　D.忽视学生的学习习惯和知识掌握情况
3.【多选题】[★★★☆☆]人工智能时代学生学习方式的特点包括(　　)。
　　A.自主化　　　B.统一性　　　C.个性化　　　D.综合化
4.【多选题】[★★★★☆]以下哪些属于人工智能时代学生的学习方式?(　　)
　　A.自主定制学习　　B.社群互动学习　　C.人机协同学习　　D.多人机间多元学习
5.【判断题】[★★☆☆☆]在人工智能时代,学生的学习方式不注重实践能力的培养。(　　)
6.【判断题】[★★★☆☆]人工智能技术无法分析学生的学习习惯和知识掌握情况。(　　)

---

①　刘革平,胡翰林,秦渝超,等.Sora变革教育:基于教师角色与学习方式的洞见[J].国家教育行政学院学报,2024(4):48-59.
②　余亮,魏华燕,弓潇然.论人工智能时代学习方式及其学习资源特征[J].电化教育研究,2020,41(4):28-34.

7.【简答题】[★★★☆]简述人工智能时代的学习方式与传统学习方式的主要区别。

知识点65　反思性学习

反思性学习

一、知识点简介

反思性学习是一种重要的学习方法，强调学生对自己的学习过程和结果进行批判性思考。它要求学生不仅关注知识的获取，更要关注知识的理解和应用。通过反思，学生能更深入地理解知识，发现自身学习的不足，并制订有效的改进策略。反思性学习鼓励学生自主学习、自我监控和自我评价，培养他们的元认知能力。在人工智能时代，反思性学习尤为重要。技术可以记录和分析学生的学习数据，为他们提供更精准的反馈。而学生需要利用这些反馈进行深度反思，从而调整学习策略，提升学习效果。总之，反思性学习是一种积极主动的学习方式，它要求学生不断地审视自己的学习情况，以实现更高效、更深入地学习。

二、知识点测试题

1.【单选题】[★★☆☆☆]反思性学习主要关注（　　　）。
  A.学习内容的掌握　　　　　　B.学习过程的体验
  C.学习结果的评估　　　　　　D.学习方法和学习策略的反思
2.【单选题】[★☆☆☆☆]在反思性学习中，学生主要需要做的是（　　　）。
  A.记忆知识点　　　　　　　　B.机械应对问题
  C.批判性地审视自身的学习　　D.仅仅复制他人的学习方法
3.【多选题】[★★☆☆]反思性学习的益处包括（　　　）。
  A.提升自主学习能力　　B.培养批判性思维　　C.增强记忆力　　D.改进学习策略
4.【多选题】[★★★☆]下列哪些属于反思性学习中的有效策略？（　　　）
  A.写学习日记　　B.参加小组讨论　　C.仅仅复习课本　　D.寻求教师反馈
5.【判断题】[★☆☆☆☆]反思性学习是一种被动的学习方式，它要求学生等待教师的反馈和指导。（　　　）
6.【判断题】[★☆☆☆☆]反思性学习有助于学生形成独立思考和解决问题的能力。（　　　）
7.【简答题】[★★★☆]请列举两种可以在日常学习中实施的反思性学习活动。

知识点66　熏陶式学习

熏陶式学习

一、知识点简介

熏陶式学习是人工智能时代重要的学习路径，强调学生在特定环境中无意识地接受教育。这种学习方式通过让学生长期浸润在某种环境中，使其在潜移默化中发生改变。在人工智能时代，熏陶式学习尤为显著，原生代公民在智能技术和文化的熏陶下成长，展现出强大的社会适应能力。此外，熏陶式学习在研究生培养、外语教学等领域也有广泛应用。随着移动终端的普及，人们可以在任何时间、任何地点进行熏陶式学习，学习活动将更加丰富、多元。在人工智能的熏陶下，我们将无意识地掌握智能终端的使用，使学习、工作、娱乐更加和谐地融入生活。因此，熏陶式学习将成为未来学习的重要趋势之一，对提升个人素养和社会适应能力具有重要意义。

二、知识点测试题

1.【单选题】[★★☆☆☆]熏陶式学习主要侧重于（　　）的学习过程。
　　A.主动且有意识学习　　　　B.被动且有意识学习
　　C.主动且无意识学习　　　　D.被动且无意识学习

2.【单选题】[★☆☆☆☆]在人工智能环境下，以下哪项不是熏陶式学习的特点？（　　）
　　A.潜移默化的影响　　　　　B.有意识的知识获取
　　C.环境中的无意识感染　　　D.长期浸润导致的改变

3.【多选题】[★★★☆☆]熏陶式学习可以应用于以下哪些教育场景？（　　）
　　A.幼儿园的游戏教学　　　　B.中小学的课堂教学
　　C.高等教育的学术研究　　　D.职业教育的技能培训

4.【多选题】[★★★☆☆]关于熏陶式学习在人工智能时代的作用，以下说法正确的有（　　）。
　　A.提高学习者的学习效率　　B.增强学习者的社会适应能力
　　C.减少学生的主动学习需求　D.促进学生无意识地掌握新技能

5.【判断题】[★☆☆☆☆]熏陶式学习是一种需要学生主动参与和意识控制的学习方式。（　　）

6.【判断题】[★☆☆☆☆]熏陶式学习有助于学生在无形中培养良好的学习习惯和态度。（　　）

7.【简答题】[★★★★☆]如何有效地利用熏陶式学习来提升个人能力？

知识点67　个性化学习

个性化学习

一、知识点简介

个性化学习强调根据每个学生的独特性格、兴趣、能力和需求，量身定制专属的学习路径。这种学习方式尊重了学生的主体地位，让他们能够根据自己的兴趣和目标自主选择学习内容，实现真正的自主学习。同时，个性化学习还有助于培养学生的创新思维和解决问题的能力，为他们的全面发展提供有力支持。在人工智能的助力下，个性化学习正逐步成为教育改革的重要方向，为培养更多具备创新精神和实践能力的人才奠定坚实基础。

二、知识点测试题

1.【单选题】[★★☆☆☆]个性化学习主要侧重于以下哪种类型的学习过程？（　　）
　　A.教师主导的统一教学　　　B.学生之间的协作学习
　　C.根据学生特点定制的学习　D.自主但无计划的学习

2.【单选题】[★☆☆☆☆]在个性化学习中，人工智能技术的主要作用是（　　）。
　　A.替代教师进行教学　　　　B.分析数据并提供统一的教学建议

C.评估学生的学习成果并排名　　　D.分析学生学习数据并推荐个性化学习路径

3.【多选题】[★★★☆☆]个性化学习的优势包括（　　）。
　A.提高学习效率　　B.增强学习动机　　C.培养创新思维　　D.减少教师的工作量

4.【多选题】[★★★☆☆]在实施个性化学习时，需要考虑的因素有（　　）。
　A.学生的学习风格　　B.学生的学习速度　　C.学生的学习目标　　D.教师的偏好

5.【判断题】[★☆☆☆☆]个性化学习意味着每个学生都需要有完全不同的学习计划和教材。（　　）

6.【判断题】[★☆☆☆☆]在个性化学习中，教师的角色将被人工智能技术完全替代。（　　）

7.【简答题】[★★★☆]简述个性化学习的基本理念。

知识点68　协作学习

协作学习

一、知识点简介

协作学习是一种富有创意和实效的教学理论与策略，它鼓励学生以小组的形式参与学习活动，通过合作互助来达成共同的学习目标。在协作学习过程中，每个学生都有机会发表自己的观点，倾听他人的意见，从而培养团队协作、解决问题的能力及沟通技巧。此外，协作学习还能激发学生的学习兴趣和动力，让他们在轻松愉快的氛围中主动探索知识，实现知识的自主建构。这种学习方式不仅有助于提高学生的学业成绩，还能培养他们的创新精神和实践能力，为未来社会的发展作出积极贡献。

二、知识点测试题

1.【单选题】[★★☆☆☆]在协作学习过程中，学生主要以（　　）的形式进行学习活动。
　A.个人独立学习　　B.小组学习　　C.在教师指导下学习　　D.在家长陪同下学习

2.【单选题】[★☆☆☆☆]协作学习的核心目标是（　　）。
　A.提高个人成绩　　B.培养竞争意识　　C.达成共同学习目标　　D.减少教师工作量

3.【多选题】[★★★☆☆]协作学习可以培养学生的（　　）。
　A.团队协作能力　　B.独立思考能力　　C.沟通技巧　　D.问题解决能力

4.【多选题】[★★★☆☆]在协作学习过程中，教师应该扮演（　　）。
　A.知识的灌输者　　B.学习的引导者　　C.活动的组织者　　D.成果的评估者

5.【判断题】[★☆☆☆☆]协作学习只关注小组的整体成绩，不关注个人的学习进步。（　　）

6.【判断题】[★☆☆☆☆]协作学习是一种以教师为中心的教学方式。（　　）

7.【简答题】[★★★★☆]如何有效地组织和实施协作学习活动？请给出你的建议。

知识点69　人工智能时代的学习途径

一、知识点简介

　　人工智能时代的学习途径主要是通过大数据、人工智能等技术，实现个性化、智能化的学习。①人工智能时代的学习途径主要有以下特征：①个性化。借助人工智能技术，我们能够根据每位学生的独特需求和特点，量身打造符合其个人发展的学习内容和学习路径，从而推动他们的个性化成长。②智能化。通过大数据、机器学习等技术，人工智能可以实现对学生学习行为的智能分析与处理，为学生提供精准的学习建议和资源推荐。③灵活性。人工智能时代的学习途径不再受限于固定的时间和空间，学生可以随时随地进行学习，提高学习的灵活性和便捷性。例如，学生借助在线教育平台进行学习，然后平台利用人工智能技术精准分析其学习风格和需求，为其量身打造个性化学习计划。同时，平台运用大数据分析，实时监控学生的学习进度，并智能推荐相关学习资源和习题，帮助学生查漏补缺。

二、知识点测试题

1.【单选题】[★★☆☆☆]在智能时代的学习途径中，以下哪一项技术可以实现对学生学习行为的智能分析与处理？（　　）

　　A.大数据　　　　　B.物联网　　　　　C.云计算　　　　　D.社交媒体

2.【单选题】[★★★★☆]在人工智能时代，学生可以随时随地进行学习，这体现了学习途径的（　　）。

　　A.个性化　　　B.智能化　　　　　C.灵活性　　　　　D.系统化

3.【多选题】[★☆☆☆☆]智能时代学习途径的特征包括（　　）。

　　A.个性化　　　B.智能化　　　　　C.灵活性　　　　　D.传统化

4.【多选题】[★★★☆☆]以下哪些技术可以帮助学生选择适合的学习路径，并进行个性化学习？（　　）

　　A.智能导引系统　　B.虚拟现实技术　　　C.大数据分析　　　D.人工智能技术

5.【判断题】[★☆☆☆☆]人工智能时代的学习途径强调以教师为中心，注重知识传授。（　　）

6.【判断题】[★★☆☆☆]通过大数据和人工智能技术，我们可以为学生提供精准的学习建议和资源推荐。（　　）

7.【简答题】[★★★★☆]简述人工智能时代学习途径的主要特征和优势。

---

① 钟绍春.人工智能支持智慧学习的方向与途径[J].中国电化教育，2019（7）：8-13.

知识点70　信息获取多元化

信息获取多元化

一、知识点简介

信息获取多元化是当今时代的重要特征，它是指随着科技的发展，人们可以从多种渠道、以多种形式获取所需信息。这种多元化的信息获取方式不仅包括传统的书籍、报纸、杂志等纸质媒介，更涵盖了互联网、移动设备、社交媒体等新型电子媒介。这些新媒介具有信息更新快、交互性强、覆盖面广等特点，极大地丰富了人们的信息来源和获取信息的手段。信息获取多元化对学生学习产生了深远的影响。它使学生能够随时随地获取各种学习资源，提高了学习效果和自主学习能力。然而，这也要求学生具备良好的信息素养，能够筛选、整合各种有效信息，避免信息过载和无效信息的干扰。因此，培养学生信息获取多元化的能力，是当代教育的重要任务之一。

二、知识点测试题

1.【单选题】[★★☆☆☆]以下哪项不是信息获取多元化的特点？（　　）
　A.信息来源丰富　　B.信息获取手段多样　　C.信息内容单一　　D.信息更新迅速

2.【单选题】[★☆☆☆☆]在信息获取多元化的背景下，以下哪种能力对学生尤为重要？（　　）
　A.记忆能力　　B.信息筛选能力　　C.运动能力　　D.艺术鉴赏能力

3.【多选题】[★★★☆☆]信息获取多元化的优势包括（　　）。
　A.提高信息获取的效率　　　　B.丰富学生的学习资源
　C.降低信息获取的成本　　　　D.增强学生的自主学习能力

4.【多选题】[★★★☆☆]在信息爆炸的时代，学生应具备的信息素养有（　　）。
　A.信息筛选能力　　B.信息整合能力　　C.信息创造能力　　D.信息安全意识

5.【判断题】[★☆☆☆☆]信息获取多元化意味着学生不需要再阅读纸质书籍。（　　）

6.【判断题】[★☆☆☆☆]信息获取多元化要求学生具备更高的信息素养来应对信息过载的问题。（　　）

7.【简答题】[★★★★☆]在信息获取多元化的时代，学生应如何提升自己的信息素养以适应这种变化？请给出你的建议。

知识点71　任务处理同步化

任务处理同步化

一、知识点简介

任务处理同步化是指在并发执行多个任务时，通过特定的机制确保任务之间能够有序、协调地访问共享资源，从而避免数据冲突和损坏。这种技术能够确保系统的稳定性和可靠性，提高整体处理效率。在人工智能时代，随着计算任务的日益复杂和多样化，任务处理同步化的重要性愈发凸显。它不仅能够保障各项任务顺利推进，还能在很大程度上提升系统的响应速度和用户体验的满意度。

二、知识点测试题

1.【单选题】[★★☆☆☆]任务处理同步化的主要目的是（　　）。
　　A.提高任务执行速度　　B.避免数据冲突和损坏　　C.减少任务数量　　D.增加系统复杂性
2.【单选题】[★☆☆☆☆]在多任务环境中，哪个因素对于确保系统稳定性至关重要？（　　）
　　A.任务的数量　　B.任务的执行顺序　　C.任务的同步处理　　D.任务的执行时间
3.【多选题】[★★★☆☆]下列哪些选项是任务处理同步化的优点？（　　）
　　A.提高系统响应速度　　B.降低系统复杂性　　C.避免数据不一致性　　D.减少任务执行时间
4.【多选题】[★★★☆☆]在人工智能时代，任务处理同步化对于哪些领域尤为重要？（　　）
　　A.计算机科学　　B.机械设计　　C.软件开发　　D.生物医学
5.【判断题】[★☆☆☆☆]任务处理同步化对于单任务环境同样重要。（　　）
6.【判断题】[★☆☆☆☆]掌握任务处理同步化原理是提升软件开发技能的基础之一。（　　）
7.【简答题】[★★★★☆]简述教育领域中的任务处理同步化。

知识点72　内容处理形象化

内容处理形象化

一、知识点简介

内容处理形象化是一种有效的学习方法，它通过将抽象、复杂的知识点转化为直观、生动的形象，帮助学生更好地理解和记忆。这种方法的核心在于利用人们的视觉和形象思维，将枯燥的文字信息转化为图像、图表或动画等形式，从而激发学生的兴趣和积极性。例如，在历史学习中，绘制时间线来梳理历史事件的发展脉络；在地理学习中，制作地图来展示地理要素的分布情况。通过这种方式，学生能够更直观地把握知识点的内在联系和整体结构，提高学习效率和记忆效果。

二、知识点测试题

1.【单选题】[★★☆☆☆]内容处理形象化的主要目的是（　　）。
　　A.增加学习内容的数量　　B.使抽象内容更易于理解
　　C.减少学习时间　　D.提高考试的难度
2.【单选题】[★☆☆☆☆]在学习地理时，利用哪种方式可以更有效地展示地理要素的分布？（　　）
　　A.文字描述　　B.地图绘制　　C.数学公式　　D.音乐节奏
3.【多选题】[★★★☆☆]下列哪些选项属于内容处理形象化的方法？（　　）
　　A.制作思维导图　　B.绘制流程图　　C.编写长篇文章　　D.设计动画演示
4.【多选题】[★★★☆☆]内容处理形象化在学习中有哪些优势？（　　）
　　A.提高学习兴趣　　B.加深理解记忆　　C.增加学习负担　　D.降低思维深度
5.【判断题】[★☆☆☆☆]内容处理形象化就是将所有学习内容都转化为图片形式。（　　）
6.【判断题】[★☆☆☆☆]利用图表展示数据变化，不属于内容处理形象化的范畴。（　　）
7.【简答题】[★★★★☆]谈谈你对内容处理形象化在学习中的作用的看法，并给出理由。

知识点73　沟通交流协作化

沟通交流协作化

一、知识点简介

沟通交流协作化是人工智能时代不可或缺的核心技能。沟通是人与人之间建立联系、传递信息的桥梁，要求表达清晰、准确，同时倾听他人意见，理解不同观点。交流是更深层次的思想与情感的共享，旨在建立共识、拉近彼此距离。协作是团队合作的基础，强调目标一致、相互信任与支持、共同应对挑战。在协作过程中，成员应积极参与讨论，分享知识与经验，发挥个人优势，为团队贡献力量。此外，灵活应对变化、及时调整策略，也是协作中不可或缺的能力。总之，具备沟通交流协作化能力，对于提升个人职业素养、促进团队和谐发展具有重要意义。

二、知识点测试题

1.【单选题】[★★☆☆☆]在团队协作中，以下哪项不是有效沟通的基本原则？（　　）
　A.清晰明了地表达自己的想法　　B.尊重他人的观点和意见
　C.坚持己见，不考虑他人感受　　D.积极倾听并给予反馈

2.【单选题】[★☆☆☆☆]在协作过程中，团队成员之间最重要的是（　　）。
　A.相互竞争，争取表现　　B.相互信任与支持
　C.保持独立，不依赖他人　　D.严格遵循领导指令

3.【多选题】[★★★☆☆]有效的沟通交流在团队协作中的作用是（　　）。
　A.增进团队成员之间的了解　　B.提高工作效率和准确性
　C.避免冲突和误解　　D.增强团队凝聚力和向心力

4.【多选题】[★★★☆☆]在进行团队协作时，以下哪些因素有助于提升协作效果？（　　）
　A.明确的分工和责任　　B.共同的目标和愿景
　C.良好的沟通氛围和技巧　　D.强大的个人能力和领导力

5.【判断题】[★☆☆☆☆]沟通交流协作化对于个人职业发展没有太大帮助。（　　）

6.【判断题】[★☆☆☆☆]在人工智能时代，机器可以完全替代人类进行复杂的沟通交流与协作。（　　）

7.【简答题】[★★★★☆]在人工智能时代，你认为应如何进一步提升团队的沟通交流与协作能力？

知识点74　阅读方式数字化

阅读方式数字化

一、知识点简介

阅读方式数字化是指利用电子设备和数字技术来获取、阅读和存储书籍、文章等文本资料的方式。这种阅读方式已经逐渐取代了传统的纸质阅读，成为现代社会中越来越普遍的阅读选择。数字化阅读具有诸多优势，如便携、节省空间、可定制以及丰富的多媒体元素等。读者可以随时随地通过电子设备访问阅读材料，无须携带厚重的纸质书籍。同时，数字化阅读还提供了搜索、标记等功能，使读者能够更高效地管理阅读文本。然而，数字化阅读也带来了一些挑战，如视力

损伤、深度阅读不足等问题。因此，在选择数字化阅读时，我们需要注意合理使用电子设备，保护视力，并保持深度阅读的习惯。阅读方式数字化是现代社会不可避免的发展趋势，它为我们带来了更便捷、高效的阅读体验，同时也需要我们注意其潜在的问题。

二、知识点测试题

1.【单选题】[★★☆☆☆]以下哪种设备通常较少用于数字化阅读？（　　）
　A.智能手机　　　　B.电子书阅读器　　　C.台式电脑　　　　　　D.平板电脑
2.【单选题】[★☆☆☆☆]下列哪项不是数字化阅读的优势？（　　）
　A.便于携带和存储　　　　　B.可以随时随地阅读
　C.眼睛容易疲劳　　　　　　D.检索信息迅速
3.【多选题】[★★★☆☆]数字化的阅读方式通常包括（　　）。
　A.电子书阅读　　B.纸质书阅读　　　C.在线文章浏览　　　D.有声书听书
4.【多选题】[★★★☆☆]数字化阅读对现代人的积极影响有（　　）。
　A.提高阅读效率　B.丰富阅读内容　　C.减少纸质书籍的浪费　D.降低阅读理解能力
5.【判断题】[★☆☆☆☆]数字化阅读可以完全替代传统纸质书阅读方式。（　　）
6.【判断题】[★☆☆☆☆]数字化阅读不受时间和地点的限制，可以实现随时随地阅读。（　　）
7.【简答题】[★★★★☆]数字化阅读相比传统纸质阅读有哪些明显的优势？

知识点75　虚拟现实融合化

虚拟现实融合化

一、知识点简介

　　虚拟现实融合化是指将虚拟现实技术与其他相关技术进行深度整合，从而创造出更加丰富、沉浸式的虚拟体验。通过虚拟现实融合化，人们可以更加深入地沉浸在虚拟世界中，实现与现实世界的无缝衔接。这种技术不仅在游戏、娱乐等领域得到了广泛应用，还在教育、医疗、工业等领域展现出巨大的潜力。例如，在教育领域，虚拟现实融合化可以为学生提供更加直观、生动的学习体验，提高学习效果；在医疗领域，它可以帮助医生进行更精确的手术操作和病情诊断。随着技术的不断进步和应用场景的不断拓展，虚拟现实融合化将会在未来发挥更加重要的作用，为人们带来更加便捷、高效的生活体验。同时，我们也需要关注其可能带来的挑战和问题，如隐私保护、伦理道德等，确保技术的健康发展。

二、知识点测试题

1.【单选题】[★★☆☆☆]虚拟现实融合化主要依赖于（　　）的融合。
　A.云计算与物联网　　　　　　　B.人工智能与大数据
　C.虚拟现实与增强现实　　　　　D.3D打印与机器人技术
2.【单选题】[★☆☆☆☆]在虚拟现实融合化的应用中，哪种技术对于提升用户体验至关重要？
（　　）

A.传感器技术　　　B.图像处理技术　　　C.自然语言处理技术　　　D.交互界面设计技术

3.【多选题】[★★★☆☆]虚拟现实融合化技术可以应用的领域有（　　）。
　A.教育　　　B.医疗　　　C.娱乐　　　D.军事　　　E.交通

4.【多选题】[★★★☆☆]虚拟现实融合化技术的发展受到哪些因素的影响？（　　）
　A.硬件设备性能　　　B.网络带宽　　　C.软件开发难度　　　D.政策法规

5.【判断题】[★☆☆☆☆]虚拟现实融合化技术只能应用于游戏领域。（　　）

6.【判断题】[★☆☆☆☆]虚拟现实融合化技术的发展不需要考虑硬件设备的限制。（　　）

7.【简答题】[★★★★☆]虚拟现实融合化在教育领域有哪些潜在的应用价值？

知识点76　适时学习常态化

适时学习常态化

一、知识点简介

适时学习常态化是新时代学习方式的重要转变，它鼓励学生根据实际需求，在适当的时机主动学习知识和技能。在信息爆炸的时代，学生不必再死记硬背大量知识，而是需要培养快速获取信息、解决问题的能力。适时学习强调学习的针对性和实效性，让学生在面对新任务、新挑战时，能够迅速找到所需信息，习得相关技能，从而更好地应对未来社会的多变需求。这种学习方式有助于培养学生的自主学习能力、批判性思维和创新精神，使他们成为适应时代发展的高素质人才。因此，教师和学生都需要积极拥抱适时学习常态化的理念，不断探索和实践新的学习方法和教学模式。

二、知识点测试题

1.【单选题】[★★☆☆☆]适时学习常态化强调学生在哪个时间进行学习？（　　）
　A.课前预习　　　B.课后复习　　　C.实际需求　　　D.固定时间

2.【单选题】[★☆☆☆☆]在信息爆炸的时代，学生应更注重哪种能力的培养？（　　）
　A.记忆能力　　　B.批判性思维　　　C.信息搜集　　　D.解题能力

3.【多选题】[★★★☆☆]适时学习常态化的优势有（　　）。
　A.提高学习效率　　　　　　B.培养自主学习能力
　C.减少学习时间　　　　　　D.更好地应对未来社会的需求

4.【多选题】[★★★☆☆]教师在推动适时学习常态化时，可以采取（　　）。
　A.设计现实意义的课堂活动　B.鼓励学生死记硬背　C.培养批判性思维　D.忽视学生需求

5.【判断题】[★☆☆☆☆]适时学习常态化意味着学生应在固定时间进行学习。（　　）

6.【判断题】[★☆☆☆☆]在信息爆炸的时代，学生仍需记忆大量无关紧要的信息。（　　）

7.【简答题】[★★★★☆]阐述适时学习常态化的基本理念，及其对学生未来发展的重要性。

知识点77　人工智能时代的学生素养

人工智能时代的学生素养

一、知识点简介

在人工智能时代，学生素养的内涵已不再局限于传统的知识记忆和技能训练，而是需要扩展到更为全面和深层次的综合能力。人工智能时代的学生素养包括人文素养、学习素养、自主素养、创新素养和科学信息素养。其中，人文素养强调人自身的内在精神品质、完整的人格、高尚的道德情操、良好的人际关系，以及发自内在的热爱、创新和求真的精神等；学习素养要求学生具备终身学习的理念和方法；自主素养强调学生的自我决策和负责的能力；创新素养突出学生的创新思维和能力；科学信息素养要求学生掌握信息获取、评估、应用及各类数字技术。人工智能时代的学生素养具有以下特征：①跨学科性。学生需要跨学科学习，整合不同领域的知识，以解决复杂的问题。②实践性。学生不仅要掌握理论，还要通过项目实践、实验研究等方式，将理论知识应用于实际。③创新性。学生需要具备创新思维，能够在面对新问题和挑战时，提出创新的解决方案。④伦理性。学生需要理解人工智能技术的伦理问题，并在使用技术时，作出符合伦理规范的决策。例如，在科技创新项目中，学生利用人工智能技术，自主设计开发了智能家居系统，不仅锻炼了技术应用能力，还培养了他们的创新思维和团队协作能力。

二、知识点测试题

1. 【单选题】[★★★☆☆]在人工智能时代，学生应具备的（　　）素养强调自我决策和负责的能力。
   A. 人文　　　　　B. 学习　　　　　C. 自主　　　　　D. 科学信息
2. 【单选题】[★★★★★]结合编程、设计思维和艺术设计的课程，旨在培养学生的（　　）。
   A. 单一学科思维　B. 逻辑思维　　　C. 跨学科思维　　D. 形象思维
3. 【多选题】[★★☆☆☆]在人工智能时代，学生素养的培养包括（　　）。
   A. 人文素养　　　B. 学习素养　　　C. 科学信息素养　D. 创新素养
4. 【多选题】[★★★★☆]以下哪些是人工智能时代学生素养的特征？（　　）
   A. 跨学科性　　　B. 实践性　　　　C. 创新性　　　　D. 伦理性
5. 【判断题】[★★☆☆☆]在人工智能时代，学生只需掌握传统的知识记忆和技能训练即可。（　　）
6. 【判断题】[★★★☆☆]学生利用人工智能技术解决实际问题时，不需要考虑伦理问题。（　　）
7. 【简答题】[★★★★☆]简述在人工智能时代背景下，我们应如何培养自己的综合素养以适应这一时代的需求。

知识点78　知识素养

知识素养

一、知识点简介

知识素养是人工智能时代学生必备的核心素养之一，它涵盖了传统学科知识和智能化相关知识。在快速发展的科技浪潮中，知识素养的重要性日益凸显。它不仅要求学生掌握扎实的学科知识，为未来的专业技术工作打下坚实基础，还要求学生具备对人工智能技术的深刻理解和应用能力。知识素养的提升有助于学生更好地适应智能化社会的发展，提高个人竞争力。因此，相关教育部门和学校应高度重视知识素养的培养，通过创新教学方法、优化课程设置、加强实践教学等措施，全面提升学生的知识素养水平，为培养高素质人才贡献力量。

二、知识点测试题

1.【单选题】[★★☆☆☆]知识素养主要包括（　　）方面的内容。
　　A.文学与艺术　　B.数学与科学　　C.学科知识与智能知识　　D.历史与地理
2.【单选题】[★☆☆☆☆]在人工智能时代，以下哪一项不是知识素养的重要作用？（　　）
　　A.提高个人竞争力　　　　　　B.更好地适应智能化社会发展
　　C.增强休闲娱乐能力　　　　　D.为未来专业技术工作打基础
3.【多选题】[★★★☆☆]以下哪些属于智能知识素养的范畴？（　　）
　　A.科学认识人工智能　　　　　B.合理定位智能化时代的特点
　　C.掌握传统的木工技能　　　　D.明辨人工智能与个人、社会发展的关系
4.【多选题】[★★★☆☆]培养知识素养可以采取的方法有（　　）。
　　A.创新教学方式，如具身式教学　　B.开发立体化、新形态教材
　　C.建立数据驱动的评价方式　　　　D.增加体育课时长
5.【判断题】[★☆☆☆☆]知识素养仅指学生对专业学科知识的掌握程度。（　　）
6.【判断题】[★☆☆☆☆]智能化相关知识与个人在人工智能时代的发展无关。（　　）
7.【简答题】[★★★★☆]简述知识素养在人工智能时代的重要性。

知识点79　技术素养

技术素养

一、知识点简介

技术素养是指在人工智能时代，个体所应具备的操作、运用和理解智能技术的能力。这种素养不仅要求人们能够熟练使用各种智能工具，如智能手机、智能家居设备等，更重要的是，人们应理解这些技术背后的原理和逻辑，以及它们如何影响我们的生活和工作。技术素养还包括对新技术的学习和适应能力，以及运用技术解决问题的能力。在高度信息化的社会，技术素养已经成为人们必备的基本素养之一，它关系到个人在职业发展、生活品质和社会参与等方面的竞争力。因此，提升全民技术素养，特别是青少年一代的技术素养，对于推动社会进步和科技创新具有重要意义。

二、知识点测试题

1.【单选题】[★★☆☆☆]技术素养主要是指（　　　）。
　　A.使用传统工具的能力　　　　　　　B.操作和理解智能技术的能力
　　C.编写复杂程序代码的能力　　　　　D.维修电子设备的技能

2.【单选题】[★☆☆☆☆]在人工智能时代，技术素养对个人的重要性主要体现在（　　　）。
　　A.提高娱乐活动的多样性　　　　　　B.增强社交媒体的使用频率
　　C.提升职业发展和生活品质　　　　　D.减少日常运动量

3.【多选题】[★★★☆☆]下列哪些属于技术素养的范畴？（　　　）
　　A.熟练使用智能手机　　　　　　　　B.理解人工智能技术的原理
　　C.能够适应新技术的发展　　　　　　D.运用技术解决实际问题

4.【多选题】[★★★☆☆]提升技术素养对于以下哪些方面具有重要意义？（　　　）
　　A.个人职业发展　　B.社会科技进步　　C.提高生活便利性　　D.促进身体健康

5.【判断题】[★☆☆☆☆]技术素养只要求人们能够使用智能设备，不需要理解其背后的原理。（　　　）

6.【判断题】[★☆☆☆☆]在信息化社会，技术素养已经成为人们必备的基本素养之一。（　　　）

7.【简答题】[★★★★☆]为什么说提升技术素养对青少年一代尤为重要？

知识点80　数据素养

一、知识点简介

数据素养

　　数据素养是指个体在大数据时代应具备的一种核心能力，它涵盖了对数据的理解、收集、分析、处理和利用等多个方面。具备数据素养的个体能够从海量数据中提取有价值的信息，为决策提供依据，同时也能够保护个人与集体的隐私。这种素养不仅要求人们掌握基本的数据分析工具和技能，更需要具备批判性思维和创新能力，以应对日益复杂多变的数据环境。在当前信息化、数字化社会的背景下，数据素养已经成为个人职业发展和社会进步的关键因素。因此，提升全民数据素养，特别是年轻一代的数据素养，对于推动社会发展具有重要意义。

二、知识点测试题

1.【单选题】[★★☆☆☆]数据素养主要是指个体在数据时代应具备的一种综合能力，它包括（　　　）方面的能力。
　　A.收集与整理　　　B.分析与解读　　　C.保护与利用　　　D.所有以上选项

2.【单选题】[★☆☆☆☆]在处理数据时，以下哪项措施有助于提高数据的安全性？（　　　）
　　A.使用弱密码保护数据文件　　　　　B.定期备份数据并存储在安全位置
　　C.在公共网络环境下传输敏感数据　　D.随意分享包含个人信息的数据集

3.【多选题】[★★★☆☆]下列哪些选项是数据素养的重要组成部分？（　　　）
　　A.数据意识　　　B.数据技能　　　C.数据伦理　　　D.数据审美

4.【多选题】[★★★☆☆]在进行数据可视化时，应该考虑哪些因素以提高信息的有效传达？（　　）

　　A.选择合适的图表类型　　　　　　B.使用醒目的颜色和字体

　　C.确保数据准确无误　　　　　　　D.添加不必要的动画效果

5.【判断题】[★☆☆☆☆]数据素养只与数据科学家和统计学家相关，普通人不用具备。（　　）

6.【判断题】[★☆☆☆☆]在处理数据时，只要数据看起来合理，就不需要进一步验证其准确性。（　　）

7.【简答题】[★★★★☆]在培养个人数据素养时，应如何平衡数据技能的学习与数据伦理的遵守？

知识点81　思维素养

一、知识点简介

思维素养

　　思维素养是人工智能时代不可或缺的核心素养，它涵盖了计算思维、编程思维、解决问题思维和创造性思维等多个方面。这些思维能力的培养有助于学生更好地适应未来社会，应对各种复杂挑战。因此，教育者应重视思维素养的培养，将其融入日常教学中，引导学生发展多维度、深层次的思维能力，为培养新时代的创新型人才奠定坚实的基础。

二、知识点测试题

1.【单选题】[★★☆☆☆]在人工智能时代，以下哪项不属于思维素养的关键组成部分？（　　）

　　A.计算思维　　　B.文学创作思维　　　C.解决问题思维　　　D.创造性思维

2.【单选题】[★☆☆☆☆]以下哪项关于计算思维的描述是不正确的？（　　）

　　A.计算思维强调运用计算机科学的概念来解决问题。

　　B.计算思维仅适用于计算机科学领域。

　　C.计算思维有助于提升数据处理和分析能力。

　　D.计算思维是一种问题求解的思维方式。

3.【多选题】[★★★☆☆]在人工智能时代，学生应具备哪些思维素养以应对挑战？（　　）

　　A.计算思维　　B.线性思维　　C.解决问题思维　　D.创造性思维　　E.批判性思维

4.【多选题】[★★★☆☆]关于创造性思维在人工智能时代的作用，以下描述正确的是（　　）。

　　A.创造性思维有助于学生打破常规，提出新颖观点

　　B.创造性思维在智能技术推动下变得不再重要

　　C.创造性思维能够激发学生的想象力和创新精神

　　D.创造性思维是培养学生创新能力的关键

5.【判断题】[★☆☆☆☆]人工智能时代的教育模式转变使得思维素养的培养变得不再重要。（　　）

6.【判断题】[★☆☆☆☆]具备高水平思维素养的学生能够更好地适应智能教育环境，充分利用人工智能技术进行学习和创新。（　　）

7.【简答题】[★★★☆]在人工智能时代,应如何有效培养学生的思维素养?

知识点82　伦理素养

伦理素养

一、知识点简介

伦理素养是人工智能时代不可或缺的核心素养。它要求人们在应用人工智能技术时,始终坚守道德和伦理的底线,尊重隐私,保护数据安全,并致力于公平公正。随着人工智能技术深入各个领域,伦理问题日益凸显,如数据滥用、隐私泄露等,这些都将对人类社会带来巨大挑战。因此,具备高伦理素养的人才能够在使用这些技术时审慎行事,确保技术为人类带来福祉。为了培养这一素养,教育机构应加强对学生的伦理教育,引导他们形成正确的价值观,同时,企业和研究机构也应承担起伦理素养培养的责任,共同推动人工智能技术的健康发展。

二、知识点测试题

1.【单选题】[★★☆☆☆]在人工智能时代,伦理素养主要强调的是(　　)。
　　A.技术的先进性　　B.个人隐私的保护　　C.企业的经济效益　　D.算法的复杂性
2.【单选题】[★☆☆☆☆]《新一代人工智能伦理规范》是由(　　)发布的。
　　A.中华人民共和国教育部　　　　B.国家新一代人工智能治理专业委员会
　　C.中华人民共和国科学技术部　　D.中华人民共和国工业与信息部
3.【多选题】[★★★☆]下列哪些选项属于人工智能时代伦理素养的要求?(　　)
　　A.增进人类福祉　　B.促进公平公正　　C.保护隐私安全　　D.确保技术领先
4.【多选题】[★★★☆]在人工智能应用中,提升伦理素养可以通过(　　)来实现。
　　A.加强学校教育　　B.忽视伦理规范　　C.完善法律法规　　D.建立伦理审查机制
5.【判断题】[★☆☆☆☆]在人工智能时代,伦理素养不重要,因为技术是中性的。(　　)
6.【判断题】[★☆☆☆☆]人工智能的发展不会引发任何伦理问题。(　　)
7.【简答题】[★★★★☆]分析当前人工智能领域面临的伦理挑战,并提出应对措施。

知识点83　人工智能时代的学习工具

人工智能时代的学习工具

一、知识点简介

人工智能时代的学习工具是指应用人工智能技术,以数据规模增加、计算能力增强为背景,能够提供个性化、精准化教学支持的数字化学习资源和学习工具。① 人工智能时代的学习工具有以下特征:①个性化学习路径。学习工具通过大数据分析学生的学习习惯和能力水平,为学生提供定制化的学习内容和路径。②智能化互动体验。学习工具利用自然语言处理等技术,实现与学生的自然语言互动,提高学习的互动性和趣味性。③学习支持持续化。学习工具通过智能推荐系统,

---

① 赵慧臣,张雨欣,李皖豫,等.人工智能时代数字化学习工具评价模型的建构与应用建议[J].中国电化教育,2021(8):85-91,125.

持续向学生推荐相关学习资源，支持其不断深化学习。④学习效果反馈实时化。学习工具可以实时监控学生的学习进度和效果，及时向学生推送新的学习策略。例如，"作业帮"这一学习工具融合了图像识别技术与语音识别技术，为学生提供便捷的拍照搜题与语音搜题服务，有效地帮助学生解决学习中的各种问题。

二、知识点测试题

1.【单选题】[★★☆☆☆]以下哪项不是人工智能时代学习工具的特征？（　　）
　A.学习路径个性化　　B.互动体验智能化　　C.学习支持阶段化　　D.学习效果反馈实时化

2.【单选题】[★★★★★]在人工智能时代的学习工具中，大数据分析主要用于（　　）。
　A.评估学生的社交能力　　　　　B.分析学生的消费习惯
　C.分析学习者的学习习惯和能力水平　　D.预测学生的职业发展

3.【多选题】[★★☆☆☆]人工智能时代的学习工具的主要特征有（　　）。
　A.学习路径个性化　　B.互动体验传统化　　C.学习支持持续化　　D.学习效果反馈延时化

4.【多选题】[★★★☆☆]下列关于"智学网"学习平台的描述，正确的有（　　）。
　A.它是一个教育平台　　　　　　B.不能提供个性化的学习资源
　C.能够提升学习效率与质量　　　D.不依赖于人工智能技术

5.【判断题】[★☆☆☆☆]人工智能时代的学习工具不能提供个性化的学习路径。（　　）

6.【判断题】[★★☆☆☆]学习分析工具可以实时监控学生的进度。（　　）

7.【简答题】[★★★★☆]简述人工智能时代的学习工具是如何通过学生的学习习惯和能力水平来提供定制化的学习内容和学习路径的。

知识点84　基于电子屏幕的阅读学习

一、知识点简介

在人工智能时代，电子屏幕突破传统纸质书的局限，以数字化的方式呈现信息。如今，电子显示屏技术发展迅猛，手机、电视、台式电脑、平板电脑等各类屏幕充斥着我们的生活，储存设备的出现让屏幕阅读成为新习惯。众多电子阅读APP助力阅读学习，像掌阅、微信读书、当当云阅读等国内电子阅读APP，可安装在手机或平板电脑上，方便学习者随时随地阅读。而随着人工智能技术融入教育，电子阅读APP日益智能化，能进行知识搜索、标注和做笔记等，还能为学习者自动推荐书目并生成多维度阅读分析报告，为基于电子屏幕的阅读学习提供更精准、高效的支持。

二、知识点测试题

1.【单选题】[★★☆☆☆]基于电子屏幕的阅读学习主要是通过（　　）进行的。
　A.电视机　　B.智能手机或平板电脑　　C.台式电脑　　D.投影仪

2.【单选题】[★☆☆☆☆]电子阅读APP的哪种功能可以帮助读者更好地理解内容？（　　）

A.快速翻页　　　　B.亮度调节　　　　C.标注和笔记　　　　D.音量调节

3.【多选题】[★★☆☆]基于电子屏幕的阅读学习的优势有（　　　）。

　　A.信息量大　　　　B.便于携带　　　　C.可个性化推荐　　　　D.保护视力

4.【多选题】[★★☆☆]在进行基于电子屏幕的阅读学习时，以下哪些做法有助于提高学习效率？（　　　）

　　A.频繁更换阅读设备　　　　B.利用碎片化时间进行阅读

　　C.定期整理阅读笔记　　　　D.避免深度思考

5.【判断题】[★☆☆☆☆]基于电子屏幕的阅读学习只适合年轻人使用。（　　　）

6.【判断题】[★☆☆☆☆]电子屏幕阅读可以完全替代纸质书籍阅读。（　　　）

7.【简答题】[★★★★]你认为在进行基于电子屏幕的阅读学习时，应如何平衡快速阅读与深度思考？

知识点85　基于互联网的协作学习

基于互联网的协作学习

一、知识点简介

基于互联网的协作学习是利用网络技术实现学习者之间跨时空的合作与交流，从而共同达成学习目标的一种学习方式。这种学习方式突破了传统课堂的限制，使学习者能够随时随地参与讨论、共享资源、解决问题。通过互联网平台，如慕课、在线社区等，学习者可以与全球范围内的其他学习者进行实时互动，拓宽知识视野，提升学习效果。同时，基于互联网的协作学习还培养了学习者的团队协作能力、沟通能力和创新精神，为适应未来社会的发展奠定了坚实基础。简而言之，基于互联网的协作学习是一种高效、便捷且富有创新性的学习方式，正逐渐成为教育领域的重要发展趋势。

二、知识点测试题

1.【单选题】[★★☆☆☆]基于互联网的协作学习主要通过（　　　）实现学习者之间的合作与交流。

　　A.电话　　　　B.互联网平台　　　　C.电视　　　　D.书籍

2.【单选题】[★☆☆☆☆]在基于互联网的协作学习中，学习者可以通过（　　　）参与学习。

　　A.电视　　　　B.电脑或智能手机　　　　C.广播　　　　D.扫描仪

3.【多选题】[★★★☆☆]基于互联网的协作学习的主要优点有（　　　）。

　　A.突破时空限制　　B.实时互动　　C.拓宽知识视野　　D.提升学习效果

4.【多选题】[★★★☆]下列哪些平台可以用于基于互联网的协作学习？（　　　）

　　A.慕课　　　　B.微博　　　　C.在线社区　　　　D.抖音

5.【判断题】[★☆☆☆☆]基于互联网的协作学习可以增强学习者的团队合作能力和问题解决能力。（　　　）

6.【判断题】[★☆☆☆☆]基于互联网的协作学习可以培养学习者的团队协作能力和沟通能力。（　　　）

7.【简答题】[★★★☆]阐述基于互联网的协作学习对学习者个人发展的重要性。

知识点86　基于教育数据的反思性学习

一、知识点简介

基于教育数据的反思性学习是现代教育技术的新趋势，它结合了大数据分析与学生的自主学习过程。通过收集学生在学习过程中的各种数据，如作业完成情况、课堂互动频率、在线学习时长等，教师能更全面地了解学生的学习状态，从而进行更具针对性的指导。学生可以根据这些数据反思自己的学习方法和效率，及时调整学习策略。这种方式不仅提升了教学效果，还培养了学生的自我管理能力与批判性思维。简而言之，基于教育数据的反思性学习利用技术赋能教育，实现了学习效果与教学效率的双向增长，是推动教育现代化、提高教育质量的重要途径。

二、知识点测试题

1.【单选题】[★★☆☆☆]基于教育数据的反思性学习主要依赖（　　）来收集学生的学习信息。
　　A.教科书　　　　　B.大数据平台　　　　C.教师观察　　　　D.学生自我报告
2.【单选题】[★☆☆☆☆]在基于教育数据的反思性学习中，学生主要通过（　　）来提高学习效果。
　　A.增加学习时间　　B.反思并调整学习策略　C.教师指导　　　　D.购买更多学习资料
3.【多选题】[★★★☆☆]下列哪些是基于教育数据的反思性学习的优势？（　　）
　　A.提高教学效率　　B.培养学生自主学习能力　C.减少教师工作量　D.实现个性化教学
4.【多选题】[★★★☆☆]在基于教育数据的反思性学习中，教师可以通过（　　）来帮助学生。
　　A.提供数据可视化报告　　　　　　　　B.定期组织课堂测验
　　C.根据数据进行针对性辅导　　　　　　D.鼓励学生自我反思
5.【判断题】[★☆☆☆☆]在基于教育数据的反思性学习中，教师的作用是提供数据并指导学生如何进行反思。（　　）
6.【判断题】[★☆☆☆☆]基于教育数据的反思性学习有助于培养学生的批判性思维。（　　）
7.【简答题】[★★★★☆]阐述教师在基于教育数据的反思性学习中的角色和作用。

知识点87　基于移动终端的泛在学习

一、知识点简介

基于移动终端的泛在学习是指借助智能手机、平板电脑等设备，实现随时随地获取学习资源和学习服务的一种新型学习方式。它融合了移动学习与数字学习的优势，突破时空限制，使学习更为便捷和个性化。在这种学习模式下，学生可以根据自身需求和兴趣，自由选择学习内容和学习时间，实现真正的自主学习。基于移动终端的泛在学习已成为教育信息化发展的重要趋势，对于培养学生终身学习能力和适应未来社会发展需求具有重要意义。

二、知识点测试题

1.【单选题】[★★☆☆☆]基于移动终端的泛在学习主要借助（　　　）进行学习。
　A.电视机　　　　B.纸质图书　　　　C.智能手机和平板电脑　　　D.大型投影仪

2.【单选题】[★☆☆☆☆]泛在学习最显著的特点是（　　　）。
　A.限制性　　　　B.固定性　　　　C.移动性和随时性　　　D.高成本

3.【多选题】[★★★☆☆]泛在学习可以满足学生的哪些需求？（　　　）
　A.移动学习　　　B.小组学习　　　C.个性化学习　　　D.终身学习

4.【多选题】[★★★☆☆]下列哪些技术支持基于移动终端的泛在学习？（　　　）
　A.大数据技术　　B.人工智能技术　　C.蒸汽机技术　　　D.区块链技术

5.【判断题】[★☆☆☆☆]泛在学习是一种完全取代传统课堂学习的方式。（　　　）

6.【判断题】[★☆☆☆☆]基于移动终端的泛在学习不利于培养学生的自主学习能力。（　　　）

7.【简答题】[★★★★☆]阐述大数据技术在泛在学习中的应用。

知识点88　基于自主适应的个性化学习

基于自主适应的个性化学习

一、知识点简介

基于自主适应的个性学习是指让学生依据自身特点自主选择学习方式、进度等，以适应个性差异，实现学生的个性化发展。随着人工智能技术的发展，基于自主适应的个性学习已随处可见，例如，学习分析系统能通过算法监控获取学生学习过程中的个性化信息，为不同特点的学生提供成长所需；在线教育平台如"沪江英语"，可实时获取学生发音等交互信息，生成在线反馈，还能动态评估学习状态并提供诊断分析和干预；"流利说-英语"可根据水平测试为学生制订学习计划，并根据学习情况实时调整。

二、知识点测试题

1.【单选题】[★★☆☆☆]基于自主适应的个性化学习的核心是（　　　）。
　A.随时转换教师的教学风格　　　　B.加快学生的学习速度
　C.根据学生的个性特征定制学习路径　　D.固定的课程安排

2.【单选题】[★☆☆☆☆]在个性化学习中，以下哪项技术不是用于分析学生学习数据的？（　　　）
　A.大数据技术　　B.机器学习　　　C.云计算　　　D.纳米技术

3.【多选题】[★★★☆☆]个性化学习可以带来的好处有（　　　）。
　A.提高学习效率　B.增强学习兴趣　C.培养自主学习能力　D.减少社交互动

4.【多选题】[★★★☆☆]在基于自主适应的个性化学习系统中，哪些因素会影响学习内容的推荐？（　　　）
　A.学生的学习历史　B.学生的学习目标　C.教师的偏好　　D.学生的学习风格

5.【判断题】[★☆☆☆☆]基于自主适应的个性化学习不考虑学生的社交环境。（　　　）

6.【判断题】[★☆☆☆☆]个性化学习旨在培养所有学生的相同技能。（　　　）

7.【简答题】[★★★★☆]简述基于自主适应的个性化学习可能面临的挑战及其解决方案。

知识点89　基于虚拟学校的终身学习

一、知识点简介

　　基于虚拟学校的终身学习依赖于高度发达的通信技术，打破了传统学校的时空限制，为学生提供了灵活、个性化的学习路径。在虚拟学校中，学生可以根据自己的需求和兴趣，随时随地进行学习，实现知识的持续更新和技能的不断提升。这种学习方式不仅适应了快节奏的社会需求，还促进了教育资源的均衡分配，让更多人有机会接受高质量的教育。同时，虚拟学校也推动了教育模式的变革，使学习更加自主、多元和可互动。

二、知识点测试题

1.【单选题】[★★☆☆☆]虚拟学校是通过（　　）进行交互式教育的。
　　A.课本　　　　　　　　B.互联网　　　　　　C.电视　　　　　　　　D.电话
2.【单选题】[★☆☆☆☆]以下哪项不是基于虚拟学校的终身学习的特点？（　　）
　　A.学习拘泥于实体课堂　　　　B.知识获取的即时性
　　C.以人为中心的智能化学习　　D.由维持性学习向创新性学习转变
3.【多选题】[★★★☆☆]基于虚拟学校的终身学习，学生的学习方式可能发生的变化有（　　）。
　　A.记忆陈述性知识　　B.选择性学习　　C.主动式学习　　D.高阶认知与探索
4.【多选题】[★★★☆☆]虚拟学校的学习环境可能带来的挑战有（　　）。
　　A.技术难题　　　　　B.学习质量评估　　C.学生缺乏自律　　D.信息安全
5.【判断题】[★☆☆☆☆]虚拟学校的学习方式不利于学生的个性化学习。（　　）
6.【判断题】[★☆☆☆☆]在虚拟学校中，学生无法获得与传统学校同等质量的教育资源。（　　）
7.【简答题】[★★★★☆]简述基于虚拟学校的终身学习对未来教育发展的影响。

第六章
人工智能时代的教育工具

人工智能时代的教育工具

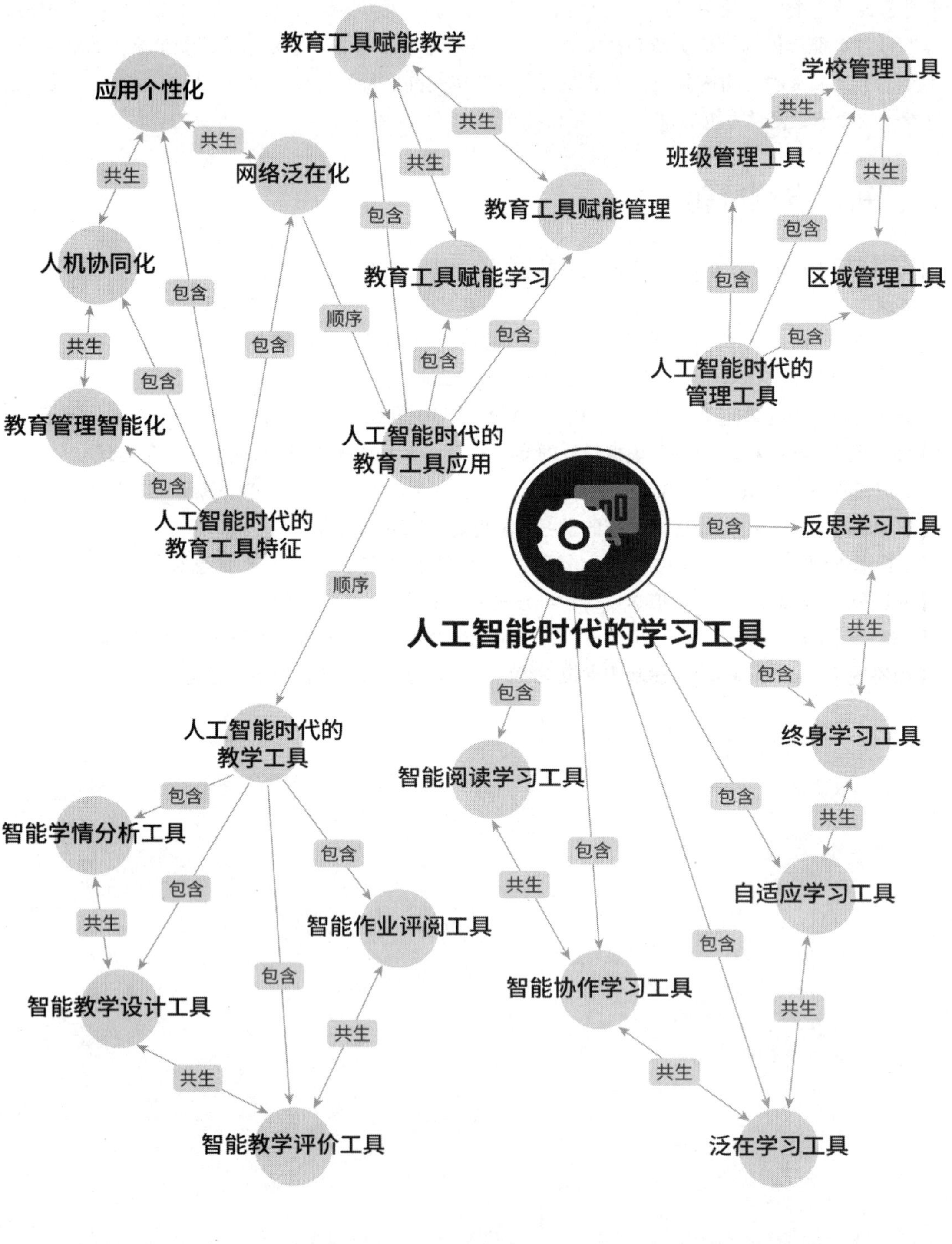

知识点90　人工智能时代的教育工具特征

一、知识点简介

人工智能时代的教育工具特征

人工智能时代的教育工具能够辅助教师教学、班级管理，实时记录与分析师生课堂教学行为，布置个性化作业，辅助教师组织讨论等活动，同时也有助于学生参与课堂互动、获取资源等。[①]人工智能时代的教育工具具有智能化、个性化和互动性强的特征：①智能化表现为教育工具能够模拟、替代教师的部分功能，如自动批改作业、推荐学习资源等。②个性化表现为基于大数据分析，教育工具能够根据学生的学习习惯和能力，提供定制化的学习内容和路径，满足不同学生的个性化需求。③互动性强表现为通过语音识别、自然语言处理等技术，教育工具可实现与学生的自然语言交互，增强学习的互动性和趣味性。除此之外，教育工具可用于收集和分析学生的学习过程数据，为教师教学和学生学习的优化提供数据支持，实现对教与学过程的精准化管理。例如，针对儿童编程教育的人工智能教育工具"阿尔法蛋"，能够通过游戏化学习引导儿童学习编程，同时根据儿童的学习进度推荐学习内容。又如智能作文批改系统，其利用自然语言处理技术，对学生提交的作文进行自动批改并给出修改建议，帮助学生提高写作水平。

二、知识点测试题

1.【单选题】[★★☆☆☆]人工智能时代教育工具的哪一特征能够根据学生的学习习惯和能力提供定制内容？（　　）

　　A.智能化　　　　　B.个性化　　　　　C.互动性强　　　　　D.数据驱动

2.【单选题】[★★★★★]智能作文批改系统主要利用了（　　）。

　　A.语音识别技术　　B.自然语言处理技术　　C.图像识别技术　　D.虚拟现实技术

3.【多选题】[★★☆☆☆]人工智能时代的教育工具能够辅助教师完成的工作有（　　）。

　　A.班级管理　　　　B.课堂组织　　　　C.实时记录师生行为　　　　D.代替教师授课

4.【多选题】[★★★☆☆]下列关于人工智能时代的教育工具的描述，正确的是（　　）。

　　A.能够模拟教师的部分功能　　　　B.不能提供定制化的学习内容

　　C.通过大数据分析来优化教学　　　　D.增强了学习的互动性

5.【判断题】[★☆☆☆☆]人工智能时代的教育工具无法实时记录师生行为。（　　）

6.【判断题】[★★☆☆☆]教育工具的数据驱动特点对实现教学的精准化管理没有帮助。（　　）

7.【简答题】[★★★★☆]简述人工智能时代的教育工具的个性化特征，并举例说明其在实际教学中的应用。

---

① 赵玉，黄楷璇.智能教学工具在中小学应用中的优势、问题及对策[J].北京教育学院学报，2022，36（1）：45-50.

知识点91　人工智能时代的教育工具应用

人工智能时代的教育工具应用

一、知识点简介

　　人工智能时代的教育工具应用是指在智能技术的支持下，对教育工具进行设计、开发和使用，以实现教育目标和提高教育效果。①它主要涉及如机器学习、自然语言处理、计算机视觉等智能技术的教育应用。人工智能时代的教育工具主要用于助力学生学习、教师教学、教育决策与管理、教育评价等方面。在学生学习方面，教育工具能够根据学生的个人特点、学习风格和进度，为学生提供个性化的学习资源和学习路径。在教师教学方面，教育工具可作为教师教学的智能助手，充分发挥教师与人工智能技术的优势，相互合作，实现高效教学。在教育决策与管理方面，教育工具能够为教育决策与管理提供数据支持，辅助教育管理者作出科学的教育决策。在教育评价方面，基于人工智能技术的教育评价工具，可以大大降低教师开展教学评价的工作量，也可以提高教师评价的精准度。

二、知识点测试题

1.【单选题】[★★★★☆]人工智能时代的教育工具能够根据学生的（　　）提供个性化的学习资源和学习路径。
　　A.年龄和性别　　　　　　　　　B.家庭背景和经济状况
　　C.个人特点、学习风格和学习进度　D.社交圈子和兴趣爱好

2.【单选题】[★★★★★]人工智能时代的教育工具应用的主要目标是（　　）。
　　A.提高教育成本　　　　　　　　B.降低教育质量
　　C.实现教育目标和提高教育效果　D.取代传统教育方式

3.【多选题】[★★★☆☆]人工智能时代的教育工具可以应用于以下哪些教育领域？（　　）
　　A.学生学习　　B.教师教学　　C.教育娱乐　　D.教育决策与管理

4.【多选题】[★★★★☆]以下哪些技术可能被应用于人工智能时代的教育工具中？（　　）
　　A.机器学习　　B.自然语言处理　　C.计算机视觉　　D.量子计算

5.【判断题】[★★☆☆☆]人工智能时代的教育工具不能提供个性化的学习资源和学习路径。（　　）

6.【判断题】[★★☆☆☆]基于人工智能技术的教育评价工具会增加教师的工作量。（　　）

7.【简答题】[★★★★☆]简述人工智能时代的教育工具如何在教育评价方面发挥作用。

---

① 宋香玉，赵万祥.浅析人工智能在教育领域中的应用现状及发展方向[J].现代职业教育，2019（19）：180-181.

知识点92　教育管理智能化

教育管理智能化

一、知识点简介

　　教育管理智能化是指运用云计算、大数据、人工智能等现代信息技术，对教育领域进行管理与优化，从而提高管理效率和教育质量。[①]通过教育管理智能化，教育机构可实时采集和分析海量数据，为决策提供科学依据，实现资源的合理分配和高效利用。教育管理智能化是助推教育现代化、提升教育质量的重要手段，对于培养创新人才、促进社会进步具有重要意义。教育管理智能化具有以下典型特征：①数据赋能，即通过大数据分析为教育决策提供支持；②体系重塑，即通过智能化手段重构教育管理体系；③科学决策，即利用智能化系统进行科学预测和规划；④可视化监控，即使管理过程更加透明和高效。教育管理智能化的典型案例有：北京市东城区通过构建"数据大脑"，整合区域内教育资源，实现教育资源共享，有效解决了教育信息化推进中的重复建设和数据"孤岛"问题。许多高校引入智能排课系统，它可根据教师、教室和课程的多重约束条件，智能生成最优化的课表，大大提高了排课效率和准确性。

二、知识点测试题

1.【单选题】[★☆☆☆☆]教育管理智能化的核心是（　　）。
　　A.提高教育质量　　　　　　　　B.加强教育信息化
　　C.优化教育资源配置　　　　　　D.利用现代信息技术进行管理

2.【单选题】[★★★☆☆]高校引入智能排课系统，这主要体现了教育管理智能化的（　　）。
　　A.数据收集　　　B.资源优化　　　C.科学决策　　　D.个性化教学

3.【多选题】[★★☆☆☆]以下哪些属于教育管理智能化的优势？（　　）
　　A.提高教育质量　　B.提升管理效率　　C.降低教育成本　　D.助力个性化教学

4.【多选题】[★★★☆☆]教育管理智能化可以通过哪些方式实现资源的合理分配和高效利用？（　　）
　　A.实时收集和分析数据　　　　　B.引入智能化管理系统
　　C.增加教育投入　　　　　　　　D.依靠教师的个人经验

5.【判断题】[★☆☆☆☆]教育管理智能化就是完全取代传统的教育管理方式。（　　）

6.【判断题】[★★☆☆☆]教育管理智能化不能帮助提升学生的学习兴趣和学习成绩。（　　）

7.【简答题】[★★★☆☆]阐述教育管理智能化在提升教育质量方面的作用。

[①] 范炀，茆瀚月，李超，等.面向区域教育治理的智能化大数据平台研究[J].现代教育技术，2021（9）：63-70.

知识点93　人机协同化

人机协同化

一、知识点简介

　　人机协同化是指在特定任务或问题解决过程中，人类与机器相互结合、优势互补，共同完成任务的一种模式。该模式突破了简单的工具使用或机械化操作的限制，更侧重于人类与机器之间的深度合作与协同。在此模式下，人类的创新思维、情感判断与机器的计算能力、大数据处理能力得到有效融合，进而产生比单个体更为优越的效果。[①]人机协同化的典型特征主要包括互补性、交互性、可解释性和动态性。①互补性体现在人类与机器在各自擅长的领域发挥优势，如人类擅长创造性思维与情感理解，而机器则在数据处理与逻辑分析方面表现卓越。②交互性强调人机之间应建立高效的沟通机制，确保信息顺畅传递，以实现任务的高效执行。③可解释性是指机器的决策过程和行为结果需要具备一定的可解释性，以增强人类对机器决策的信任与理解。④动态性是指人机协同化是一个动态过程，需要根据任务需求灵活调整人机角色和交互方式。在医疗、智能家居、工业设计等领域，人机协同化已得到广泛应用。例如，在医疗诊断中，医生结合机器学习模型的数据分析结果进行诊断，提高了诊断的准确性和效率。在智能家居方面，家庭成员通过语音助手控制家居设备，同时语音助手也能学习并优化控制策略，提升了生活的便利性。在工业设计领域，设计师与计算机辅助设计系统紧密合作，实现了设计方案的快速迭代与优化。

二、知识点测试题

1.【单选题】[★☆☆☆☆]人机协同化是指（　　）。
　　A.人类完全依赖机器完成任务　　　　B.人类与机器相互结合、优势互补，共同完成任务
　　C.机器完全取代人类进行任务执行　　D.人类与机器分别独立完成任务后汇总结果
2.【单选题】[★★★☆☆]在人机协同化中，机器的决策过程和结果需要具备一定的可解释性，这是为了（　　）。
　　A.提高机器的工作效率　　　　　　B.增强人类对机器决策的信任与理解
　　C.减少机器的错误率　　　　　　　D.使机器更加智能化
3.【多选题】[★★☆☆☆]人机协同化的典型特征包括（　　）。
　　A.互补性　　　B.交互性　　　C.可解释性　　　D.静态性
4.【多选题】[★★★★☆]在以下哪些领域中，人机协同化已得到广泛应用？（　　）
　　A.医疗　　　B.家居　　　C.工业设计　　　D.航空航天
5.【判断题】[★☆☆☆☆]人机协同化强调人类与机器之间的深度合作与协同，共同完成任务。（　　）
6.【判断题】[★★★☆☆]在人机协同化中，人类的角色总是被机器所取代，因为机器在各方面都优于人类。（　　）
7.【简答题】[★★★★★]简述人机协同化的概念，并举例说明其在实际应用中的优势和效果。

[①] 陈凯泉，韩小利，郑湛飞，等.人机协同视阈下智能教育的场景建构及应用模式分析：国内外近十年人机协同教育研究综述[J].远程教育杂志，2022，40（2）：3-14.

知识点94　网络泛在化

网络泛在化

一、知识点简介

网络泛在化是指随着信息技术的发展与应用，网络服务和信息资源的获取不再受地域、时间的限制，用户可以在任何时间、任何地点、任何设备上接入网络，获取所需的信息和服务。[①]网络泛在化的核心特征主要包括四个方面：①网络接入的普遍性。用户可利用手机、电脑、智能家居设备等多种终端随时随地进行网络访问。②服务的实时性与便捷性。用户可迅速获取所需信息，极大提高了生活和工作的效率。③借助大数据、人工智能等技术，网络服务能够根据用户行为和偏好进行个性化推荐，进一步增强了用户体验。④信息资源的泛在化使得用户可以无障碍地访问全球的信息资源。网络泛在化的应用案例不胜枚举。例如，图书馆让读者能够随时随地访问图书馆资源，享受便捷的搜索、预约和借阅服务。智能家居允许用户通过智能手机或其他设备远程控制家中的各种智能设备。在医疗领域，远程医疗服务的兴起使得患者能够通过网络获取医疗咨询、预约医生，甚至接受远程医疗服务。

二、知识点测试题

1.【单选题】[★★☆☆☆]下列哪项不是网络泛在化的核心特征？（　　）
　A.网络接入的普遍性　　B.服务的实时性与便捷性
　C.信息资源的稀缺性　　D.个性化推荐

2.【单选题】[★★★☆☆]泛在图书馆在哪个方面体现了网络泛在化？（　　）
　A.仅在特定区域设置有限的网络接口供读者使用
　B.只在办公区域使用网络进行图书采编等工作
　C.通过智能设备和网络，读者可以随时随地访问图书馆资源和服务
　D.只在图书馆的网站上提供部分电子资源的访问

3.【多选题】[★★☆☆☆]网络泛在化的核心特征包括（　　）。
　A.网络接入的普遍性　　B.服务的实时性与便捷性　　C.信息资源的稀缺性
　D.个性化推荐　　　　　E.信息资源的泛在化

4.【多选题】[★★★★☆]以下哪些属于网络泛在化的应用案例？（　　）
　A.泛在图书馆　　B.智能家居　　C.自动化生产线　　D.远程医疗服务

5.【判断题】[★☆☆☆☆]网络泛在化使得用户可以在任何时间、任何地点接入网络。（　　）

6.【判断题】[★★★☆☆]网络泛在化主要依赖的技术是物联网和区块链。（　　）

7.【简答题】[★★★★★]简述网络泛在化的核心特征，并给出一个具体的应用案例。

[①] 王娜，常珍珠.泛在网络中信息资源管理的国内外研究综述[J].图书馆学研究，2014（14）：13-18.

知识点95　应用个性化

应用个性化

一、知识点简介

在人工智能时代，教育工具对于支持学生开展个性化学习意义重大。其依托学生多维度数据，构建精准的个性化学习模型，并通过实时数据分析动态优化模型，契合学生的学习需求与进度。例如，它可以依据学生的学习习惯、兴趣爱好及知识掌握程度，智能推荐适配的学习资源；同时，它可以为学生设计个性化的学习路径，向初学者先推送基础内容，再依掌握情况递增难度，帮助学生构建系统知识体系，还能提供智能答疑、进度跟踪、效果评估等个性化服务，助力学生发现并解决问题。智能技术的进步使这类教育工具的个性化应用更加客观和量化。借助大数据分析与机器学习算法，客观评估学生学习状态与效果，提供量化反馈建议，利于学生自知、教师和家长进行科学指导，实现精准化、个性化教育。

二、知识点测试题

1.【单选题】[★☆☆☆☆]个性化教学的核心理念是（　　）。
　　A.以教师为中心，统一教学策略　　　B.以学生为中心，满足个性化需求
　　C.以班级为单位，实施统一管理　　　D.以课程为中心，统一教学内容
2.【单选题】[★★★★☆]现代信息技术在个性化教学中主要起到的作用是（　　）。
　　A.替代教师角色　　　　　　　　　　B.提供丰富的资源和工具
　　C.限制教学内容的选择　　　　　　　D.阻碍教学策略的调整
3.【多选题】[★★☆☆☆]个性化教学在实际应用中的成效包括（　　）。
　　A.满足了不同水平学生的需求　　　　B.提高了学生的学习兴趣和效果
　　C.限制了教学策略的多样性　　　　　D.促进了学生的个性化学习
4.【多选题】[★★★★☆]以下哪些是教育工具在个性化教学中的应用？（　　）
　　A.智能教学系统　　B.统一的教材　　C.学习管理平台　　D.固定的教学策略
5.【判断题】[★☆☆☆☆]个性化教学强调学生的独特需求、兴趣、学习风格和能力。（　　）
6.【判断题】[★★★☆☆]在个性化教学中，教师需要按照预设的教学计划执行，不需要进行调整。（　　）
7.【简答题】[★★★★★]简述个性化教学的核心理念，并给出一个实际应用的例子。

知识点96　教育工具赋能学习

教育工具赋能学习

一、知识点简介

教育工具赋能学习是指利用信息技术产品、教学软件、学习平台等多样化工具，强化学习的质量与效果。这些工具不仅能提供丰富的学习资源，还能支持个性化学习路径，促进学生之间的协作，从而深化学习体验，助力学生全面、深入地掌握知识与技能，并培养创新思维和实践能

力。①教育工具赋能学习具有以下核心特征：①个性化学习支持，即根据学生的需求提供定制化的学习内容和路径；②互动性和协作性，即通过工具的交互设计，提升学生的参与度和动力；③利用先进技术营造沉浸式学习体验；④利用数据驱动的反馈，实时收集并分析学习数据，为学生提供精准的建议。

二、知识点测试题

1.【单选题】[★☆☆☆☆]教育工具赋能学习的核心特征不包括（　　）。
   A.个性化学习支持　　　　　　B.互动性和协作性
   C.传统的面对面的教学方式　　D.数据驱动的反馈

2.【单选题】[★★★☆☆]在教育工具赋能学习中，哪一项特征强调通过工具的交互设计来提升学生的参与度和动力？（　　）
   A.个性化学习支持　　B.互动性和协作性　　C.沉浸式学习体验　　D.数据驱动的反馈

3.【多选题】[★★☆☆☆]教育工具赋能学习的核心特征包括（　　）。
   A.个性化学习支持　　B.强制性的学习管理　　C.互动性和协作性　　D.数据驱动的反馈

4.【多选题】[★★★★☆]以下哪些应用体现了教育工具赋能学习？（　　）
   A.MOOCs平台　　B.纸质教科书　　C.智能教育软件　　D.传统的黑板教学

5.【判断题】[★☆☆☆☆]教育工具赋能学习是指利用信息技术产品、教学软件、学习平台等多样化工具，强化学习的质量与效果。（　　）

6.【判断题】[★★★☆☆]在教育工具赋能学习中，所有学生的学习内容和路径都是完全相同的。（　　）

7.【简答题】[★★★★★]简述教育工具赋能学习的核心特征，并举例说明其在实际教学中的应用。

知识点97　教育工具赋能教学

教育工具赋能教学

一、知识点简介

教育工具赋能教学是指借助各类教育工具，增强教学效果，提升教育质量。这些工具涵盖教学软件、硬件设备、在线学习平台及多种教学资源，它们共同为师生构建了一个交互性强、合作紧密且探究深入的学习环境。②教育工具赋能教学的核心在于，通过工具的运用，赋予教学实践更多的灵活性与可能性，进而实现教学流程的高效化、个性化及多元化。教育工具赋能教学包括以下典型特征：①能够根据每位学生的个体差异，如学习习惯和能力，定制出贴合其需求的学习内容与进度，实现个性化学习；②通过强大的互动功能，加强学生间及师生间的即时沟通与协作，不仅提升了学习的社交属性，也增添了学习的乐趣；③利用工具进行数据收集与分析，协助教师

---

① 郑婷婷.发挥学习工具功能，促成关键能力生长：以研究课"中国古代的民族关系"为例[J].历史教学（上半月刊），2023（1）：45-51.
② 雷浩，李雪.数字工具支持的教学对学生学习结果有何影响？：来自137项实验与准实验的元分析证据[J].华东师范大学学报（教育科学版），2022，40（11）：92-109.

精准掌握学生的学习动态与学习难点，为教学决策提供有力的数据支撑；④支持多样化的教学活动，诸如在线研讨、远程实验操作、虚拟现实体验等，极大地丰富了教学手段，进而优化了学习体验。

二、知识点测试题

1.【单选题】[★☆☆☆☆]教育工具赋能教学的核心在于（　　）。
　　A.提升教师的技术能力　　　　　　　　B.增强学生的学习动力
　　C.赋予教学实践更多的灵活性与可能性　　D.增加教学资源的多样性
2.【单选题】[★★☆☆☆]以下哪一项不是教育工具赋能教学的典型特征？（　　）
　　A.个性化学习路径的设计　　B.加强学生间及师生间的即时沟通与协作
　　C.单一的教学活动形式　　　D.利用工具进行数据收集与分析
3.【多选题】[★★☆☆☆]教育工具赋能教学的典型特征包括（　　）。
　　A.个性化学习路径的设计　　B.加强学生间及师生间的即时沟通与协作
　　C.单一的教学活动形式　　　D.利用工具进行数据收集与分析
4.【多选题】[★★★★☆]以下哪些应用体现了教育工具赋能教学？（　　）
　　A. MOOCs平台　　B.传统的黑板教学　　C.智能教室　　D.个性化学习系统
5.【判断题】[★★☆☆☆]教育工具赋能教学是指借助各类教育工具，提升教学质量和效果。（　　）
6.【判断题】[★★★☆☆]所有教育工具在任何应用场景下都能产生相同的赋能效果。（　　）
7.【简答题】[★★★★☆]简述教育工具赋能教学的主要特征，并给出一个具体的赋能教学案例。

知识点98　教育工具赋能管理

教育工具赋能管理

一、知识点简介

教育工具赋能管理是指借助现代教育工具与技术，诸如信息化管理系统、数据分析工具及沟通和协作平台，以提升教育管理的效率和效果，推动教育管理走向现代化。教育工具赋能管理主要体现在以下五个方面：①自动化处理海量数据和信息，以显著提升管理效率、降低人力成本；②数据分析工具为管理者提供科学的决策支持；③智能化管理工具帮助管理者全面深入了解教育活动的各个细节，实现精准管理；④沟通和协作平台可加强教职工与管理层之间的有效沟通，提升团队协作能力；⑤信息化管理系统可以提高管理活动的透明度，确保管理过程的公开性和透明度。

二、知识点测试题

1.【单选题】[★★☆☆☆]以下哪一项没有体现教育工具赋能管理？（　　）
　　A.自动化处理海量数据和信息　　　　　　　B.依赖传统经验进行决策
　　C.帮助管理者全面深入了解教育活动的各个细节　　D.加强教职工与管理层之间的有效沟通

2.【单选题】[★★★☆☆]某高校成功引入智慧校园管理系统,这一举措主要体现了教育工具赋能管理的哪一方面?(　　)
　　A.降低人力成本　　　　　　　　　　B.提供科学的决策支持
　　C.推动校园管理的数字化和智能化进程　D.提升团队协作能力

3.【多选题】[★★☆☆☆]教育工具赋能管理可以带来(　　)的提升。
　　A.管理效率　　B.决策科学性　　C.团队协作能力　　D.运营成本

4.【多选题】[★★★★☆]以下哪些应用能体现教育工具赋能管理?(　　)
　　A.某高校引入智慧校园管理系统
　　B.某学校继续使用传统的人工管理方式
　　C.在线教育机构采用专业的在线教育平台管理工具
　　D.教育管理部门利用大数据分析工具进行决策

5.【判断题】[★★☆☆☆]教育工具赋能管理主要依赖传统的管理方法和工具。(　　)

6.【判断题】[★★★☆☆]教育工具赋能管理可以帮助管理者全面深入了解教育活动的各个细节,实现精准管理。(　　)

7.【简答题】[★★★★☆]简述教育工具赋能管理的主要特征,并给出一个实际应用案例。

知识点99　人工智能时代的教学工具

人工智能时代的教学工具

一、知识点简介

在人工智能时代,教学工具已然融入了诸多智能技术,诸如机器学习、自然语言理解及机器视觉等,它们共同构成了能够显著辅助、改进并提升教育教学过程的技术性产品。[1]例如,有的能根据教学内容生成个性化教案、制作多媒体课件,节省备课时间;有的能为学生提供智能辅导,解答疑问,减轻教师辅导压力;有的能自动收集教与学的相关数据,进而为教师的教学决策提供有力的数据支撑。例如,"101教育PPT"通过智能匹配特定知识点的多媒体课件和教学设计,帮助教师高效备课,显著提升了备课效率。"智学网"平台能针对不同学科,为教师布置课前测验题,当学生完成平台测验后,系统能精准识别每个学生未掌握的知识点,并为其推送相应的学习资料。"中庆智课系统"能智能化地分析与评价学生的课堂学习行为,帮助教师实时掌握学生的学习动态。这些智能教学工具的应用,无疑为现代教育注入了新的活力。

二、知识点测试题

1.【单选题】[★★★☆☆]以下哪项不是人工智能教学工具的特点?(　　)
　　A.高度个性化　　B.高度智能化　　C.高度协同性　　D.能够优化教学策略

2.【单选题】[★★★★☆]人工智能教学工具如何帮助教师进行教学?(　　)
　　A.自动收集各种教学信息　　　　B.提供教学决策支持
　　C.帮助教师批阅主、客观题　　　D.自动推送各种教学资料

---

[1] 郭炯,荣乾,郝建江.国外人工智能教学应用研究综述[J].电化教育研究,2020,41(2):91-98,107.

3.【多选题】[★★★☆☆]人工智能教学工具能够实现的功能有（　　）。
　　A.提供定制化的学习路径和资源　　B.优化教学策略
　　C.自动收集学习数据　　D.预测天气变化
4.【多选题】[★★★★☆]以下哪些是人工智能教学工具？（　　）
　　A.智能导学系统　　B.智能助教系统　　C.101教育PPT　　D.IN课堂智能教育平台
5.【判断题】[★★☆☆☆]人工智能教学工具不能通过自然语言处理技术与学生进行互动。（　　）
6.【判断题】[★★★☆☆]人工智能教学工具生成的教学方案都是最优化且适用于所有教学场景的。（　　）
7.【简答题】[★★★★☆]简述人工智能时代教学工具的特点，并举例说明其在实际教学中的应用。

知识点100　智能学情分析工具

智能学情分析工具

一、知识点简介

　　智能学情分析工具是运用大数据、机器学习及人工智能等技术手段，深度剖析学生学习状况的一种工具。此类工具不仅能大规模地收集并处理学习数据，还能依托算法模型，对学情进行科学全面的评估，从而为教师的教学策略及学生的学习路径提供有力指导。[①]智能学情分析工具主要具有以下特征：①数据驱动。它能自动汇集学生的在线学习行为、成绩等各类数据，利用大数据分析揭示学习规律与存在的问题。②实时反馈。它能即时提供学情反馈，协助教师迅速掌握学生的学习进展和遇到的难题，以便及时调整教学方法。③预测分析。借助机器学习技术，它可预测学生的学习效果及潜在风险，为个性化教学及早期干预提供数据支持。④用户友好性。这类工具通常界面直观易用，便于教师操作。典型的智能学情分析工具有：①智慧教室系统，它通过教室内置的传感器和摄像头捕捉课堂互动与学生参与度数据，生成课堂学情报告。②在线学习管理系统，如Moodle平台和Blackboard平台，它们内置了学情分析功能，可追踪学生的学习进度、参与度及成绩波动。③个性化学习平台，如Knewton平台和Smart Sparrow平台，它们运用智能算法为每位学生定制学习方案与资源推荐，并持续分析学生的学习成效与进步。

二、知识点测试题

1.【单选题】[★★☆☆☆]下列哪一项不属于智能学情分析工具的显著特征？（　　）
　　A.数据驱动　　B.实时反馈　　C.传统手动分析　　D.用户友好性
2.【单选题】[★★★☆☆]智慧教室系统主要通过（　　）来生成课堂学情报告。
　　A.教师手动记录　　B.教室内置的传感器和摄像头　　C.学生自我评价　　D.家长反馈
3.【多选题】[★★☆☆☆]智能学情分析工具能为教师提供哪些方面的指导？（　　）
　　A.教学策略　　B.学生的学习路径　　C.个人生活　　D.校园管理
4.【多选题】[★★★★☆]以下哪些属于智能学情分析工具？（　　）

---

① 俞宏毓.近十多年来我国学情分析研究的发展与反思[J].上海教育科研，2019（3）：60-64.

A.智慧教室系统　　　B.Moodle平台　　　C.传统教科书　　　D.Smart Sparrow平台

5.【判断题】[★★☆☆☆]智能学情分析工具能自动汇集学生的在线学习行为、成绩等各类数据。（　　）

6.【判断题】[★★★☆☆]智能学情分析工具只能用于大规模在线教育，不适用于传统课堂教学。（　　）

7.【简答题】[★★★★☆]简述智能学情分析工具的主要特征，并举例说明其在教育中的应用。

知识点101　智能教学设计工具

智能教学设计工具

一、知识点简介

　　智能教学设计工具是指运用人工智能技术来辅助教学设计任务的软件或平台。这类工具能够协助教师高效完成从教学目标设定到教学活动设计，再到教学评价的全流程工作。这些工具融合了强大的数据处理和个性化推荐功能，旨在提升教学设计的质量和效率。[1]智能教学设计工具主要具有以下特征：①这类工具能自动执行教学设计的多个环节，有效减少人工操作，从而显著提升设计效率；②这类工具能够根据教师的教学需求和学生的学习特性，生成个性化的教学设计方案；③通过运用大数据分析和机器学习技术，这类工具能为教师提供有针对性的教学优化建议与反馈；④这类工具具备出色的跨平台整合能力，能无缝对接各种教学资源和平台，为教师提供全面、一站式的教学设计服务。智能教学设计工具丰富多样，例如，希沃Bloom教育大模型是面向教学场景的智能工具，能够深度整合课件生成、学情分析与互动教学功能。其核心优势在于智能备课支持，输入课程主题即可自动生成结构化课件，同步创建知识框架思维导图并推荐跨学科教学资源。教师可通过关键词生成专属配图或插入在线素材，人工智能自动优化排版布局。在课堂交互层面，该模型提供拖拽拆分模型、分组竞赛等互动模板，支持实时学情反馈与分层练习生成，强化学生的参与度。

二、知识点测试题

1.【单选题】[★☆☆☆☆]智能教学设计工具主要用来辅助（　　）的任务。
A.财务管理　　　B.教学设计　　　C.游戏开发　　　D.医学影像分析

2.【单选题】[★★★☆☆]哪种类型的智能教学设计工具能够通过提供向导式的建议和支持，帮助教师在教学设计的每一步中获得必要的信息辅助？（　　）
A.智慧创作工具　　　B.智慧支持工具　　　C.专家系统工具　　　D.数据分析工具

3.【多选题】[★★☆☆☆]智能教学设计工具的显著特征包括（　　）。
A.自动化流程设计　　　B.提供个性化的教学设计方案
C.仅适用于特定教学科目　　　D.跨平台整合能力

4.【多选题】[★★★★☆]以下哪些是智能教学设计工具？（　　）
A.希沃Bloom　　　B.Excel　　　C.IN课堂智能教学平台　　　D.PowerPoint

---

[1]　顾小清，舒杭，白雪梅.智能时代的教师工具：唤醒学习设计工具的数据智能[J].开放教育研究，2018，24（5）：64-72.

5.【判断题】[★★☆☆☆]智能教学设计工具能够大幅提升教学设计的质量和效率。(　　)
6.【判断题】[★★★☆☆]智能教学设计工具只能为教师提供教学优化建议,不能自动生成教学设计方案。(　　)
7.【简答题】[★★★★☆]简述智能教学设计工具的主要特征,并举例说明其在教育中的应用。

知识点102　智能教学评价工具

一、知识点简介

　　智能教学评价工具是指在人工智能技术的支持下,能够对学生的学习活动轨迹进行自动记录与分析,进而提供精准学习反馈与科学评价结果的软件或系统。[①]这类工具主要具有以下几个特征:①高度的自动化。这类工具能自主收集并分析学生的学习数据,从而大幅减轻教师的工作负担,实现评价过程的高效化。②重视个性化。这类工具根据学生的具体学习情况,给出针对性的评价和反馈,有助于学生及时调整学习策略,实现个性化学习。③数据驱动。这类工具以学生的学习数据为基础,通过深入分析,提供科学、客观的评价结果,为教学改进提供有力支撑。④良好的互动性。这类工具通常配备友好的交互界面,操作简便,能有效提升学生的使用兴趣,促进教学评价的积极参与。在实际应用中,已有不少智能教学评价工具的应用案例,例如,ClassDojo可以助力教师实时追踪和评估学生在课堂上的表现,通过个性化的头像设置和表现记录,实现精准的学生评价。Quizizz和Kahoot等巧妙地将测试内容与游戏结合,既激发了学生的学习兴趣,又能提供即时的学习反馈与详尽的学习报告。EasyTest、考试云、轻速云等在线测试系统支持试题的灵活导入、导出与编辑,实现自动组卷,极大提升了测试的便捷性和安全性。

二、知识点测试题

1.【单选题】[★☆☆☆☆]以下哪一项不是智能教学评价工具的主要特征?(　　)
　　A.高度的自动化　　B.个性化特色　　C.依赖人工数据分析　　D.良好的互动性
2.【单选题】[★★★★★]智能教学评价工具在实际应用中的主要影响体现在(　　)。
　　A.仅提高了评价效率　　　　　B.仅提升了学生的学习兴趣
　　C.革命性地改变了教学评价的方式　　D.仅减轻了教师的工作负担
3.【多选题】[★★☆☆☆]智能教学评价工具的典型特征包括(　　)。
　　A.高度的自动化　　B.个性化特色　　C.完全依赖人工评价
　　D.数据驱动　　　　E.良好的互动性
4.【多选题】[★★★★☆]下列哪些工具或系统属于智能教学评价工具?(　　)
　　A.ClassDojo　　B.PowerPoint　　C.Kahoot　　D.Excel　　E.Quizizz
5.【判断题】[★★☆☆☆]智能教学评价工具能够自主收集并分析学生的学习数据,减轻教师的工作负担。(　　)
6.【判断题】[★★★☆☆]所有智能教学评价工具都具备游戏化测试形式,以激发学生的学习

---

① 惠恭健,兰小芳,钱逸舟.计算思维该如何评?:基于国内外14种评价工具的比较分析[J].远程教育杂志,2020,38(4):84-94.

兴趣。（　　）

7.【简答题】[★★★☆☆]简述智能教学评价工具在实际教学中的应用及其带来的变革。

知识点103　智能作业评阅工具

智能作业评阅工具

一、知识点简介

　　智能作业评阅工具是指依托先进的人工智能技术，特别是自然语言处理与机器学习等技术，对学生提交的作业进行自动评分与反馈的先进教育工具。其核心目的在于优化作业批改流程，提升效率与准确性，并为学生提供即时的学习反馈，助力个性化学习路径的构筑。通过此类工具，教师批改作业的负担得以显著减轻，学生也能获得更为精准与个性化的学习引导。[①]智能作业评阅具有以下特征：①高度的自动化水平，使得系统能够自主处理海量作业数据，大幅减少人工介入，从而显著提高作业批改工作的整体效率；②标准化的评分机制确保了作业评价的客观性与公正性，避免了主观因素导致的评分偏差；③此类工具能够提供详尽且富有针对性的反馈，帮助学生准确识别学习中的薄弱环节；④此类工具的可定制性极高，能够灵活适应不同的教学场景与学习目标。在实际应用中，已有不少智能作业评阅工具的应用案例。例如，IN课堂智能教育平台能够实现智能备课、自适应学习、全学科测评等功能，全方位助力教学。其特色功能"AI作文精批"，能够实现中文作文和英语作文两种类型文本的智能批改，教师只需导入相应的作文，系统就能够及时快速地作出详细的评阅。

二、知识点测试题

1.【单选题】[★☆☆☆☆]以下哪一项不是智能作业评阅工具主要依托的技术？（　　）
　　A.自然语言处理　　B.机器学习　　C.数据分析　　D.人工智能
2.【单选题】[★★★★★]多语种智能作文评分工具的应用为现代教育带来的影响是（　　）。
　　A.提高了特定语种的教学质量　　B.为学生提供了全面的学习反馈
　　C.仅限于作文题材的评分　　D.减轻了特定语种教师的教学负担
3.【多选题】[★★★☆☆]将智能作业评阅工具应用于教学中的核心目的是（　　）。
　　A.完全替代教师批改作业　　B.优化作业批改流程，提升效率与准确性
　　C.为学生提供即时学习反馈，助力个性化学习　　D.减轻学生的作业负担
4.【多选题】[★★★★☆]智能作业评阅工具的显著特点包括（　　）。
　　A.高度的自动化水平　　B.标准化的评分机制
　　C.提供主观化的反馈　　D.系统的可定制性极高
5.【判断题】[★★☆☆☆]智能作业评阅工具能够显著减轻教师批改作业的负担。（　　）
6.【判断题】[★★★☆☆]智能作业评阅提供的反馈是统一且不变的，无法针对每个学生的不同情况进行调整。（　　）
7.【简答题】[★★★★☆]简述智能作业评阅工具在教育领域的应用及其带来的积极影响。

---

① 牟智佳，俞显.教育大数据背景下智能测评研究的现实审视与发展趋向[J].中国远程教育，2018（5）：55-62.

知识点104 智能阅读学习工具

一、知识点简介

智能阅读学习工具

　　智能阅读学习工具集成了人工智能、自然语言处理等技术，涉及认知科学等领域，其作用是辅助学生进行有效阅读并深入理解阅读内容，旨在提升阅读的效率与成效。此类工具的核心功能涵盖即时反馈机制、个性化学习建议生成、阅读材料的深度解析。[①]智能阅读学习工具具有以下典型特征：①它能够根据学生的阅读能力与理解速度，量身打造个性化的学习路径；②在阅读过程中，它可为学生提供实时反馈与评估，助力学生即时掌握自身的理解状况，识别存在的认知障碍；③借助自然语言处理等先进技术，它可深入剖析文本内容，促进学生对材料的深层次理解；④通过融入互动性与游戏化元素，它可增强学习的趣味性与参与感，进而激发学生的持续学习动力。智能阅读学习工具可以分为以下三类：①阅读理解辅助软件，如SmartReader，它利用互动式提问与内容深度解析机制，促进文本理解的深化；②在线学习平台，如Coursera、edX，它们不仅可以提供丰富的在线课程与阅读材料，还内置了智能推荐系统，依据学生的学习进度与理解水平精准推送阅读材料；智能笔记本及笔记应用，如Evernote与Notion，可以帮助用户整理与归纳阅读资料，同时还支持关键词搜索，大幅提升了学习效率。

二、知识点测试题

1.【单选题】[★★☆☆☆]以下哪一项不是智能阅读学习工具的核心功能？（　　）
　　A.即时反馈机制　　　　　　　B.个性化学习建议生成
　　C.社交媒体分享功能　　　　　D.对阅读材料的深度解析

2.【单选题】[★★★★☆]智能阅读学习工具如何帮助学生识别存在的认知障碍？（　　）
　　A.通过提供大量的阅读材料　　B.通过实时提供反馈与评估
　　C.通过游戏化的学习方式　　　D.通过社交媒体的互动

3.【多选题】[★★☆☆☆]智能阅读学习工具展现出的典型特征有（　　）。
　　A.量身打造个性化的学习路径与建议　　B.实时提供反馈与评估
　　C.深入剖析文本内容　　　　　　　　　D.提供大量的无关阅读材料

4.【多选题】[★★★★☆]以下哪些属于智能阅读学习工具的典型案例？（　　）
　　A.SmartReader　　B.百度百科　　C.Coursera　　D.Notion

5.【判断题】[★★☆☆☆]智能阅读学习工具能够增强学习的趣味性与参与感，进而激发学生的持续学习动力。（　　）

6.【判断题】[★★★☆☆]智能阅读学习工具主要依赖传统的教学方法来提高阅读理解效率。（　　）

7.【简答题】[★★★★☆]简述智能阅读学习工具的核心功能及其对学生的影响。

---

① 潘征宇，钟绍春，钟永江，等.个性化学习工具设计及应用研究[J].中国电化教育，2015（6）：86-91.

知识点105　智能协作学习工具

智能协作学习工具

一、知识点简介

　　智能协作学习工具是指依托互联网或其他数字平台，能促进学生间、师生间或学生与学习资源间协作学习的一类软件或应用。这类工具深度融合了人工智能、机器学习及自然语言处理等先进技术，旨在提升协作学习的效率与效果。它们能够深度分析学生的行为模式，给出个性化的学习建议，实时监控学习进度，并对学习成果进行科学评估。[1]智能协作学习工具主要具有以下特征：①智能化分析与推荐，即通过大数据分析和机器学习，精准识别学生的习惯、知识掌握程度及学习风格，从而提供定制化的学习资源和路径。②全面监控协作学习过程，如追踪讨论参与情况和任务完成进度，为师生提供实时反馈。③具有丰富的互动交流功能，如即时消息、论坛和博客等，促进学生之间的实时沟通与知识共享。④自动评估学习成效。通过在线测试、作业提交及同行评审等手段，为学生提供及时的反馈。典型的智能协作工具有：WINCOL（Web-based Intelligent Collaborative Learning）系统是一个基于Web环境的智能协作学习平台，其构建整合了协作学习理论、智能化教学技术与计算机支持的协作学习框架，为协作学习提供智能化支持。百度公司的ProcessOn通过协作工具、可视化图表、模板资源与教育专属功能的结合，为学习者提供了从知识整理到团队协作的全流程支持。

二、知识点测试题

1.【单选题】[★☆☆☆☆]智能协作学习工具主要依托于（　　　）。
　　A.电视广播　　　　B.互联网或其他数字平台　　　C.纸质书籍　　　D.传统教室
2.【单选题】[★★☆☆☆]智能协作学习工具的核心特征不包括（　　　）。
　　A.智能化分析与推荐　　　　B.实时监控学习进度
　　C.提供纸质教材　　　　　　D.给出个性化的学习建议
3.【单选题】[★★★★☆]智能协作学习工具评估学习成效的方式为（　　　）。
　　A.教师主观评价　　B.在线测试　　C.作业提交　　D.同行评审机制
4.【多选题】[★★☆☆☆]智能协作学习工具能提供的功能有（　　　）。
　　A.实时监控学习进度　　　　B.给出个性化的学习建议
　　C.提供传统的课堂教学　　　D.丰富的互动交流功能
5.【判断题】[★★☆☆☆]智能协作学习工具能够深度分析学生的行为模式。（　　）
6.【判断题】[★★★☆☆]智能协作学习工具主要依赖于教师的面对面指导。（　　）
7.【简答题】[★★★★☆]简述智能协作学习工具的核心特征及其对学习的积极影响。

---

[1] 钱冬明，罗安妮，赵怡阳.数字化学习工具标准研究与框架设计[J].电化教育研究，2019，40（2）：62-67.

知识点106　泛在学习工具

泛在学习工具

一、知识点简介

泛在学习工具是指让学生通过多样化的智能终端设备随时随地、便捷地获取信息和知识的软件或平台，旨在增强学习的可访问性、可获取性、即时性、交互性及场景性。[①] 泛在学习工具具有以下核心特征：①具有高度的可访问性。学生可以通过智能手机、平板电脑、个人电脑等多种设备轻松访问这些工具，不受时间、地点的限制。②可获取性强。这是指学生能根据自身需求，迅速定位并获取所需的学习内容和资料。③即时性。这是指工具能够提供即时的反馈和支持，协助学生迅速解决学习过程中的疑问和难题。④交互性。这类工具支持师生间、生生间的互动，以加深对知识的理解和应用。⑤场景性。这些工具能够融入学生的日常生活和学习环境中，从而提升学习的实际应用价值。典型的泛在学习工具有：国家智慧教育公共服务平台整合了中小学、职业教育、高等教育及大学生就业服务等全学段资源，提供课程资源、在线测评、就业指导等服务。其特点是覆盖范围广、资源权威性强，支持多终端访问，符合泛在学习"无缝衔接"的核心需求。清华大学研制的智能远程教室（Smart Remote Classroom）则利用智能终端和泛在网络技术，高效地促进了远程教学中的互动与交流。

二、知识点测试题

1.【单选题】[★★☆☆☆]以下哪个不是泛在学习工具的核心特征？（　　）
   A.可访问性　　B.可获取性　　C.延迟性　　D.交互性
2.【单选题】[★★★☆☆]在泛在学习环境下，学生主要通过（　　）获取信息和知识。
   A.纸质书籍　　B.智能终端设备　　C.电视广播　　D.传统课堂
3.【多选题】[★★☆☆☆]泛在学习工具的核心特征包括（　　）。
   A.可访问性　　B.可获取性　　C.即时性　　D.娱乐性　　E.交互性
4.【多选题】[★★★★☆]以下哪些是典型的泛在学习工具？（　　）
   A.智能学习机　　B.国家智慧公共服务平台　　C.传统图书馆　　D.智能远程教室
5.【判断题】[★★☆☆☆]泛在学习工具能够为学生提供即时的反馈和支持。（　　）
6.【判断题】[★★★☆☆]泛在学习工具主要依赖于传统的课堂教学环境。（　　）
7.【简答题】[★★★★☆]简述泛在学习工具的核心特征及其对学生的积极影响。

知识点107　自适应学习工具

自适应学习工具

一、知识点简介

自适应学习工具是教育技术领域的一种创新应用，它能依据学生的学习进度、能力及特定需求，智能地调整学习内容、学习路径及学习评估方式。此类工具不仅为学生提供了高度个性化的

[①]　吴明超.泛在学习中文学术论文的内容分析研究[J].中国远程教育，2011（7）：31-37.

学习体验，使其能够按照自己的节奏和风格进行学习，同时也协助教师更深入地掌握学生的学习动态与知识掌握情况，进而提供更为精准的教学辅助。[1]自适应学习工具具有以下核心特征：①构建个性化的学习路径。这类工具能够基于学生的实时学习进度和个体能力，灵活调整推送的学习内容与路径，以满足学生独特的学习需求。②实施动态的学习评估机制。这类工具通过持续跟踪学生的学习表现，提供即时的反馈，从而帮助学生及时调整学习策略，优化学习效果。③智能学习推荐。这类工具可以根据学生的历史学习习惯和兴趣偏好，为其精准推荐相关学习资源，有效提升学习效率。④强大的数据分析能力。这类工具能够全面收集并深度分析学生的学习数据，为教师提供详尽的学情报告，以辅助其进行更为精准的教学指导。典型的自适应学习工具有：学习通提供课程资源、小组协作与个性化学习路径推荐，支持高校混合式教学模式。其"AI模块"可分析讨论区文本，识别学生参与度与知识盲点。松鼠AI学习平台专注于中小学学科辅导，通过人工智能算法分析学生的知识薄弱点，动态调整学习内容。其特色包括错题智能推荐、知识点图谱可视化，以及根据学生的答题速度调整题目难度。

二、知识点测试题

1.【单选题】[★★☆☆☆]下列哪项不是自适应学习工具的特征？（   ）
　　A.个性化的学习路径　　　　　B.静态的学习评估机制
　　C.智能学习推荐功能　　　　　D.强大的数据分析支持
2.【单选题】[★★★☆☆]松鼠AI作为一种自适应学习工具，其主要特点是（   ）。
　　A.提供统一的教学游戏　　　　B.根据学生知识掌握情况调整学习内容
　　C.只用于收集学生学习数据　　D.不提供学习路径的动态调整
3.【多选题】[★★☆☆☆]自适应学习工具的主要特征包括（   ）。
　　A.个性化的学习路径　　　　　B.静态的学习评估机制
　　C.智能学习推荐功能　　　　　D.强大的数据分析支持
4.【多选题】[★★★★☆]下列哪些属于典型的自适应学习工具？（   ）
　　A.学习通　　B.传统教科书　　C.松鼠AI　　D.Knewton
5.【判断题】[★★☆☆☆]自适应学习工具能够为学生提供高度个性化的学习体验。（   ）
6.【判断题】[★★★☆☆]自适应学习工具替代了教师的角色，不需要教师的参与。（   ）
7.【简答题】[★★★★☆]简述自适应学习工具如何协助教师进行教学。

知识点108　终身学习工具

终身学习工具

一、知识点简介

　　终身学习工具是指旨在支持并推动学习者在其生命周期的各个阶段进行持续学习的各类工具和资源集合。这类工具的核心目标是提供具有高度灵活性和个性化的学习体验，确保每位学习者

---

[1] 梁茜，皇甫林晓.国外自适应学习技术的研究主题及趋势：基于Web of Science文献关键词的可视化分析[J].中国远程教育，2019（8）：47-58.

都能根据自身的兴趣、需求和学习目标来定制独特的学习路径。更为关键的是，这类工具能够适应社会和技术的快速变革，确保学习内容的时效性和实用性。[①]终身学习工具具有以下显著特征：①个性化，即能够根据学习者的特定需求和目标来定制学习内容和路径；②灵活性，即这些工具可以适应多种学习环境，无论是在线平台、移动设备还是社交媒体，都能提供有效的学习支持；③互动性，这强调学习者与内容、同伴或导师之间的有效沟通和交流；④可访问性（也称工具的易用性），即无须深厚的专业技术背景也能轻松上手；⑤可扩展性，即工具能够随着学习者需求的变化而进行相应的功能和内容扩展。终身学习工具有以下几个典型案例。例如，智能学习平台如Coursera和edX，它们提供了丰富的在线课程和学位项目，为学习者提供了灵活多样的终身教育机会。移动学习应用如多邻国，通过游戏化的方式，让语言学习变得轻松有趣，且不受时间和地点的限制。此外，国家开放大学打造的终身教育平台汇聚了数百所高校的课程资源及头部平台的特色课程，累计超过50万门课程。平台注重灵活性和终身学习理念，支持离线下载和学习进度同步，适用于职场人士和终身学习者。

二、知识点测试题

1.【单选题】[★☆☆☆☆]终身学习工具的核心目标是（　　）
   A.提供娱乐体验　　　　　　B.提供具有高度灵活性和个性化的学习体验
   C.提供社交功能　　　　　　D.提供游戏功能
2.【单选题】[★★★★★]以下哪一项不是终身学习工具能够适应的变化？（　　）
   A.社会变革　　　　　　　　B.技术变革
   C.学习者需求的变化　　　　D.遗传因素导致的学习能力下降
3.【多选题】[★★☆☆☆]终身学习工具的特征包括（　　）。
   A.个性化　　B.灵活性　　C.互动性　　D.复杂性
4.【多选题】[★★★★☆]以下哪些是终身学习工具？（　　）
   A.Coursera　　B.Facebook　　C.多邻国　　D.国家开放大学推出的终身教育平台
5.【判断题】[★★☆☆☆]终身学习工具能够提供具有灵活性和个性化的学习体验。（　　）
6.【判断题】[★★★☆☆]终身学习工具的特征之一是复杂性，需要深厚的专业技术背景才能使用。（　　）
7.【简答题】[★★★★☆]简述终身学习工具的特征及其重要性。

知识点109　反思学习工具

反思学习工具

一、知识点简介

反思学习工具是指在教学与学习进程中，协助教师和学生进行深入反思的各类工具与方法。这类工具借助一系列精心设计的问题或活动，引导教师与学生深入思考自身的教学与学习行为，

---

① 吴南中，李少兰.国际终身学习政策工具制定的核心议题、主要特征与现实启示：基于57份终身学习政策的文本分析[J].中国职业技术教育，2023（9）：68-76.

以及这些行为对教与学成效的潜在影响。其根本目的在于强化教师与学生的自我监控及自我评价技能，进而提升教与学的整体质量。① 反思学习工具具有以下典型特征：①引导性。这类工具常提供结构化的引导问题或框架，帮助教师与学生专注于具体的教学或学习行为。②可操作性。这类工具通常配备详实的操作指南，指导学生如何有效利用工具进行反思。③记录性。这类工具能详尽记录教师与学生的反思过程及结果，为后续的分析和改进提供数据支持。④互动性。这类工具往往支持用户间的交流与探讨，从而加深并拓宽反思的层次。典型的反思学习工具应用有：①教学日志，教师借此记录教学实践并反思教学策略的有效性及学生的学习进展；②视频分析工具，教师通过录制并分析教学视频，精细化改进教学方法；③在线讨论板，其为师生提供了一个共同讨论学习、反思并优化学习策略的互动平台。

二、知识点测试题

1.【单选题】[★☆☆☆☆]反思学习工具的主要目的是（　　）。
　A.提高教师的薪水　　　　　B.强化教师与学生的自我监控及自我评价技能
　C.减少学生的学习时间　　　D.增加课程的难度
2.【单选题】[★★★☆☆]以下哪项不属于反思学习工具？（　　）
　A.视频分析工具　　B.在线讨论板　　C.教学日记　　D.互动式软件
3.【多选题】[★★☆☆☆]反思学习工具具备的特质有（　　）。
　A.引导性　　　B.娱乐性　　　C.可操作性　　　D.记录性
4.【多选题】[★★★★☆]以下哪些是反思学习工具的应用案例？（　　）
　A.教学日志　　B.教科书　　C.视频分析工具　　D.在线讨论板
5.【判断题】[★★☆☆☆]反思学习工具能够帮助教师和学生进行深入反思。（　　）
6.【判断题】[★★★☆☆]所有反思学习工具都支持用户间的交流与探讨。（　　）
7.【简答题】[★★★★☆]简述反思学习工具的根本目的及其在教学中的应用。

知识点110　人工智能时代的管理工具

人工智能时代的管理工具

一、知识点简介

人工智能时代的管理工具是指利用人工智能技术，对组织或项目进行有效管理的方法和系统。这包括数据分析、预测模型、自动化决策和增强型自动化工具等。② 人工智能时代的管理工具具有以下特征：①智能化。人工智能时代的管理工具能够模拟人类的决策过程，通过机器学习和数据分析，提供决策支持。②自动化。人工智能时代的管理工具能够自动处理大量的数据和信息，减少人工操作，提高效率。③数据驱动化。基于大数据分析，人工智能时代的管理工具能提供精准的预测和建议，帮助管理者作出更好的决策。④持续学习力。随着数据的积累和算法的优化，管理工具能够不断学习和改进，提高决策的准确性。⑤跨领域应用。人工智能时代的管理工具能

---

① 卢瑞玲，郭俊风.加强反思学习促进知识迁移[J].教育理论与实践，2013，33（31）：57-59.
② 邓悦，许弘楷，王诗菲.人工智能风险治理：模式、工具与策略[J].改革，2024（1）：144-158.

够跨越不同的管理领域,如教育教学管理、财务管理、人力资源管理等,实现综合性的管理优化。人工智能时代的管理工具已经在多个领域得到广泛应用,例如,智能排课系统能够帮助教务管理人员快速地实现排课,减轻教务管理人员的排课压力。[1]智能物联系统可以将学校中各种能耗设备与管控系统连接起来,实现信息化设备能耗的实时管控与分析,提高学校的管理效率。

二、知识点测试题

1.【单选题】[★★★☆☆]人工智能时代的管理工具通过(　　)帮助决策。
   A.模拟人类的运动过程　　　　B.提供游戏娱乐
   C.模拟人类的决策过程　　　　D.限制信息获取

2.【单选题】[★★★★☆]人工智能时代的管理工具能够自动处理大量的数据和信息,这体现的特点是(　　)。
   A.智能化　　B.自动化　　C.数据驱动化　　D.跨领域应用

3.【多选题】[★★★☆☆]下列关于人工智能时代的管理工具的描述,正确的是(　　)。
   A.可以模拟人类的决策过程
   B.不能处理大量的数据和信息
   C.基于大数据分析提供精准的预测和建议
   D.随着数据的积累和算法的优化,其决策准确性会降低
   E.在教育教学管理中有广泛应用

4.【多选题】[★★★★☆]关于人工智能时代的管理工具的未来发展,以下说法合理的是(　　)。
   A.将更加智能化和自适应　　　B.可能完全替代人类管理者
   C.面临更多的伦理和法律挑战　D.仅限于大型企业应用

5.【判断题】[★★☆☆☆]人工智能时代的管理工具不具有持续学习的能力。(　　)

6.【判断题】[★★★☆☆]人工智能时代的管理工具只能应用于教育管理领域。(　　)

7.【简答题】[★★★★☆]简述人工智能时代管理工具的一个重要特征,并解释其在实际应用中的意义。

知识点111　区域管理工具

区域管理工具

一、知识点简介

在我国,地理环境的差异与经济发展水平的不均衡,如同两道屏障,横亘在城乡与区域教育发展的道路上。教育资源总量本就有限,而优质教育资源更是集中于经济发达地区,流动性不足,使得教育发展的差距显著。人工智能技术的迅猛发展,为破解这一难题带来了新的希望。基于人工智能技术的互联网正以强大的力量,逐步打破地区与学校之间的资源壁垒,推动教育朝着扁平化的方向发展,让不同地区的学生都能有更多机会接触到优质教育资源。与此同时,为了实现对区域间教育质量的有效监管,区域教育管理部门积极行动,充分利用科技力量,开发了诸如百度

---

[1] 谢凡.智能时代更需要智慧管理[J].中小学管理,2023(1):1.

教育大脑、教育魔方、区域教育云平台等一系列智能化工具与平台，为提升整体教育质量、促进教育均衡提供了有力支撑。

二、知识点测试题

1. [单选题][★★☆☆☆]人工智能技术通过（　　）来推动教育均衡发展。
   A. 提高教师薪资待遇　　　　B. 打破地区与学校间的资源壁垒
   C. 增加线下考试频率　　　　D. 扩大班级学生规模
2. [单选题][★★☆☆☆]以下哪项是区域教育管理工具？（　　）
   A. 传统黑板教学　　B. 百度教育大脑　　C. 纸质教材印刷系统　　D. 人工考勤记录
3. [多选题][★★☆☆☆]导致我国教育发展不均衡的因素有（　　）。
   A. 地理环境差异　　　　　　B. 经济发展水平不均衡
   C. 教育资源总量充足　　　　D. 优质教育资源流动性差
4. [多选题][★★★★☆]人工智能技术在教育领域的应用方向包括（　　）。
   A. 打破资源壁垒　　B. 推动教育层级化　　C. 开发智能化监管工具　　D. 扩大区域教育差异
5. 【判断题】[★★☆☆☆]人工智能技术通过互联网打破地区与学校间的资源壁垒，推动教育向扁平化发展，使不同地区的学生更容易接触优质教育资源。（　　）
6. 【判断题】[★★★☆☆]人工智能技术能解决教育发展不均衡的问题。（　　）
7. 【简答题】[★★☆☆☆]简述人工智能技术如何助力缩小区域间的教育发展差距。

知识点112　学校管理工具

学校管理工具

一、知识点简介

学校管理工具是指在教育管理过程中采用的一系列方法、技术和策略，旨在提升教育组织的管理效能与教育品质。这些工具为教育管理者提供了有效的手段，以更好地达成组织目标、合理配置资源，并推动教育的创新与改革。①学校管理工具具有以下显著特征：①多样性。这主要体现在涵盖目标管理、质量评估、教育数据统计与学习型组织构建等多个方面。②目的性。每种学校管理工具都专注于解决组织管理中的具体问题，如教学质量的提升或课程设计的优化。③可操作性强。这些工具都应配备清晰的实施步骤和可量化的成效评估标准。④可持续性。这表现在其能够推动学校不断进步，进而构筑持久的管理优势。典型的学校管理工具有希沃信鸽教学评价系统、杭州市建兰中学自主研发的建兰学校大脑管理平台等智能化学校管理系统，它们共同体现了教育数字化转型的实践探索。希沃信鸽作为基于数据分析的发展性教学评价系统，通过采集教师备课、授课、评课等全流程数据（如课件制作、课堂互动、学生行为等），实现对教学质量的动态监测与管理优化。建兰学校大脑管理平台可聚焦于学业分析与个性化教学支持，通过大数据整合学生行为与学业表现。

---

① 丁亚东，薛海平.我国教育管理研究热点的追溯：基于《现代教育管理》(2009—2016年)的文献计量和共词分析[J].现代教育管理，2017(12)：1-7.

二、知识点测试题

1.【单选题】[★☆☆☆☆]学校管理工具的主要目的是（　　　）。
   A.提升教育组织的管理效能与教育品质　　　B.增加学生课外活动
   C.提高教师薪资　　　　　　　　　　　　D.减少学校开支

2.【单选题】[★★☆☆☆]以下哪个不是学校管理工具的特征？（　　　）
   A.多样性　　　B.目的性　　　C.娱乐性　　　D.可持续性

3.【多选题】[★★★☆☆]关于希沃信鸽与建兰学校大脑管理平台，以下描述正确的是（　　　）。
   A.希沃信鸽主要用于校园硬件设备维护　　　B.建兰平台整合学生行为与学业大数据
   C.希沃信鸽采集教师备课、授课全流程数据　D.两者均体现教育数字化转型的实践

4.【多选题】[★★★☆☆]以下哪些属于学校管理工具的核心作用？（　　　）
   A.完全依赖人工经验提升教学效率　　　B.通过动态监测优化教学质量
   C.提供个性化教学支持与学业分析　　　D.仅用于维护传统教学管理模式

5.【判断题】[★★☆☆☆]学校管理工具的可操作性体现在其模糊的实施步骤和难以量化的成效评估标准上。（　　　）

6.【判断题】[★★★☆☆]学校管理工具的多样性体现在涵盖目标管理、质量评估、教育数据统计与学习型组织构建等多个方面。（　　　）

7.【简答题】[★★★★☆]简述学校管理工具在教育管理中主要的作用。

知识点113　班级管理工具

班级管理工具

一、知识点简介

班级管理工具是指教师在管理班级时所采用的一系列方法、技术和策略，旨在高效地组织和指导学生，营造优质的班级环境，进而助推学生的全面成长。班级管理工具具有以下特征：①有效性，即这些工具必须能够切实解决班级管理中遇到的实际问题，如纪律维护、学习进度把控及学生情感引导等。②实用性。这些工具应便于操作，且实施成本低，不依赖于过多的外部资源和设备。③可持续性。这些工具的应用效果应能长期维持，而非短暂的应急措施。④发展性。这些工具能够助力学生在认知、情感和社交等多个层面的全面发展。⑤互动性。这些工具应能有效促进师生间和学生间的交流与协作。班级优化大师、班级小管家与钉钉平台是当前中小学班级管理中广泛应用的数字化工具，它们各具特色且功能互补。班级优化大师专注于课堂行为管理与即时反馈，教师可通过积分系统对学生的课堂表现进行量化评价，支持自定义评分规则与可视化数据统计，家长端可同步查看学生成长轨迹，形成家校共育闭环。班级小管家以作业管理与日常事务协作为核心，支持作业布置、在线提交、自动批改统计（如完成率、正确率分析），同时集成打卡任务（如阅读、运动）、通知公告等功能，其"一键提醒"功能可自动催交作业，减轻教师管理负担。钉钉平台作为综合性管理工具，深度融合班级群聊、在线课堂、考勤签到、文件共享等场景，其"家校通讯录"实现了师生信息精准管理，"智能填表"功能可快速收集健康数据或活动报名信息。

二、知识点测试题

1.【单选题】[★☆☆☆☆]班级管理工具的主要目的是（　　）。
  A.惩罚学生　　　　　　　　B.提高教师薪资
  C.助力学生成长　　　　　　D.增加课程难度

2.【单选题】[★★☆☆☆]以下哪个不是班级管理工具的显著特征？（　　）
  A.有效性　　B.实用性　　C.娱乐性　　D.可持续性

3.【多选题】[★★★★☆]班级管理工具的显著特征包括（　　）。
  A.有效性　　B.实用性　　C.娱乐性　　D.可持续性　　E.发展性

4.【多选题】[★★★☆☆]以下哪些是班级小管家在班级管理方面的功能？（　　）
  A.作业管理　　B.日常事务协作　　C.在线课堂　　D.打卡任务

5.【判断题】[★★☆☆☆]班级管理工具应便于操作，且实施成本低。（　　）

6.【判断题】[★★★☆☆]班级管理工具的应用效果只能是短暂的，不能长期维持。（　　）

7.【简答题】[★★★★☆]简述班级管理工具在助推学生全面成长方面的作用，并举例说明。

第七章
人工智能时代的教育评估

人工智能时代的教育评估

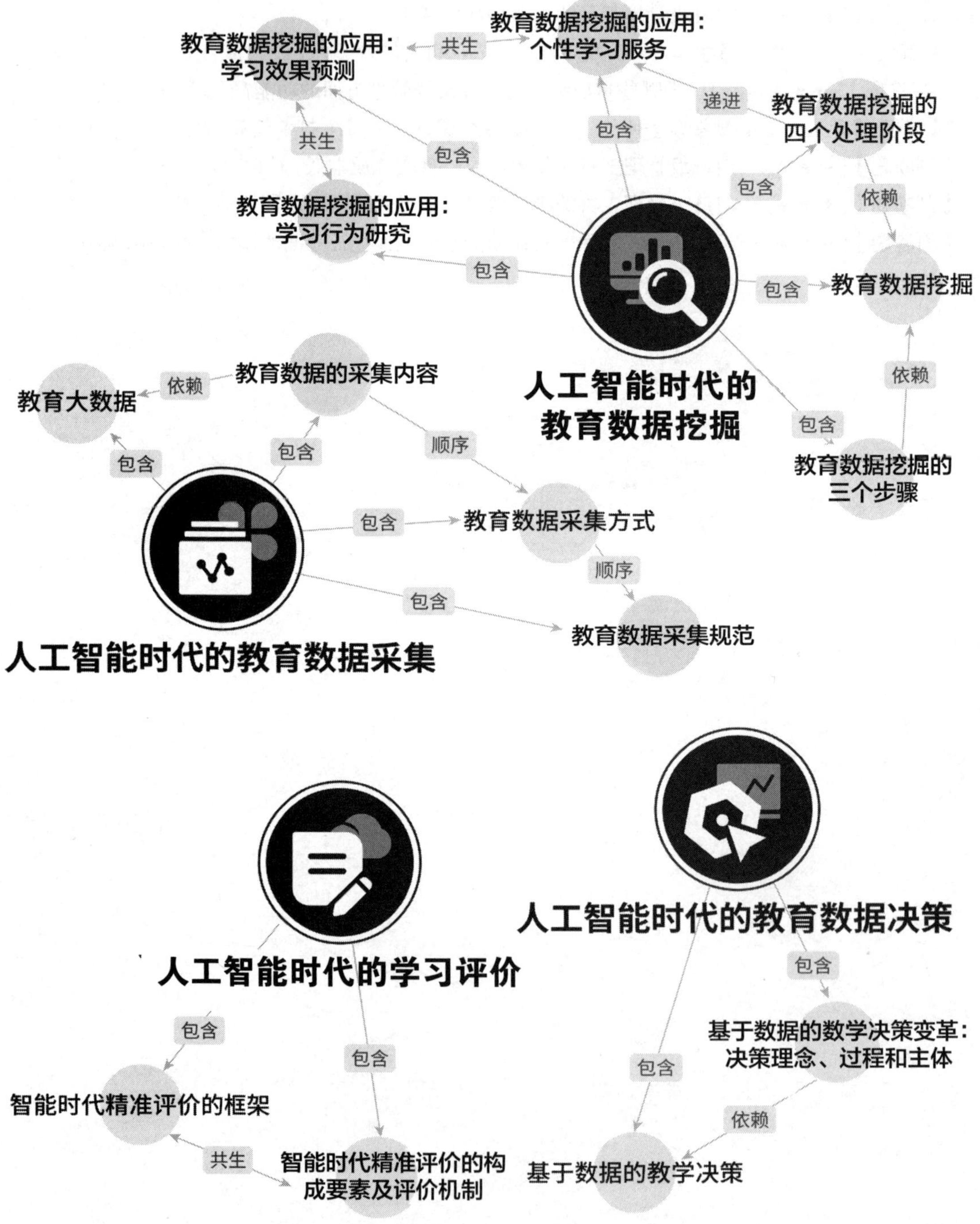

知识点114　教育大数据

教育大数据

一、知识点简介

　　教育大数据是指在教育实践过程中产生或根据教育需求专门采集的数据集合，它不仅涵盖了传统意义上的学生学习数据与教育教学数据，更广泛吸纳了由社交媒体、在线学习平台及移动设备等渠道生成的非结构化和半结构化数据。教育大数据的重要价值在于，通过深入且高效的数据分析技术，为教育决策提供科学的支撑，进而推动教育教学的革新与个性化教学目标的实现。[①]教育大数据具有以下显著特征：①数据量大。在线教育平台、学习管理系统及电子图书馆等广泛来源的数据量极为庞大。②处理速度快，数据的生成与流通极为迅速，对实时性有较高要求。③数据类型多样，包含文本、图片、视频、音频等多种形式。④价值密度高，经过分析能提炼出对教育决策极具指导意义的信息。⑤数据真实可靠。严谨的采集流程、科学的校验机制及严格的安全防护确保数据的准确性。以下是三类教育大数据应用的典型案例：①智慧课堂学习分析系统。该系统运用传感器和学习管理系统收集学生的学习行为数据，通过先进的机器学习和数据挖掘技术，深入解析学生的学习习惯、难点及进步情况，从而为教师提供精准的个性化教学建议，优化教学策略。②在线学习平台的数据分析，例如Coursera、edX等平台所积累的学习数据，包括用户行为、课程互动、学习进度与成绩等，这些数据的深入分析有助于完善课程设计，提升教学质量，并为教育研究提供宝贵的数据支撑。③个性化学习推荐系统，此类系统利用机器学习算法精准分析学生的兴趣、学习进度与成绩，进而为学生提供贴合其需求的个性化课程推荐与学习路径规划，显著提升学习效果与学习体验。

二、知识点测试题

1.【单选题】[★☆☆☆☆]教育大数据主要来源于（　　）。
　　A.社交媒体和移动设备　B.纸质教材和传统课堂　C.电视广播和报纸杂志　D.图书馆和档案馆
2.【单选题】[★★★★☆]大规模开放在线课程（MOOCs）的数据分析主要用于（　　）。
　　A.娱乐和游戏开发　　　　　　　B.市场营销和广告
　　C.完善课程设计和提升教学质量　D.天气预报和灾害预警
3.【多选题】[★★☆☆☆]教育大数据的特征包括（　　）。
　　A.数据量大　B.处理速度快　C.数据类型单一　D.价值密度高　E.数据不可靠
4.【多选题】[★★★★☆]以下哪些是教育大数据应用的典型案例？（　　）
　　A.智慧课堂学习分析系统　　　　B.大规模开放在线课程（MOOCs）的数据分析
　　C.社交媒体娱乐应用数据分析　　D.个性化学习推荐系统
5.【判断题】[★★☆☆☆]教育大数据只包含学生学习数据与教育教学数据，不涉及其他来源的数据。（　　）
6.【判断题】[★★★☆☆]教育大数据的价值密度低，需要经过大量分析才能提炼出有用信息。（　　）

---

① 蒋鑫,洪明.国际教育大数据研究的热点、前沿和趋势：基于WOS数据库的量化分析[J].中国远程教育,2019（2）:26-38.

7.【简答题】[★★★★☆]简述教育大数据在教育领域的应用及其意义。

知识点115　教育数据采集内容

教育数据采集内容

一、知识点简介

　　教育数据采集是指在教育实践过程中，借助多样化的方法和工具，对与教育紧密相关的信息数据进行系统收集。教育数据采集内容包括学生的学习行为、学业成绩、课堂参与度，以及教学活动的组织情况和教育资源的配置状况等。教育数据采集内容展现出以下几个显著特征：①多层次性。数据不仅贯穿基础教育至高等教育各个阶段，还细致入微地涉及学生、教师、课程等多个维度，构建出一个立体且复杂的数据结构。②情境的多元性。由于教育活动的动态变化，所采集的数据必须能够全面且具体地反映特定时间、地点及教学活动背景下的教育实况。③差异性。不同的教育机构可能采取不同的采集频次和时间间隔。④采集的时间跨度较长。这些数据往往跨越较大的时间范围，详尽地记录了学生在整个学期、学年或整个受教育期间的学习活动与成果。在实践中，教育数据采集有着丰富的应用场景。例如，通过学习管理系统如Moodle系统或Blackboard平台，我们可以系统地收集学生的课程访问记录、讨论区互动情况以及作业提交数据；借助教育大数据平台如高顿教育平台，我们可以收集学生课堂表现、作业情况等学习行为数据和教师备课情况、课堂教学等教学行为数据。

二、知识点测试题

1.【单选题】[★★☆☆☆]下列哪一项不是教育数据采集的特征？（　　）
　　A.多层次性　　　B.情境的多元性　　　C.数据的一致性　　　D.数据的长期性
2.【单选题】[★★★★★]关于教育数据采集的差异性，以下说法不正确的是（　　）。
　　A.不同的教育机构可能采取不同的采集频次
　　B.数据采集的时间间隔可能因机构而异
　　C.数据采集的差异性增加了数据标准化的难度
　　D.所有教育机构都必须遵循统一的数据采集标准
3.【多选题】[★★☆☆☆]教育数据采集的内容包括（　　）。
　　A.学生的学业成绩　　B.教师的个人生活习惯　　C.课堂参与度　　D.教育资源的配置状况
4.【多选题】[★★★★☆]以下哪些工具或平台可以进行教育数据采集？（　　）
　　A.Moodle　　　　B.Coursera　　　　C.Excel　　　　D.edX
5.【判断题】[★★☆☆☆]教育数据采集是一个简单的过程，不需要专业的工具和方法。（　　）
6.【判断题】[★★★☆☆]通过教育数据采集，我们可以更深入地洞察教育流程及其影响要素，为提升教学质量和增强学习效果奠定基础。（　　）
7.【简答题】[★★★★☆]简述教育数据采集在教育实践中的意义，并给出一个具体的应用实例。

知识点116　教育数据采集方式

教育数据采集方式

一、知识点简介

　　教育数据采集方式包括问卷调查、在线学习平台的数据抽取、学习管理系统的信息汇总、学习者日志分析、反馈意见征集以及成绩记录等。教育数据采集方式具有以下特点：①多样性。教育数据采集的手段非常丰富，研究者能根据研究目标和数据特性灵活选择适合的采集策略。②实时性。数据采集具有一定的时效性，这对于及时捕捉教育动态、快速反馈至关重要。③全面性。采集的数据应涵盖教育活动的所有关键环节，从而确保分析结果的完整性。④准确性。在数据采集过程中，所采用的方法、技术和工具能够精确地获取目标数据，最大程度地减少误差和偏差，使采集到的数据能够真实、可靠地反映被采集对象的实际特征和状况。[1]以下介绍几个典型的教育数据采集实例。①在线学习平台的数据提取。以Moodle、Blackboard等平台为例，其积累了大量用户互动数据，涵盖登录信息、课程访问路径、讨论区参与度等。借助应用程序编程（Application Programming Interface，API）接口，能够便捷获取这些数据，从而深入剖析学习者的网络学习行为与成效。②学习管理系统的数据收集。系统在学生提交作业、参与课程学习、成绩评定及记录出勤等各类学习活动过程中，运用系统内置的功能模块自动记录相关信息，以此实现对学习者学习轨迹数据的收集。③问卷调查。教育者通过精心设计问题，可收集到学习者的自我感知数据，包括学习偏好、满意度、对课程的感受等。

二、知识点测试题

1.【单选题】[★☆☆☆☆]教育数据采集的核心目的是（　　）。
　　A.提高教育技术水平　　　　B.系统地整合教育领域内的多元数据，对教育过程进行剖析与优化
　　C.增强师生互动　　　　　　D.促进教育资源均衡发展

2.【单选题】[★★★☆]以下哪项不属于教育数据采集的方式？（　　）
　　A.通过API接口获取Moodle平台的学习者互动数据
　　B.通过学习管理系统记录学习者的作业提交和成绩变动
　　C.记录学校图书馆的藏书量变化
　　D.通过问卷调查收集学习者的学习偏好和满意度

3.【单选题】[★★★★★]在教育数据采集过程中，哪种数据对于改进教学方法、提升学习体验具有不可替代的作用？（　　）
　　A.学习者的学习轨迹数据　　　　　　　　B.学习者的出勤数据
　　C.通过问卷调查收集的学习者自我感知数据　　D.在线学习平台的课程访问路径数据

4.【多选题】[★★☆☆☆]教育数据采集的方式包括（　　）。
　　A.问卷调查　　　　　　　B.在线学习平台的数据抽取
　　C.教育经费的统计分析　　D.学习管理系统的信息汇总

5.【多选题】[★★★★☆]教育数据采集方式的特点有（　　）。

---

① 王冬青，韩后，邱美玲，等.基于情境感知的智慧课堂动态生成性数据采集方法与模型[J].电化教育研究，2018，39（5）：26-32.

A.多样性　　　B.实时性　　　C.片面性　　　D.准确性

6.【判断题】[★★☆☆☆]教育数据采集的目的是整合教育领域内的单一数据，以便进行简单分析。（　　）

7.【判断题】[★★☆☆☆]在教育数据采集过程中，准确性是数据质量的根本保障。（　　）

8.【简答题】[★★★☆]简述教育数据采集的方式及其在教育研究和应用中的价值。

知识点117　教育数据收集规范

教育数据收集规范

一、知识点简介

教育数据收集规范作为教育数据采集过程中的行为准则，旨在确保所收集数据的准确性、完整性和有效性。它不仅涵盖了数据的来源甄别、采集方法的选取，还涉及数据存储格式的标准化以及安全保障措施的实施等多个环节。教育数据收集规范具有以下主要特征：①规范性。它要求数据采集工作必须依照统一的标准和流程开展。②系统性。它要求数据的收集应全面且细致，能够覆盖教育领域的各个方面。③合规性。强调数据采集活动必须符合相关法律法规的要求，严格保护个人隐私不被侵犯。④时效性。数据采集需及时进行，以便准确反映教育的最新动态和实际情况。依据教学活动的不同,可将教育数据采集标准划分为下述五类：教学主体类、教学评测类、教学资源类、教学管理类和教学过程类。各种类别的采集标准通过有机结合，共同构成了教育大数据采集标准与规范的复杂内涵。2018年，教育部办公厅印发了《教育部机关及直属事业单位教育数据管理办法》，以加强教育数据管理。

二、知识点测试题

1.【单选题】[★★☆☆☆]下列哪一项不属于教育数据收集规范的典型特征？（　　）
　A.规范性　　　　　B.系统性　　　　　C.随意性　　　　　D.时效性

2.【单选题】[★★★☆☆]我国教育部办公厅印发《教育部机关及直属事业单位教育数据管理办法》的主要目的是（　　）。
　A.加强教育数据管理　B.提高学校硬件设施水平　C.增加教育经费　D.提升教师教学水平

3.【多选题】[★★★☆☆]教育数据收集规范涵盖了哪些环节？（　　）
　A.数据的来源甄别　　B.采集方法的选取　　C.数据存储格式的标准化
　D.教学质量的提升　　E.安全保障措施的实施

4.【多选题】[★★★★☆]教育数据收集规范的典型特征包括（　　）。
　A.规范性　　B.系统性　　C.随意性　　D.合规性　　E.时效性

5.【判断题】[★★☆☆☆]教育数据收集规范要求数据采集工作必须依照统一的标准和流程进行。（　　）

6.【判断题】[★★★☆☆]教育数据收集规范强调数据采集活动可以不受相关法律法规限制。（　　）

7.【简答题】[★★★★☆]简述教育数据收集规范的重要性及其在教育研究和政策制定中的作用。

知识点118 教育数据挖掘

教育数据挖掘

一、知识点简介

数据挖掘是通过一定的算法从大数据中发现潜在模式和知识的过程，已广泛应用于银行、保险、金融等领域。在人工智能时代，随着教育信息化快速推进、智能化校园逐渐建成和教育数据呈指数级增长，教育数据挖掘的概念应运而生，它旨在分析教育环境中产生的独特数据，解决教育研究问题。教育数据挖掘是综合运用数学统计、机器学习和数据挖掘的技术和方法，对教育数据进行处理和分析，通过数据建模，发现学生学习结果与学习内容、学习资源和教学行为等变量的相关关系，来预测学生未来的学习趋势。教育数据挖掘有四个主要研究目标：一是通过整合学生知识、动机、元认知和态度等详细信息进行学生模型的构建，预测学生的未来学习发展趋势；二是探索和改进包含最佳教学内容和教学顺序的领域模型；三是研究各种学习软件所提供的教学支持的有效性；四是通过构建包含学生模型、领域模型和教育软件教学策略的数据计算模型，促进学生有效学习的发生。

二、知识点测试题

1.【单选题】[★☆☆☆☆]教育数据挖掘的主要目的是（　　　）。
　A.处理财务数据　　　　　　B.分析教育数据，预测学习趋势
　C.设计教学软件　　　　　　D.管理学校行政

2.【单选题】[★★☆☆☆]教育数据挖掘的四个研究目标中，哪一项旨在改进教学内容和顺序？（　　　）
　A.构建学生模型　　B.探索领域模型　　C.研究教学支持有效性　　D.构建数据计算模型

3.【多选题】[★★★★☆]教育数据挖掘的技术方法包括（　　　）。
　A.数学统计　　　　B.机器学习　　　　C.数据挖掘　　　　　　　D.云计算

4.【多选题】[★★★☆☆]以下哪些是教育数据挖掘的研究目标？（　　　）
　A.构建学生模型预测学习趋势　　　　B.优化教学内容和顺序
　C.研究教学软件的有效性　　　　　　D.开发校园硬件设备

5.【判断题】[★☆☆☆☆]教育数据挖掘仅用于分析学生的成绩。（　　　）

6.【判断题】[★★☆☆☆]教育数据挖掘是数据挖掘在教育大数据中的应用。（　　　）

7.【简答题】[★★★☆☆]简述教育数据挖掘的四个主要研究目标。

知识点119 教育数据挖掘的三个步骤

教育数据挖掘的三个步骤

一、知识点简介

教育数据挖掘包含三个核心步骤：数据预处理、数据分析和数据解释。数据预处理是对原始数据进行清洗、转换与整合的前期工作，为后续数据分析奠定基础。数据分析是通过统计学与计算机科学的方法，深入挖掘数据，构建并评估模型。数据解释是将分析结果以易于理解的方式呈

现给教育决策者，协助他们洞察数据背后的深层意义，从而作出明智的决策。^①教育数据挖掘具有以下典型特征：①数据的多样性，教育领域的数据来源广泛且格式各异，如学生的考试成绩、学习行为记录及教师的教学方法等，均需统一处理以便于分析。②模型的复杂性，为准确描述学习与教学效果，需构建包含多重因素（如学生个人信息、家庭背景及学习环境）的复杂模型。③结果的可解释性，挖掘结果必须易于教育决策者理解，以便其能够根据数据背后的意义作出决策。

二、知识点测试题

1. 【单选题】[★★☆☆☆]在教育数据挖掘中，（   ）涉及通过统计学与计算机科学的方法，深入挖掘数据。
   A.数据预处理　　　B.数据分析　　　C.数据解释　　　D.数据可视化

2. 【单选题】[★★★☆☆]教育数据挖掘的哪个特征要求挖掘结果必须易于教育决策者理解？（   ）
   A.数据的多样性　　B.模型的复杂性　　C.结果的可解释性　　D.分析的高效性

3. 【多选题】[★★☆☆☆]教育数据挖掘的核心步骤包括（   ）。
   A.数据预处理　　　B.数据收集　　　C.数据分析　　　D.数据解释

4. 【多选题】[★★★☆☆]教育数据挖掘的特征包括（   ）。
   A.数据的多样性　　B.模型的简单性　　C.结果的可解释性　　D.分析的高效性

5. 【判断题】[★★☆☆☆]教育数据挖掘的数据预处理阶段是对原始数据进行深入挖掘和分析的过程。（   ）

6. 【判断题】[★★★☆☆]在教育数据挖掘中，构建复杂模型是为了简化对学习与教学效果的描述。（   ）

7. 【简答题】[★★★★☆]简述教育数据挖掘的三个核心步骤及其重要性。

知识点120　教育数据挖掘的四个处理阶段

一、知识点简介

教育数据挖掘的处理流程可划分为四个关键阶段：数据采集、数据预处理、数据挖掘及结果分析。这些阶段构成了教育数据挖掘的基石，每一环节都有着不可或缺的功能与意义。^②首先，数据采集作为初始环节，主要负责从多元化的教育环境（包括传统课堂和在线教育平台）中收集原始数据。这些数据涵盖学生的学业成绩、在线学习行为及教学活动记录等，为后续的数据挖掘工作提供了丰富的原始素材，奠定了整个流程的基础。其次，数据预处理阶段对采集到的原始数据进行清洗和格式化。由于原始数据常含有噪声、缺失或不一致，预处理通过数据清洗、合并、变换及归纳等手段，将这些数据转化为更适宜深入分析的形式。再次，数据挖掘阶段运用诸如聚类分析、关联规则挖掘、神经网络等多种算法，以揭示数据中的潜在模式和关联。这

---

① 胡祖辉，施伦.高校学生上网行为分析与数据挖掘研究[J].中国远程教育，2017（2）：26-32.
② 同①。

是整个教育数据挖掘过程的核心所在,其结果有助于教育决策者和研究者更深入地理解学生的学习行为与成果之间的内在联系。最后,在结果分析阶段,我们对数据挖掘输出结果进行全面的评价与分析。

二、知识点测试题

1.【单选题】[★☆☆☆☆]教育数据挖掘的第一个阶段是(　　)。
　A.数据预处理　　B.数据采集　　C.数据挖掘　　D.结果分析

2.【单选题】[★★★★☆]在结果分析阶段,下列哪个指标用于评价挖掘结果的准确性?(　　)
　A.查准率　　B.数据量　　C.数据采集速度　　D.数据预处理时间

3.【多选题】[★★☆☆☆]教育数据挖掘的处理流程包括(　　)。
　A.数据采集　　B.数据预处理　　C.数据存储　　D.数据挖掘　　E.结果分析

4.【多选题】[★★★★☆]在数据预处理阶段,可能需要进行的操作有(　　)。
　A.数据清洗　　B.数据合并　　C.数据挖掘　　D.数据变换　　E.数据归约

5.【判断题】[★★☆☆☆]数据挖掘阶段是在数据采集阶段之前进行的。(　　)

6.【判断题】[★★★☆☆]结果分析阶段主要关注挖掘结果的具体意义和实际应用价值。(　　)

7.【简答题】[★★★★☆]简述教育数据挖掘的处理流程,并说明每个阶段的主要任务。

知识点121　教育数据挖掘的应用:个性化学习服务

一、知识点简介

教育数据挖掘的应用:个性化学习服务

教育数据挖掘在个性化学习服务中的应用是指运用先进的数据挖掘技术,从海量的教育数据中提炼出有价值的信息和模式,进而根据学生的个体差异,如兴趣、能力和学习风格等,提供定制化的学习资源和策略。这种应用的核心在于利用教育大数据技术深度分析学生的学习行为和成绩,旨在为每位学生打造独特的学习路径,推荐合适的课程,并调整学习策略[①]。该应用具有以下特征:①根据学生的学习历史、兴趣和能力,通过精细的算法模型,为学生推荐最匹配的学习资源和课程,实现个性化推荐;②根据学生的实时学习成效和进度,动态地调整学习内容和难度,实现自适应学习;③利用数据挖掘技术深入剖析学生的学习过程,及时发现学习中的问题和障碍,为学生提供针对性的干预和辅导;④通过长期跟踪学生的学习轨迹,持续收集新的学习数据,并据此反馈学习建议,以不断优化个性化学习服务,构建一个闭环的学习支持服务体系。教育数据挖掘在个性化学习服务中的典型应用有:江南大学网络教育学院在学习支持服务建设方面,精心构建起一套个性化学习支持服务体系,实现了网络化学习过程支持服务的个性化定制。

二、知识点测试题

1.【单选题】[★☆☆☆☆]教育数据挖掘在个性化学习服务中的主要作用是(　　)。

---

① 李宇帆,张会福,刘上力,等.教育数据挖掘研究进展[J].计算机工程与应用,2019,55(14):15-23.

A.提高教师教学质量　　　　　　B.提炼有价值的信息和模式，提供定制化的学习资源和策略
C.增加学生的学习时间　　　　　D.减少教育成本

2.【单选题】[★★★☆☆]在个性化学习服务中，系统如何根据学生的实时学习成效和进度调整学习内容和难度？（　　）
A.手动调整学习内容和难度　　　B.通过预设的规则调整学习内容和难度
C.动态地调整学习内容和难度　　D.不进行调整，保持原计划

3.【多选题】[★★☆☆☆]教育数据挖掘在个性化学习服务中应用的典型特征包括（　　）。
A.个性化推荐学习资源　　　　　B.自适应学习调整
C.实时监控学生生活　　　　　　D.针对性的学习干预和辅导

4.【多选题】[★★★★☆]以下哪些是实现个性化学习服务的关键步骤？（　　）
A.提炼有价值的信息和模式　　　B.根据学生的个体差异提供定制化的学习资源和策略
C.增加学生的学习负担　　　　　D.长期跟踪学生的学习轨迹，持续优化服务

5.【判断题】[★★☆☆☆]在个性化学习服务中，系统能够根据学生的实时学习成效和进度进行动态调整。（　　）

6.【判断题】[★★★☆☆]教育数据挖掘只能用于推荐学习资源，不能用于其他方面的个性化服务。（　　）

7.【简答题】[★★★★☆]简述教育数据挖掘在个性化学习服务中的应用及其核心。

知识点122　教育数据挖掘的应用：学习效果预测

一、知识点简介

　　教育数据挖掘在学习效果预测方面的应用是指借助数据挖掘技术，深入剖析教育领域中的学生学习行为与成绩数据，进而预测学生未来的学习效果。这一过程中，常涉及机器学习、统计学等相关知识，旨在从海量的教育数据中探寻潜在的模式与规律。该应用具有以下特征：①它以数据为驱动力，高度依赖包括学生学习行为、成绩记录和在线学习活动在内的大量教育数据；②它具有鲜明的预测性，能够通过建立模型科学地预测学生未来的学习成果，为教育者提前进行教学干预提供了可能；③它强调个性化教学，通过精准分析每位学生的学习数据，为不同学生量身定制合适的教学方案；④它支持动态调整教学策略，使得教与学在过程中达到最优化状态。教育数据挖掘在学习效果预测中的典型应用为江南大学继续教育与网络教育学院的"英语统考及学位英语考试的结果预测"项目。该项目通过分析学生的个人信息、网络学习行为、相关前置课程成绩等数据，采用教育数据挖掘技术，构建并优化了相应的预测规则，实现了对英语统考类课程和学位英语考试成绩的细分预测，并通过实际项目验证了预测系统的有效性。

二、知识点测试题

1.【单选题】[★☆☆☆☆]教育数据挖掘在学习效果预测方面的应用主要依赖（　　）。
A.数据可视化　　　B.机器学习　　　C.数据录入　　　D.数据库管理

2.【单选题】[★★☆☆☆]学习效果预测的一个典型特征是（　　）。

A.以数据为驱动力　　　　　　B.以教师经验为驱动力
　　C.以家长意见为驱动力　　　　D.以教材内容为驱动力
3.【单选题】[★★★★☆]学习效果预测系统通过（　　）来提供个性化的学习支持。
　　A.分析每位学生的学习数据　　B.分析教师的教学风格
　　C.分析学校的课程设置　　　　D.分析教材的内容
4.【多选题】[★★☆☆☆]教育数据挖掘在学习效果预测方面的应用的典型特征包括（　　）。
　　A.以数据为驱动力　　　　　　B.具有鲜明的预测性
　　C.强调集体化教学　　　　　　D.支持动态调整教学策略
5.【判断题】[★★☆☆☆]学习效果预测系统能够通过建模科学预测学生未来的学习成果。（　　）
6.【判断题】[★★★☆☆]教育数据挖掘在学习效果预测方面的应用主要依赖于教师的个人经验。（　　）
7.【简答题】[★★★★☆]简述教育数据挖掘在学习效果预测方面的应用及其重要性。

知识点123　教育数据挖掘的应用：学习行为研究

一、知识点简介

　　教育数据挖掘在学习行为研究方面的应用是指利用数据挖掘技术来全面收集、精细处理并深入分析学生的学习行为数据。这一过程的核心目的在于探寻学习行为背后隐藏的模式、规律及趋势，从而为教育决策提供坚实的数据支撑，进一步优化学习流程，并致力于提升整体教育质量。教育数据挖掘在学习行为研究方面的应用具有以下特征：①它关注学生学习行为的多元维度，如学习投入的时长、学习活动的参与度及学习资源的有效利用等；②它进行的是动态分析，不仅审视学习成果，更关注整个学习过程，如学习进度的把控和学习策略的运用；③它具有预测性分析的功能，能够通过建模预测学生未来学习的发展趋势，为教育者的早期介入提供契机；④它能够根据学习行为的分析结果，为学生提供量身定制的学习资源和学习策略。

二、知识点测试题

1.【单选题】[★☆☆☆☆]教育数据挖掘在学习行为研究方面的应用主要关注（　　）。
　　A.学生的学习成绩　　　　　　B.学生的个人兴趣
　　C.学生的学习行为多元维度　　D.学生的家庭背景
2.【单选题】[★★☆☆☆]以下哪一项不属于教育数据挖掘在学习行为研究方面应用的典型特征？（　　）
　　A.多元维度分析　　B.静态分析　　C.预测性分析　　D.个性化推荐
3.【单选题】[★★★★★]教育数据挖掘在学习行为研究方面的应用的最终目的是（　　）。
　　A.提高学生的学习成绩　　　　B.优化学习流程，提升整体教育质量
　　C.分析学生的学习风格　　　　D.预测学生的学习兴趣
4.【多选题】[★★★☆☆]教育数据挖掘在学习行为研究中的功能包括（　　）。
　　A.探寻学习行为背后的模式、规律及趋势

B.提供定制化的学习资源推荐

C.分析学生的家庭背景

D.进行预测性分析，预测学生未来的学习发展趋势

5.【判断题】[★☆☆☆☆]教育数据挖掘主要关注学生的学习成果，而非学习过程。（　　）

6.【判断题】[★★★☆☆]教育数据挖掘能够为教育决策提供数据支撑，但无法优化学习流程。（　　）

7.【简答题】[★★★★☆]简述教育数据挖掘在学习行为研究方面的应用及其重要性。

知识点124　基于数据的教学决策

基于数据的教学决策

一、知识点简介

　　基于数据的教学决策是指教育者系统挖掘、收集各类优质的学生学习表现数据，经过信息化、知识化处理，有效提升学生学习效果的系列决策活动。基于数据的教学决策能够帮助教师避免以往教学决策过程中的"常识"错误、"主观"错误和"感官"错误，突出教师作为教学决策者和决策执行者的主体作用；帮助教师从教学数据和学习数据中发现教学线索，生成教学事件，有助于满足学生的学习需求，提高教学效果，促进学生的有效学习。基于数据的教学决策具有以下特征：①数据驱动，即教育者通过全面采集学生的学习行为数据、测试成绩以及作业完成状况等信息，并据此进行深入分析，为教学决策提供依据。②运用系统性的分析方法，以及统计分析、学习分析等先进的数据处理工具和方法，对收集到的数据进行深入剖析。③倡导动态调整策略，教育者应根据数据分析的结果，灵活调整教学计划、教学方法及评价标准，以便更好地满足学生的学习需求并促进其持续进步。①

二、知识点测试题

1.【单选题】[★☆☆☆☆]基于数据的教学决策主要依赖于（　　）。

　　A.教师的个体经验　　B.学生的直觉判断　　C.学生的学习数据　　D.教育流行趋势

2.【单选题】[★★☆☆☆]以下哪一项不是基于数据的教学决策的典型特征？（　　）

　　A.数据驱动　　B.强调系统化的分析方法　　C.依赖教师的直觉　　D.倡导动态调整策略

3.【多选题】[★★☆☆☆]基于数据的教学决策的特征包括（　　）。

　　A.数据驱动　　B.依赖教师直觉　　C.强调系统化的分析方法　　D.倡导动态调整策略

4.【多选题】[★★★★☆]教育者如何利用学生的学习数据来提升教学效果？（　　）

　　A.为每位学生量身定制个性化的学习路径　　B.忽视学生的学习数据

　　C.根据数据分析结果调整教学计划和教学方法　　D.根据学生的学习习惯调整评价标准

5.【判断题】[★★☆☆☆]基于数据的教学决策主要依赖教师的个体经验和直觉判断。（　　）

6.【判断题】[★★★☆☆]教育者可以通过分析学生的学习数据，及时调整教学方法以满足学生的学习需求。（　　）

---

① 管珏琪，孙一冰，祝智庭.智慧教室环境下数据启发的教学决策研究[J].中国电化教育，2019（2）：22-28，42.

7.【简答题】[★★★☆]简述基于数据的教学决策如何帮助教育者优化教学效果。

知识点125　人工智能时代的学习评价

人工智能时代的学习评价

一、知识点简介

　　人工智能时代的学习评价是指依托人工智能技术，对学生的学习过程及成果进行深度评估。人工智能时代的学习评价具有以下特征：①个性化。人工智能时代的学习评价工具可依据学生的学习习惯与学习能力，量身打造评价方案。②全面性。借由大数据技术，人工智能时代的学习评价工具能从多维视角出发，全方位收集学生的学习表现数据，确保评价的准确性。③实时性。人工智能时代的学习评价工具可实现对学习进程的即时反馈，从而助力学生迅速调整学习策略。④可持续性。通过持续性地采集学习数据，人工智能时代的学习评价工具得以为学生的长远发展提供源源不断的支持与评估。人工智能时代的学习评价的典型案例有：①智能作文评分系统。该系统运用自然语言处理技术，深入剖析学生作文的语法、语义等要素，提供精准的评分与改进建议。②在线互动式评价平台。教师可通过此平台实时追踪学生的学习进度，并即刻给予反馈。③智能化在线作业批改系统。该系统能够自动批改各种题型，如选择题、填空题等。

二、知识点测试题

1.【单选题】[★★☆☆]下列哪一项不是人工智能时代学习评价的核心特征？（　　）
　　A.个性化　　B.实时性　　C.标准化　　D.可持续性
2.【单选题】[★★★☆]在线互动式评价平台的主要功能是（　　）。
　　A.自动批改作业　　　　　　B.实时追踪学生学习进度并给予反馈
　　C.提供编程代码错误分析　　D.全方位审视学生的学习表现
3.【多选题】[★★☆☆]人工智能时代的学习评价具有哪些特征？（　　）
　　A.个性化　　B.标准化　　C.全面化　　D.实时性　　E.可持续性
4.【多选题】[★★★☆]以下哪些是人工智能时代的学习评价的典型应用案例？（　　）
　　A.智能作文评分系统　　　　B.在线互动式评价平台
　　C.传统纸质考试　　　　　　D.智能化在线作业批改系统
5.【判断题】[★★☆☆]人工智能时代的学习评价能够更为精确地捕捉学生的进步轨迹及存在的问题。（　　）
6.【判断题】[★★★☆]个性化学习评价是指所有学生使用相同的评价标准和方法。（　　）
7.【简答题】[★★★☆]简述人工智能时代学习评价的典型特征，并举例说明其中一个特征在实际教学中的应用。

知识点126　智能时代精准评价的框架

一、知识点简介

智能时代精准评价的框架依托于人工智能、大数据、物联网及区块链等技术，旨在实现对特定对象或过程的全面、客观及精准评估。这些智能技术的引入，不仅显著提升了评估工作的效率与精确度，更从根本上增强了评估数据的采集、处理及分析效能，从而大幅提高了评估结果的信度与效度。[①]智能时代精准评价的框架具备四大显著特征：全面性、客观性、精准性和系统性。全面性要求评估工作需覆盖被评估对象的所有关键方面，实现多角度、无死角的考量；客观性强调评估过程中应最大限度减少人为主观因素的干扰，确保评估结果的公正；精准性着眼于评估结果的精确度和细致度，力求每一个评估结论都能准确反映实际情况；系统性要求整个评估流程必须严谨有序，每一环节都应遵循科学的方法和标准。在教育领域，智能时代精准评价的框架得到了广泛应用，学校通过引入基于人工智能和大数据分析的精准评价系统，可以对学生的学习行为、课堂表现、作业完成情况及考试成绩进行全方位跟踪与分析；通过物联网设备可以实时采集课堂互动数据，结合区块链技术确保数据的真实性与不可篡改性，最终生成个性化的学习报告。教师可以根据这些精准的评估结果，调整教学策略，针对学生的薄弱环节进行针对性辅导。同时，学校管理层也能通过系统化的评估数据，优化课程设置和教学资源配置，从而全面提升教育质量。

二、知识点测试题

1. 【单选题】[★☆☆☆☆]智能时代精准评价的框架主要依托于哪些技术的深度融合？（　　）
   A.人工智能、大数据分析　　B.物联网、区块链　　C.云计算、虚拟现实　　D.A和B

2. 【单选题】[★★☆☆☆]智能时代精准评价的框架的四大显著特征不包括以下哪一项？（　　）
   A.全面性　　B.主观性　　C.精准性　　D.系统性

3. 【单选题】[★★★★★]智能时代精准评价的框架中，哪一特征要求评估工作需覆盖被评估对象的所有关键方面，实现多角度、无死角的考量？（　　）
   A.全面性　　B.客观性　　C.精准性　　D.系统性

4. 【多选题】[★★★★☆]智能时代精准评价的框架的显著特征包括哪些？（　　）
   A.全面性　　B.主观性　　C.精准性　　D.系统性

5. 【判断题】[★★☆☆☆]智能时代精准评价的框架显著提升了评估工作的效率与精确度。（　　）

6. 【判断题】[★★☆☆☆]智能时代精准教学评价能够促进学生全面发展。（　　）

7. 【简答题】[★★★★★]通过查找资料，简述北京师范大学"互联网+教育"cMOOC课程的精准评价维度。

[①] 曾德华，郑晓齐.智能决策支持系统框架研究[J].中国电化教育，2011（6）：113-117.

知识点127　智能时代精准评价的构成要素及评价机制

一、知识点简介

　　智能时代精准评价的构成要素丰富，涵盖了明确的评价目标、科学的评价指标、适当的评价方法、高效的评价工具、精准的数据分析手法、及时的评价反馈及针对性的改进措施等。这些要素环环相扣，共同构建了一个系统、科学的评价流程，从而确保评价结果的准确性和实用性。[1]智能时代精准评价机制展现出以下典型特征：①数据驱动。它充分利用大数据分析和机器学习技术，使得评价结果更为客观、全面。②实时性。智能技术的运用实现了评价过程的实时监控与动态调整，大幅提升了评价的时效性。③高度的定制化能力。根据不同的评价目标和需求，灵活设定评价指标和方法，以达到精准评价的目的。④互动性。评价过程中的数据和反馈可以双向流通，促进评价主体与评价对象之间的有效互动与调整。⑤可持续发展。系统根据评价结果持续提供优化策略，为评价对象的长期发展提供有力支持。

二、知识点测试题

1.【单选题】[★★★☆☆]智能时代精准评价机制的特征之一是利用（　　）使得评价结果更为客观、全面。
　　A.云计算　　　B.大数据分析和机器学习　　　C.物联网　　　D.人工智能算法
2.【单选题】[★★★★☆]智能时代精准评价机制中，哪个特征强调评价过程中的数据和反馈的双向流通？（　　）
　　A.数据驱动　　B.实时性　　C.定制化能力　　D.互动性
3.【多选题】[★★☆☆☆]智能时代精准评价机制的构成要素包括（　　）。
　　A.明确的评价目标　　B.主观的评价指标　　C.适当的评价方法
　　D.高效的评价工具　　E.及时的评价反馈
4.【多选题】[★★★★☆]智能时代精准评价机制的特征有（　　）。
　　A.数据驱动　　B.实时性　　C.定制化能力
　　D.互动性　　E.不可持续性
5.【判断题】[★★☆☆☆]智能时代精准评价机制注重数据的客观性和全面性。（　　）
6.【判断题】[★★★☆☆]智能时代精准评价机制不具备实时性特点。（　　）
7.【简答题】[★★★★☆]简述智能时代精准评价机制如何支持评价对象的长期发展。

智能时代精准评价的构成要素及评价机制

---

① 杨建林，朱惠，宋唯娜，等.系统论视角下的学术评价机制[J].情报科学，2012，30（5）：670-674.

第八章
人工智能时代的教育展望

人工智能时代的教育展望

人工智能时代的教育发展挑战

- 数据平台构建问题
- 智能素养提升问题
- 智能教育研究问题
- 教育均衡包容问题
- 数据隐私安全问题
- 配套政策制定问题

人工智能时代的教育发展趋势

- 精准教学成为可能
- 智能教研成为现实
- 数据评价成为常态
- 智能管理成为主流
- 泛在学习成为趋势

人工智能时代的教育发展机遇

- 培养计算思维能力
- 智能数字鸿沟
- 构建智能教育生态系统
- 技术赋能智能教育
- 重视智能教育伦理

知识点128　人工智能时代的教育发展趋势

一、知识点简介

随着人工智能技术的持续进步与应用，教育领域正经历深刻变革，这体现了新技术与教育的深度融合。这一变革更新了教育理念，革新了教学方式、教学内容及评价手段。人工智能不仅优化了教育流程，还推动了个性化、高效化、智能化教育的发展。人工智能时代的教育发展呈现如下趋势：①个性化学习兴起。利用人工智能技术，根据学生的学习习惯、学习能力及兴趣提供定制化的学习路径与学习资源，真正实现因材施教。②重视能力培养。人工智能时代的教育不再仅着眼于知识的传授，而是更注重能力的培养，特别是解决问题的能力、创新能力等。③精准教学反馈的实现。通过大数据等技术，教师能精准掌握学生的学习进度与学习难点，并据此及时调整教学策略。④教学资源异常丰富。全球课堂的构建促进了远程教育与国际合作，丰富了学习资源与环境。⑤终身教育成为现实。在人工智能技术的支持下，终身学习理念得以更好实践。

二、知识点测试题

1.【单选题】[★☆☆☆☆]随着人工智能技术的不断发展，教育领域正在经历的变革是（　　）。
   A.硬件设施的提升　　　　　　　　B.教学内容的微调
   C.教学方法与教学理念的变革　　　D.教育政策的频繁变动

2.【单选题】[★★★☆☆]人工智能时代的教育更加注重学生（　　）的培养。
   A.理论记忆能力　B.解决问题与创新思维能力　C.应试能力　D.机械计算能力

3.【单选题】[★★★★★]以下哪项不是人工智能技术应用于教育领域所带来的变革？（　　）
   A.个性化学习的兴起　　　　B.教学方式与教学内容的革新
   C.学生学习兴趣的普遍下降　D.终身学习理念的实现

4.【多选题】[★★☆☆☆]人工智能时代的教育的典型特征包括（　　）。
   A.个性化学习的兴起　　　　　　　　　B.注重能力的培养
   C.师生对学习进度与学习成效的把握模糊　D.全球课堂的构建

5.【判断题】[★★☆☆☆]人工智能技术的引入优化了教育流程，为实现个性化、高效化和智能化教育开辟了道路。（　　）

6.【判断题】[★★★★☆]教育理念的更新与人工智能技术的应用无关。（　　）

7.【简答题】[★★★★☆]简述人工智能技术在教育领域是如何促进终身学习理念的实现的。

知识点129　精准教学成为可能

一、知识点简介

精准教学的实现在于人工智能、大数据等技术的深度应用，以及教育理念的革新、教育政策的支持。具体而言：①人工智能、大数据等技术的深度应用，使得教学过程更加智能化。智能教学系统能够对学生的作业和考试成绩进行深度挖掘，预测学生的学习成效，并给学生智能推荐合适的学习资源和学习建议；同时，教师通过智能教学系统可以收集并分析学生的学习数据，掌握每个学生的学习进度、知识掌握程度、学习习惯及风格。这些为实现精准教学提供了可能。②教育理念的革新为精准教学提供了思想基础。现代教育理念日益重视学生的个性化成长，强调因材施教的教学理念。这要求教师必须更加关注学生的个体差异，实施更加个性化和差异化的教学策略。③教育政策的支持是推动精准教学的助力器。随着教育改革的推进，相关政策越来越倾向于支持教育技术的应用，为精准教学的实施提供了坚实的政策后盾。

二、知识点测试题

1.【单选题】[★☆☆☆☆]精准教学得以实现的关键因素不包括（　　）。
　　A.智能技术的应用　　B.大数据的深度分析　　C.传统的教学理念　　D.教育政策的扶持
2.【单选题】[★★☆☆☆]以下哪项不是通过大数据分析，教师可以获得的学生信息？（　　）
　　A.学习进度　　B.家庭背景　　C.学习习惯　　D.知识掌握程度
3.【多选题】[★★★☆☆]在技术支持下的精准教学中，教师可以通过哪些方式更好地了解学生？（　　）
　　A.收集学生的学习数据　　　　　　B.分析学生的作业情况
　　C.与学生家长沟通　　　　　　　　D.观察学生的课堂表现
4.【多选题】[★★★★☆]人工智能技术在精准教学中的应用有（　　）。
　　A.预测学生的学习成效　　　　　　B.为学生提供心理咨询
　　C.智能推荐学习资源　　　　　　　D.自动批改学生作业
5.【判断题】[★★☆☆☆]精准教学不重视学生的个性化成长。（　　）
6.【判断题】[★★★☆☆]教育政策的支持与精准教学的实现无关。（　　）
7.【简答题】[★★★★☆]简述精准教学中大数据分析的作用及其对教师教学策略的影响。

知识点130　智能管理成为主流

智能管理成为主流

一、知识点简介

　　智能管理的核心在于信息技术的应用，尤其是通过大数据和人工智能技术的应用实现资源的高效配置，并增强决策的科学性。智能管理具有以下典型特征：①前瞻性的管理决策。人工智能技术助力精准的预测与模拟，提升决策的科学性和预见性。②科学化和透明化的管理过程。数据化管理手段增强了管理的精确性和可追溯性，确保了管理活动的公正与透明。③智能化的监督与纠正体系。监控与报警功能可及时识别并纠正教育管理中的问题，有效防范潜在风险。在实践中，典型案例进一步验证了智能管理的有效性与广泛的适用性，例如，人工智能专家系统开展教育政策的前瞻性分析与制定工作，显著提升了政策制定的科学性与针对性。教育管理的全面数据化与透明化大幅提高了管理效率与质量。智能监控与评价系统实现了全方位、全过程的教学质量监督，有力保障了教学质量的持续提升。这些案例不仅展现出智能管理在教育领域的广泛应用与深远影响，更预示着智能管理将成为未来教育管理的主流趋势。

二、知识点测试题

1.【单选题】[★☆☆☆☆]智能管理的核心在于（　　）。
　A.教育政策的变革　　B.信息技术的发展与应用　　C.教育经费的投入　　D.教育理念的更新

2.【单选题】[★★★☆☆]以下哪项展示了利用人工智能专家系统进行教育政策的前瞻性分析与制定？（　　）
　A.实现教育管理的全面数据化与透明化　　B.运用人工智能监控与评价教育质量
　C.利用人工智能技术进行精准的预测与模拟　　D.通过深度学习技术提高教学效率

3.【多选题】[★★☆☆☆]智能管理的典型特征包括（　　）。
　A.前瞻性的管理决策　　B.依赖传统管理模式
　C.科学化和透明化的管理过程　　D.智能化的监督与纠正体系

4.【多选题】[★★★★☆]以下哪些案例验证了智能管理的有效性与广泛的适用性？（　　）
　A.利用人工智能专家系统进行教育政策的前瞻性分析与制定
　B.通过增加管理层级提高管理效率
　C.运用人工智能监控与评价教育质量
　D.实现教育管理的全面数据化与透明化

5.【判断题】[★☆☆☆☆]智能管理强调数据驱动的政策制定与智能技术的深度融合。（　　）

6.【判断题】[★★★☆☆]智能管理能够完全替代人工在教育管理中的作用。（　　）

7.【简答题】[★★★☆☆]简述智能管理在教育领域中的一个典型应用案例，并阐述该案例是如何体现智能管理特征的。

知识点131　数据评价成为常态

数据评价成为常态

一、知识点简介

数据评价是指借助智能技术，全面且系统地收集、处理、分析及运用教育评价数据，旨在推动教育评价的现代化与专业化进程。它高度重视数据驱动的政策制定与智能技术的深度融合，这一融合标志着教育评价方式正在发生根本性变革。数据评价成为常态主要体现在以下几个方面：①实现全过程、全方位、多维度的数据采集，突破时空局限，保障数据得以立体式获取；②借助人工智能、大数据等技术，对数据进行深度挖掘、分析，并实现反馈应用；③构建科学的评价体系，运用多元化综合评价方法，为教育教学的改进提供全面且有效的决策支撑；④评价过程具备智能化、高效化的特点，评价结果真实可靠，同时兼顾民主化与人性化。

二、知识点测试题

1.【单选题】[★★☆☆☆]以下哪一项未体现数据评价成为常态的理念？（　　）
　A.实现全过程、全方位、多维度的数据采集
　B.依赖传统方法进行数据分析和反馈
　C.构建科学的评价体系，提供全面的决策支持

D.评价过程智能化、高效化，评价结果真实可靠

2.【单选题】[★★★☆]数据评价强调（　　）与智能技术的深度融合。
A.数据驱动的政策制定　　　　　　B.数据驱动的市场营销
C.数据驱动的社会管理　　　　　　D.数据驱动的个人发展

3.【多选题】[★★☆☆☆]数据评价成为常态体现在（　　）。
A.实现全过程、全方位、多维度的数据采集
B.利用人工智能、大数据等技术进行数据分析和反馈
C.依赖传统手工方法进行数据处理
D.评价过程智能化、高效化，评价结果真实可靠

4.【多选题】[★★★☆]在教育实践中，数据评价理念的应用催生了哪些典型案例？（　　）
A.利用人工智能专家系统进行教育政策的前瞻性分析与制定
B.通过深度学习实现教育管理的全面数据化与透明化
C.依赖传统方法进行学生行为的评估与教学
D.运用物联网、可穿戴设备等技术进行精准评估与个性化教学

5.【判断题】[★☆☆☆☆]数据评价理念着重强调了数据驱动的政策制定与智能技术的深度融合。（　　）

6.【判断题】[★★☆☆]数据评价理念的应用在教育领域催生了多个典型案例，但并未预示着它将成为未来教育评价的主流趋势。（　　）

7.【简答题】[★★★☆☆]简述数据评价理念在教育领域的四大典型特征。

知识点132　智能教研成为现实

智能教研成为现实

一、知识点简介

智能教研是指借助智能技术，对教师的课堂教学行为及教学过程数据进行智能收集、整理与深度分析，提升教师专业能力的研究活动。它通过可视化手段展示教师的教学特征及能力层次，从而为诊断与改进教学行为提供坚实的数据基础。此方法能有效结合个性化教研与规模化教研，助力教师进行教学反思，实现同行间的精准协助以及教研员的精确指导。智能教研融合了机器智能与人类智慧，通过机器观察与人工量规观察的互补，有效解决了传统教学观察中存在的主观性、遗漏、偏差及观察维度受限等问题。智能教研具有以下显著特征：①坚持以丰富的教学数据为基石，运用数据分析来引领教研活动的方向；②依赖先进的人工智能技术，如机器学习、自然语言处理等，对教学数据进行深层次的剖析；③通过精准的数据分析，提出具有针对性的教学改进策略；④强调对教研过程的持续跟踪与优化，通过不断迭代来完善教研方法和内容。

二、知识点测试题

1.【单选题】[★★☆☆☆]智能教研的哪个特征强调了对教学数据的深层次剖析？（　　）
A.以丰富的教学数据为基石　　　　B.依赖先进的人工智能技术
C.强调对教研过程的持续跟踪与优化　　D.提出具有针对性的教学改进策略

2.【单选题】[★★★★]以下哪一项不是智能教研在提升教师专业能力方面的潜在挑战?(　　)
　　A.数据隐私和安全问题　　　　　　B.教师对新技术的学习和适应
　　C.数据分析的准确性和可靠性　　　D.完全替代教师的自主判断和创造力

3.【多选题】[★★☆☆☆]智能教研的特征包括(　　)。
　　A.以丰富的教学数据为基石　　　　B.依赖先进的人工智能技术
　　C.忽略对教研过程的持续跟踪与优化　D.提出具有针对性的教学改进策略

4.【多选题】[★★★☆☆]以下哪些技术在智能教研中可能会被用到?(　　)
　　A.数据挖掘　　B.自然语言处理　　C.传统的教学日志分析　　D.机器学习算法

5.【判断题】[★☆☆☆☆]智能教研能有效结合个性化教研与规模化教研,为诊断与改进教学行为提供数据基础。(　　)

6.【判断题】[★★☆☆☆]智能教研完全依赖机器智能,无须人工量规观察的参与。(　　)

7.【简答题】[★★★☆☆]简述智能教研如何助力教师进行教学反思,并实现同行间的精准协助以及教研员的精确指导。

知识点133　配套政策制定问题

配套政策制定问题

一、知识点简介

　　人工智能与教育配套政策制定问题涵盖教育体系、课程设置、师资培训及伦理法规等方面。现阶段,我国在人工智能与教育配套政策制定上尚处于发展期,存在以下问题:①政策导向不明确,缺少具体指导与实施标准,给教育机构的实操带来困扰;②缺乏融合教育、人工智能及数据科学的跨学科教育政策体系,制约了教育工作者对人工智能教育的运用;③随着人工智能应用的深化,学生隐私及数据安全问题亟待相关政策明确保护;④政策调控技术与教育融合的力度还有所欠缺。政策制定应考虑以下几个方面:①前瞻性。政策制定者应预测并应对未来技术发展对教育产生的影响,同时注重对学生关键技能的培养。②创新性。教育工作者应创新教育模式和教学方法,使教育更加符合人工智能时代的需求。③系统性。政策制定者应全面考虑教育系统的各个层面,包括基础教育、高等教育和职业教育等,确保各环节协调发展。④注重跨学科合作。这要求教育、经济、科技等多领域进行深度融合。

二、知识点测试题

1.【单选题】[★☆☆☆☆]我国目前在人工智能教育政策制定上处于(　　)。
　　A.成熟期　　B.发展期　　C.初始期　　D.停滞期

2.【单选题】[★★☆☆☆]下列哪一项不是我国在人工智能教育政策制定上存在的问题?(　　)
　　A.政策导向不明确　　　　　　　　B.跨学科教育政策体系完善
　　C.学生隐私及数据安全问题亟待明确保护　D.需调控技术与教育的融合进度

3.【多选题】[★★☆☆☆]关于人工智能在教育领域的应用,以下说法正确的是(　　)。
　　A.人工智能可以为学生提供个性化的学习体验
　　B.人工智能在教育领域的应用已经完全成熟,无须进一步研发

C. 人工智能可以帮助教师进行教学辅助,减轻工作负担

D. 人工智能在教育中的应用主要局限于行政管理方面

4.【多选题】[★★★☆☆]制定人工智能教育政策时应考虑的因素有（　　）。

　A.前瞻性　　　B.创新性　　　C.系统性思考　　　D.跨学科合作

5.【判断题】[★☆☆☆☆]我国在人工智能教育政策制定上已经相当成熟,具备完善的指导与实施标准。（　　）

6.【判断题】[★★☆☆☆]制定人工智能教育政策时,应注重创新教育模式和教学方法,使教育更加符合人工智能时代的需求。（　　）

7.【简答题】[★★★☆☆]请结合实例,阐述我国在人工智能教育政策制定过程中应如何进行系统性思考。

知识点134　教育均衡包容问题

一、知识点简介

教育公平包容问题

2021年11月,联合国教科文组织发布的《共同重新构想我们的未来:一种新的教育社会契约》报告中,探讨和展望面向未来乃至2050年的教育,强调人权基础的作用,包括包容与公平、合作、团结和共同责任与相互关联性,并明确了未来教育要确保人们终身享受优质教育的权利。虽然人工智能可以给教育创新带来多种可能,但因其应用受限于硬件支持和技术条件,也可能导致教育资源分布不均,从而加剧教育不均衡问题,尤其是困难群体更有可能被排除在人工智能教育之外,进而形成新的数字鸿沟。简单来说,人工智能可能因不同国家、地区、学校、个体之间拥有或使用传播媒介的能力及其差距而造成信息（知识）获取和使用的鸿沟。因此,"人工智能+教育"的政策设计,均衡和包容应该是其核心价值观。消除数字鸿沟,确保教育的均衡和包容是人工智能教育可持续发展的重要因素。

二、知识点测试题

1.【单选题】[★★☆☆☆]下列哪项不属于人工智能在教育中的应用可能带来的问题?（　　）

　A.教育资源分布不均　　　　　　B.教育内容同质化

　C.教师角色无须转变　　　　　　D.数据安全和隐私保护问题

2.【单选题】[★★★★☆]关于人工智能在教育中的影响,下列说法错误的是（　　）。

　A.可能加剧教育不平等现象　　　B.班级集体学习有利于培养学生的创新能力

　C.教师需要适应技术变革并更新教学方法　D.发达地区与偏远地区在资源配置上存在显著差异

3.【多选题】[★★☆☆☆]人工智能教育在设计和应用时需要实现的目标有（　　）。

　A.教育的普惠性　　B.学生的个性化需求　　C.提高教育成本　　D.减少师生互动

4.【多选题】[★★★☆☆]过度依赖人工智能教育可能带来的问题是（　　）。

　A.教育资源分布更加均衡　　B.教育内容同质化　　C.师生互动增加　　D.影响教育质量

5.【判断题】[★☆☆☆☆]教育系统需要通过周密的规划与治理,来确保人工智能的安全性、可靠性与可控性。（　　）

6.【判断题】[★★☆☆☆]虚拟仿真学习体验可以完全替代传统教育模式，无须担心其对学生个性和创造力的影响。（   ）

7.【简答题】[★★★☆☆]简述人工智能教育在公平与包容方面面临的主要挑战，并提出相应的解决措施。

知识点135　智能素养提升问题

智能素养提升问题

一、知识点简介

智能素养是指个体在信息化、智能化社会中，有效获取、理解、评估和应用信息与智能技术的能力。它不仅包括对人工智能、大数据、物联网等新兴技术的认知，还涵盖批判性思维、问题解决能力及伦理意识。随着科技的迅猛发展，智能素养已成为现代公民必备的核心素养之一，它不仅影响个人的职业发展，还关系到社会的整体进步。智能素养提升的关键在于如何科学地增强学生的智能技能与认知能力，以顺应技术环境的迅速演变。具体可以从以下几个方面入手：①设计缜密的评估机制，如实施分级评估，以全面衡量学生智能素养的发展水平。②秉承客观科学的育人理念，注重学生智能素养的阶段性成长与实践性提升。③运用多主体仿真实验手段，预测并探索学生智能素养的发展轨迹并提供干预策略，从而实现对智能素养发展的动态监控及持续优化。

二、知识点测试题

1.【单选题】[★☆☆☆☆]智能素养提升的关键在于如何科学地增强学生的（　　）。
　A.身体素质与心理素质　　　　　B.智能技能与认知能力
　C.艺术修养与科学素养　　　　　D.社交能力与语言能力

2.【单选题】[★★☆☆☆]为了全面衡量学生智能素养的发展水平，我们应当设计（　　）。
　A.单一的总结性评估　　　　　　B.随意的口头评估
　C.缜密的分级评估　　　　　　　D.无须评估，只需观察

3.【多选题】[★★☆☆☆]为了提升学生的智能素养，以下哪些活动可以被采用？（　　）
　A.编程教育　　B.项目式学习　　C.死记硬背　　D.传统讲座式教学

4.【多选题】[★★★☆☆]智能素养的提升需要哪些方面的协同合作？（　　）
　A.政府　　　B.学校　　　C.企业　　　D.社会各方

5.【判断题】[★☆☆☆☆]我们应注重学生智能素养的阶段性成长与实践性提升。（   ）

6.【判断题】[★★☆☆☆]智能素养的提升只关乎学生个体的成长，与社会长远发展无关。（   ）

7.【简答题】[★★★☆☆]简述如何通过跨学科的方法来深入研究智能素养的提升问题，并给出一个具体的实践案例。

知识点136　数据平台构建问题

一、知识点简介

数据平台构建问题

　　数据平台的构建涵盖设计、实现、优化及维护等环节。其中，在设计阶段，关键在于打造一个既易用又功能全面的平台，确保其具备高度的可扩展性、稳定性及安全性，同时融入对数据偏见、公平性及隐私保护的伦理考量。该平台需深度支持数据分析、模型构建、实验设计、结果解读，并能无缝集成其他业务系统，这些都对技术基础、工程效率及用户体验设计提出了较高要求。[1]数据平台具有以下典型特征：①技术融合性。这要求人工智能技术与教育数据的深度融合，以实现数据的深度分析和智能化应用。②教育个性化。平台需根据每位学生的学习习惯、学习能力及兴趣，提供定制化的学习资源与教学方案，满足个性化学习需求。③教育资源共享性。数据平台应打破地域与学校界限，广泛共享教育资源，推动教育均衡包容发展。在实践层面，其已有丰富的案例，例如：①智能学习平台。智慧树与超星尔雅利用大数据技术，深入分析学生学习行为，提供个性化学习建议和课程推荐。②智慧教学平台。钉钉与腾讯课堂通过促进师生互动并收集教学数据，为教学改进提供有力支持。③教育资源整合平台。国家智慧教育公共服务平台有效整合了各级教育资源，实现资源的高效共享与利用。

二、知识点测试题

1.【单选题】[★☆☆☆☆]数据平台的设计需要确保哪些核心要素？（　　）
　　A.可扩展性、美观性、隐私保护　　B.稳定性、易用性、安全性
　　C.功能性、趣味性、互动性　　D.创新性、经济性、便捷性

2.【单选题】[★★☆☆☆]下列哪项不属于数据平台应支持的功能？（　　）
　　A.数据分析　　B.模型构建　　C.游戏娱乐　　D.实验设计

3.【多选题】[★★☆☆☆]数据平台的设计需要考虑的伦理要素有（　　）
　　A.数据偏见　　B.用户体验　　C.公平性　　D.隐私保护

4.【多选题】[★★★☆☆]教育数据平台在现实应用中的典型案例包括（　　）。
　　A.智慧树　　B.钉钉　　C.美团外卖　　D.腾讯课堂

5.【判断题】[★☆☆☆☆]数据平台应支持与其他业务系统的无缝集成。（　　）

6.【判断题】[★★☆☆☆]教育数据平台的个性化特征主要体现在提供统一的教学方案。（　　）

7.【简答题】[★★★☆☆]简述数据平台在教育领域应用的三个典型特征，并举例说明。

---

[1]　朝乐门，王锐.数据科学平台：特征、技术及趋势[J].计算机科学，2021，48（8）：1-12.

知识点137　智能教育研究问题

智能教育研究问题

一、知识点简介

　　智能教育研究的核心在于探索教育信息化的新形式——智慧教育，其涉及六大重点：基本理论与认知、教学方法及模式创新、学习环境的构建、教育评价与分析体系的完善、教育资源的整合和教育管理与公共服务平台的优化。当前，研究的主要方向聚焦于智慧学习环境的打造、学习资源与服务的智能化，以及学习过程数据的采集与分析。同时，智慧教育研究展现出多样化的发展态势，包括突发性增长、稳定上升、平稳发展、逐渐衰退以及研究热点的更替等现象。[①]智能教育研究呈现以下特征：①前瞻性，即研究成果应对未来教育智能化发展方向具有一定的预见与洞察；②跨学科性，它融合了教育、计算机科学、心理学等多个学科的理论与实践；③实践性，即研究成果需具备指导智能教育实践活动的应用价值。

二、知识点测试题

1.【单选题】[★☆☆☆☆]智慧教育研究的核心在于探索（　　）的新形式。
　　A.教育改革　　　B.教育信息化　　　C.教育心理学　　　D.教育经济学
2.【单选题】[★★☆☆☆]智慧教育研究的主要方向不包括（　　）。
　　A.智慧学习环境的打造　　　　　B.学习资源与服务的智能化
　　C.传统教学方法的改良　　　　　D.学习过程数据的采集与分析
3.【多选题】[★★☆☆☆]智慧教育涉及的重点包括（　　）
　　A.基本理论与认知　　B.教学方法及模式创新　　C.教育评价与分析体系的完善
　　D.教育资源的整合　　E.教育成本的控制
4.【多选题】[★★★☆☆]智慧教育研究的发展态势包括（　　）。
　　A.突发性增长　　B.稳定上升　　C.平稳发展　　D.逐渐衰退　　E.研究热点的更替
5.【判断题】[★☆☆☆☆]智慧教育研究强调研究成果需具备指导智能教育实践活动的应用价值。（　　）
6.【判断题】[★★☆☆☆]智慧教育研究融合了教育、计算机科学、心理学等多个学科的理论，但不涉及实践。（　　）
7.【简答题】[★★★☆☆]简述智慧教育研究的主要方向，并举例说明其在教育实践中的应用。

知识点138　数据隐私安全问题

数据隐私安全问题

一、知识点简介

　　在教育领域，数据隐私问题是指涉及学生、教师、教育机构等相关主体的个人数据在收集、存储、使用、传输、共享等过程中，因各种原因导致数据主体的隐私得不到有效保护，从而引发

---

① 李金臻.我国智慧教育研究现状：基于知识图谱和共词分析的研究[J].电化教育研究，2016，37（10）：29-34.

的一系列问题。教育领域数据隐私问题具有以下特点：①数据涉及主体多为未成年人。他们没有完全的行为能力和认知能力来保护自己的隐私，需要监护人及教育机构的特别保护。②数据收集主体多。学校、教育行政部门、在线教育平台、教育技术服务提供商等都可能收集教育数据，增加了数据管理的难度和隐私风险。③数据共享带来的风险。为了实现教育资源的优化配置和教育服务的协同发展，教育数据往往需要在不同机构和部门之间共享。然而，在共享过程中，如果缺乏严格的安全管理和隐私保护措施，数据容易被泄露或滥用。④教育数据的生命周期长。教育数据可能关联学生的个人成长与未来机遇，学生隐私被侵犯可能对其未来产生持续的负面影响。随着人工智能、大数据等技术在教育领域的深度应用，教育数据隐私安全问题频发，例如，一些在线教育平台使用面部识别技术，在未经学生明确同意的情况下收集并使用学生数据；还有一些学校未经学生及家长同意，就将他们的信息提供给教育机构。因此，我们必须加强技术伦理教育，构建安全、可信的教育数据生态系统。

二、知识点测试题

1.【单选题】（★★☆☆☆）在教育领域数据隐私问题中，数据涉及的主体多为（　　）。

　　A. 成年人　　　B. 未成年人　　　C. 老年人　　　D. 教师

2.【单选题】（★★★☆☆）在教育数据共享过程中，如果缺乏严格的安全管理和隐私保护措施，容易发生（　　）。

　　A. 数据丢失　　B. 数据泄露或滥用　　C. 数据自动删除　　D. 数据加密

3.【多选题】（★★★★☆）教育领域数据隐私问题的特点包括（　　）。

　　A. 数据涉及主体多为未成年人　　　B. 数据收集主体多
　　C. 数据共享带来风险　　　　　　　D. 教育数据的生命周期短

4.【多选题】（★★★★☆）哪些技术在教育领域的深度应用可能导致教育数据隐私安全问题？（　　）

　　A. 人工智能　　B. 大数据　　C. 区块链　　D. 面部识别技术

5.【判断题】（★★☆☆☆）教育数据的生命周期长，可能关联学生的个人成长与未来机遇。（　　）

6.【判断题】（★★☆☆☆）在线教育平台使用面部识别技术时，必须事先获得学生的明确同意。（　　）

7.【简答题】（★★★★★）简述教育领域数据隐私问题的主要特点，并举例说明其中一种特点可能带来的风险。

知识点139　培养计算思维能力

培养计算思维能力

一、知识点简介

《普通高中信息技术课程标准（2017年版2020年修订）》指出：计算思维是指个体运用计算机科学领域的思想方法，在形成问题解决方案的过程产生的一系列思维活动。培养计算思维能力是以计算机科学的核心概念、原理及方法为基础，用以剖析问题、筹划系统、洞悉人类行为的思维能力。[①]它侧重于以抽象化手段简化问题,并通过自动化的方式执行任务。计算思维不等同于单纯的编程技能,而是一种更为宏观的问题解决与系统设计思路。培育学生的计算思维,有助于他们深入理解并有效运用现代科技,进而提升其创新能力与解决复杂难题的本领。计算思维的培养可以针对不同的学段采取不同的方法:在小学阶段,可以将计算思维的教学内容融入普通技术和艺术课程中;在中学阶段,可以将计算思维的教学内容融入计算机和数学模型的教学中;在大学阶段,可以通过开放性问题和数学讲座等方式引导学生进行深入的探索。

二、知识点测试题

1. 【单选题】[★☆☆☆☆]计算思维的核心是(　　)
   A.编程技能　　　　B.剖析问题、筹划系统、洞悉人类行为的思维模式
   C.数学建模　　　　D.系统软件应用

2. 【单选题】[★★★☆☆]培育计算思维对学生最重要的影响是(　　)
   A.提高编程能力　　B.提升创新能力与解决复杂问题的能力
   C.增强记忆力　　　D.提高考试成绩

3. 【多选题】[★★☆☆☆]计算思维能力的培育有助于学生提升的能力有(　　)。
   A.深入理解现代科技的能力　　B.编程能力
   C.有效运用现代科技的能力　　D.解数学难题的能力

4. 【多选题】[★★★☆☆]以下哪些属于计算思维在教育系统中的应用?(　　)
   A.根据学生需求调整教学内容与方法　　B.收集并分析学习数据为学生提供学习建议
   C.使用传统方法进行教学决策　　　　　D.通过数据分析优化教学策略

5. 【判断题】[★☆☆☆☆]计算思维等同于编程技能。(　　)

6. 【判断题】[★★☆☆☆]教育系统通过精准地收集并分析学习数据,为学生提供量身定制的学习建议与教学策略,这体现了计算思维的智能决策特征。(　　)

7. 【简答题】[★★★☆☆]简述计算思维能力的培养对学生的益处。

知识点140　智能数字鸿沟

智能数字鸿沟

一、知识点简介

智能数字鸿沟是指在理解和适应以互联网和人工智能技术为核心的信息科技方面的思维差异,这种差异影响个人与社会的协调发展。在智能化与信息化的时代背景下,多重因素如技术、经济条件和政策导向等,导致教育资源与智能技术的获取不均衡,这种不均衡在不同地域和不同经济条件的社会群体间尤为明显。智能数字鸿沟的主要特征包括:技术掌握程度的差异、资源配置的不均衡、教育背景的多样性及数字资源使用方面的鸿沟。这些特征共同揭示了智能数字鸿沟的复杂性和多维度影响。具体表现为:①地域差异。发达地区与偏远地区在智能教育资源获取上

[①] 何钦铭,陆汉权,冯博琴.计算机基础教学的核心任务是计算思维能力的培养:《九校联盟(C9)计算机基础教学发展战略联合声明》解读[J].中国大学教学,2010(9):5-9.

存在显著差距。②群体差异。城市学生与农村学生在智能教育工具的使用上呈现明显的不平等。③机构差异。例如，某些在线教育平台的算法偏见在一定程度上加剧了教育的不公平性。智能数字鸿沟不仅是一个技术问题，更是一个复杂的社会问题。为了缩小这一差距，实现教育均衡发展，我们需要采取以下措施：①优先发展智慧教育，利用人工智能和5G技术解决教育资源分配不公的问题。②推动"人工智能+教师"专业发展，提升教师的信息技术应用能力和数字化胜任力。③树立终身学习理念，通过持续学习提升自我，以适应人工智能时代的变化。

二、知识点测试题

1.【单选题】[★☆☆☆☆]智能数字鸿沟主要是指（　　）。
 A.家庭条件差异导致的教育不均衡　　B.经济条件引发的教育资源不均
 C.教育资源与智能技术获取上的不均衡　　D.政策导向造成的技术掌握程度差异

2.【单选题】[★★☆☆☆]以下哪项不是智能数字鸿沟的主要特征？（　　）
 A.技术掌握程度的差异　　B.资源配置的不平衡
 C.教育背景的异质性　　D.教育政策的统一性

3.【多选题】[★★☆☆☆]智能数字鸿沟体现在哪些方面？（　　）
 A.地域差异　　B.社会差异　　C.机构差异　　D.个人学习习惯

4.【多选题】[★★★☆☆]为了缩小智能数字鸿沟，可以采取的措施有（　　）。
 A.政府应提供政策支持
 B.技术提供商应优化算法设计，减少偏见
 C.教育机构应积极推动智能教育资源的普及和共享
 D.强制学生使用特定品牌的智能教育工具

5.【判断题】[★☆☆☆☆]智能数字鸿沟是一个技术问题，不是社会问题。（　　）

6.【判断题】[★★☆☆☆]在线教育平台的算法偏见可能加剧教育不均衡。（　　）

7.【简答题】[★★★☆☆]简述智能数字鸿沟的主要特征，并提出至少两项缩小这一差距的建议。

知识点141　构建智能教育生态系统

构建智能教育生态系统

一、知识点简介

智能教育生态系统是以"人工智能服务教育"为理念，依托"5G+人工智能"技术，整合多种智能技术，形成包含交互式与智能学习的"四化"（网络化、融合化、数字化、智能化）新生态系统，旨在实现"以学生为中心"的教育模式。[①]在该生态系统中，机器学习、深度学习及自然语言处理等人工智能技术构成坚实基石，是实现个性化学习、智能化教学决策及教育资源优化配置的关键。同时，教育理论与实践为该系统提供科学指导，确保技术应用契合教育规律及实际需求。智能教育生态系统的构建不仅优化了教育资源配置，提升了教育质量与效率，更为培育未来社会所需的创新型人才奠定了坚实基础。该系统的核心特征主要体现在：①技术驱动。该系统依赖现

---

① 吴永和，刘博文，马晓玲.构筑"人工智能+教育"的生态系统[J].远程教育杂志，2017，35（5）：27-39.

代信息技术，尤其是人工智能和大数据，以精准监控教育过程并实现个性化教学。②系统开放性。该系统确保教育资源在系统内的自由流动，并与外部环境保持有效的信息交换。③个性化教学。该系统能够根据学生的学习习惯和能力，为其量身定制学习路径和教学策略。④持续迭代。该系统始终处于不断优化和完善的过程中，以适应不断变化的教育需求和技术发展。

二、知识点测试题

1.【单选题】[★☆☆☆☆]智能教育生态系统的核心特征不包括（　　）。
   A.技术驱动　　　B.系统开放性　　　C.封闭式教学　　　D.持续迭代

2.【单选题】[★★☆☆☆]以下哪一项是智能教育生态系统通过人工智能技术实现的关键功能？（　　）
   A.标准化教学决策　　　　　B.批量处理教育资源
   C.个性化学习路径的定制　　D.传统教育模式复制

3.【单选题】[★★★★★]在智能教育生态系统中，哪些人工智能技术是实现教育创新与发展的关键？（　　）
   A.云计算、物联网　　　　　B.机器学习、深度学习及自然语言处理
   C.虚拟现实、增强现实　　　D.5G技术、区块链

4.【多选题】[★★☆☆☆]以下哪些是智能教育生态系统的主要组成部分？（　　）
   A.政府和教育机构　　B.企业和科研机构　　C.学习者　　D.传统教学工具

5.【判断题】[★☆☆☆☆]智能教育生态系统优化了教育资源配置，提升了教育质量与效率。（　　）

6.【判断题】[★★☆☆☆]智能教育生态系统是一个封闭的系统，不与外部环境进行信息交换。（　　）

7.【简答题】[★★★☆☆]简述智能教育生态系统的核心特征，并举例说明其在实际教育中的应用。

知识点142　技术赋能智能教育

技术赋能智能教育

一、知识点简介

"技术赋能智能教育"是一个综合性的概念，它是指通过深度融合新一代信息技术，特别是5G、人工智能等前沿科技，来重塑并优化教育教学过程，进而推动教育模式发生根本性的变革，实现教育的高质量、均衡化发展。这一变革过程不仅显著提升了教学资源的配置效率，还极大地促进了学习方式的个性化与智能化转型，标志着教育朝着更加公平、高效、智能的方向稳步迈进。技术赋能智能教育展现出三大核心特征：①高度智能化。这使得人工智能技术能够广泛应用于教学内容的智能推送、学习路径的个性化规划及教学效果的精准评估。②沉浸式学习体验。该特征通过结合虚拟现实/增强现实技术，构建了虚拟学习环境，极大地增强了学习的互动性和沉浸感。③资源均衡化。该特征借助5G的大带宽、低延迟特性，有效缓解了地区间教育资源的不均衡问题。

二、知识点测试题

1.【单选题】[★★☆☆☆]技术赋能智能教育的核心特征不包括（　　　）。
　　A.高度智能化　　B.沉浸式学习体验　　C.资源集中化　　D.资源均衡化

2.【单选题】[★★★★★]技术赋能智能教育的最终目标是（　　　）。
　　A.实现教育的商业化　　　　　　B.实现教育的高质量、均衡化发展
　　C.仅提升教师的技术水平　　　　D.替代现有的教育模式

3.【多选题】[★★☆☆☆]技术赋能智能教育的核心特征包括（　　　）。
　　A.高度智能化　　B.沉浸式学习体验　　C.传统的教学方式　　D.资源均衡化

4.【多选题】[★★★☆☆]技术赋能智能教育给教育领域带来的优势有（　　　）。
　　A.显著提升了教学资源的配置效率　　B.对学习方式没有影响
　　C.促进了教育公平　　　　　　　　　D.实现了教育的全面商业化

5.【判断题】[★☆☆☆☆]技术赋能智能教育通过深度融合新一代信息技术来推动教育模式发生根本性的变革。（　　　）

6.【判断题】[★★★☆☆]技术赋能智能教育主要关注的是提升教师的技术水平，对学生学习方式的影响不大。（　　　）

7.【简答题】[★★★☆☆]简述技术赋能智能教育的三大核心特征，并举例说明其中一个特征在实际教学中的应用。

知识点143　重视智能教育伦理

重视智能教育伦理

一、知识点简介

　　智能教育伦理聚焦于人工智能技术与教育的融合所引发的伦理议题，其涵盖技术滥用、数据隐私、智能教学机器的角色定位及相关法律、法规、政策和道德规范的构建。重视智能教育伦理的目标是确保技术在推动教育进步的同时，充分保护个人隐私及数据安全，保障决策透明度，并预防技术误用可能带来的风险。化解智能教育伦理问题可以遵循"APETHICS"模型，即问责、隐私、平等、透明、无害、非独立、预警与稳定八大原则。① 化解智能教育的伦理问题，需要重视以下几个方面：①重视教师和学生的信息素质培养；②健全人工智能的评估和决策机制；③强化对人工智能和数据的管理；④强化对人工智能的道德风险的甄别；⑤建立基于人工智能的校本化道德标准。

二、知识点测试题

1.【单选题】[★☆☆☆☆]智能教育伦理主要关注哪方面的议题？（　　　）
　　A.技术与教育的融合所引发的伦理问题　　B.学生的心理健康问题
　　C.教师的职业发展问题　　　　　　　　　D.学校的硬件设施建设

2.【单选题】[★★★☆☆]以下哪一项不是智能教育伦理需要解决的伦理挑战？（　　　）

---

① 杜静，黄荣怀，李政璇，等.智能教育时代下人工智能伦理的内涵与建构原则[J].电化教育研究，2019，40（7）：21-29.

A.算法偏见　　　　　　B.数据安全　　　　C.教育资源分配不均　　　D.技术滥用

3.【单选题】[★★★★☆]智能教育伦理的构筑不仅局限于技术层面，还触及（　　　）。

　　A.教育公平、知识准确性　　B.学校的硬件设施　　C.学生的课外活动　　D.教师的薪酬问题

4.【多选题】[★★☆☆☆]智能教育伦理的目标包括（　　　）。

　　A.在保证数据安全的同时，推动教育进步　　　　B.增进教育公平

　　C.保障决策透明度　　　　　　　　　　　　　　D.提高学校的经济效益

5.【判断题】[★☆☆☆☆]智能教育伦理的构筑仅局限于技术层面的考量。（　　　）

6.【判断题】[★★☆☆☆]智能教育伦理要求在教育活动中必须恪守一定的道德及伦理原则，如尊重隐私、数据保护和教学公平。（　　　）

7.【简答题】[★★★☆☆]简述智能教育伦理所遵循的"APETHICS"模型，并解释其中一个原则的具体含义。